建筑工程施工与造价管理

解汉忠　郭　正　祝　楠　编著

中国建设科技出版社
北　京

图书在版编目（CIP）数据

建筑工程施工与造价管理/解汉忠，郭正，祝楠编著．--北京：中国建设科技出版社，2024.11．-- ISBN 978-7-5160-4303-5

Ⅰ．TU71；TU723.31

中国国家版本馆 CIP 数据核字第 2024WT0891 号

建筑工程施工与造价管理
JIANZHU GONGCHENG SHIGONG YU ZAOJIA GUANLI
解汉忠　郭　正　祝　楠　编著

出版发行：中国建设科技出版社
地　　址：北京市西城区白纸坊东街 2 号院 6 号楼
邮　　编：100054
经　　销：全国各地新华书店
印　　刷：北京雁林吉兆印刷有限公司
开　　本：787mm×1092mm　1/16
印　　张：11.5
字　　数：250 千字
版　　次：2024 年 11 月第 1 版
印　　次：2024 年 11 月第 1 次
定　　价：68.00 元

本社网址：www.jccbs.com，微信公众号：zgjskjcbs
请选用正版图书，采购、销售盗版图书属违法行为

前　言

在经济发展和技术进步的推动下，建筑工程施工与造价管理的重要性日益显现，已经不仅仅局限于传统的工程执行和成本核算。随着全球化和信息化时代的到来，建筑行业面临的挑战和机遇并存，建筑工程施工与造价管理的职能也在不断地演变和扩展。现代建筑工程管理不仅要求精确控制成本和优化施工流程，更重要的是通过战略性的规划和资源整合，支持建筑项目的可持续发展和价值最大化。

首先，随着全球化带来的市场竞争加剧，合理配置有限的资源、满足项目的质量和进度要求，是现代建筑工程施工与造价管理面临的首要问题。这不仅包括资金的分配，而且涉及人力资源、材料供应以及先进技术的应用等多方面的资源整合和优化。其次，在全球经济一体化的大背景下，建筑项目不可避免地会遭遇各种不确定性和风险，例如市场波动、供应链中断、法律法规修改等。建立一个有效的风险管理和内部控制体系，对于识别、评估并应对这些风险至关重要，可以显著降低它们对项目造价和进度的潜在负面影响。最后，资本运作和财务策略的优化是现代建筑工程管理中的关键环节。在资本市场多样化和金融工具日益丰富的今天，如何有效利用金融市场为项目筹集资金，优化资本结构，降低融资成本，是提高企业竞争力和确保建筑项目经济效益的重要策略。

本书全面、系统地阐述了建筑工程施工与造价管理的关键领域，包括 11 章，分别为建筑工程概述、施工组织管理、质量管理、安全管理、进度管理、环境管理、建筑工程造价管理概述、预算编制、合同管理、支付管理、变更管理。本书进行深入的案例分析和理论探讨，旨在为建筑行业的从业者、管理者以及学术研究者提供一个实用和前沿的知识资源。希望本书不仅能帮助读者掌握现代建筑工程施工与造价管理的核心技能，更能激发他们在追求工程效率和经济效益方面的创新思维。在建筑工程管理的复杂和多变环境中，我们期望这本书能成为读者宝贵的参考和指南。

本书由济南城市建设集团有限公司的解汉忠、郭正、祝楠共同撰写完成，具体撰写分工如下：第 1 章至第 5 章由解汉忠撰写，共约 13 万字；第 6 章至第 8 章由郭正撰写，共约 6 万字；第 9 章和第 11 章由祝楠撰写，共约 6 万字。全书由解汉忠审校、统稿。

由于编者水平有限，书中难免存在不足之处，敬请读者及专家批评指正，以便在日后再版修订时进一步完善。

编者

2024 年 6 月

目　　录

1　建筑工程概述 …… 1

1.1　建筑工程的历史和演变 …… 1
1.2　建筑工程的类型和分类 …… 2
1.3　建筑工程的重要性 …… 3
1.4　建筑工程施工过程 …… 5
1.5　建筑工程造价管理的重要性 …… 7

2　施工组织管理 …… 10

2.1　施工方案的制定 …… 10
2.2　施工进度计划的制定 …… 15
2.3　施工人员的配备 …… 23
2.4　施工材料的采购 …… 28
2.5　施工进度监控与调整 …… 34

3　质量管理 …… 40

3.1　质量管理体系与标准 …… 40
3.2　施工质量检查 …… 42
3.3　施工质量验收 …… 47
3.4　施工质量整改 …… 52
3.5　施工质量追溯 …… 57

4　安全管理 …… 63

4.1　施工现场安全防护 …… 63
4.2　施工人员安全教育 …… 68
4.3　施工设备安全使用 …… 72

5　进度管理 …… 78

5.1　施工进度计划 …… 78
5.2　施工进度监控 …… 84
5.3　施工进度调整 …… 88

6 环境管理……92
6.1 施工环境保护……92
6.2 施工环境监测……97
6.3 施工设备环保使用……104
7 建筑工程造价管理概述……110
7.1 造价管理的重要性……110
7.2 造价管理的目标和原则……111
7.3 造价管理的主要内容……114
8 预算编制……122
8.1 预算编制的意义……122
8.2 预算编制的基本步骤……125
8.3 预算编制的相关法规和标准……132
9 合同管理……134
9.1 合同管理的重要性……134
9.2 合同签订……135
9.3 合同履行与管理……140
9.4 合同权益保护……144
10 支付管理……149
10.1 支付管理的意义……149
10.2 支付管理的程序与制度……151
10.3 支付管理的控制与监督……157
11 变更管理……164
11.1 变更管理概述……164
11.2 变更管理的程序……167
11.3 变更管理的成本控制……173
参考文献……178

1 建筑工程概述

1.1 建筑工程的历史和演变

1.1.1 中世纪至现代建筑工程的演进

中世纪是欧洲建筑工程的黄金时期。在这个时期，许多壮丽的教堂、城堡和大教堂被兴建，代表了哥特式建筑风格的鼎盛时期。哥特式建筑以其尖拱形、飞扬的尖顶、精美的花窗玻璃和华丽的雕刻而著称。这些建筑物在设计和建造上取得了显著的进展，采用了更高的拱顶、更大的窗户和更复杂的结构，这些都需要工程师和工匠具备高超的技能和知识。

随着文艺复兴时期的到来，建筑工程经历了重大变革。文艺复兴时期的建筑师如达·芬奇和米开朗琪罗开始将古希腊和古罗马的建筑原则重新引入建筑设计中。这导致了新古典主义风格的兴起，以其对对称、比例和古典装饰的强调而著称。这一时期的建筑工程变得更加注重科学和数学，建筑师使用更精确的测量和计算来设计和建造建筑物。

伴随着工业革命的爆发，建筑工程经历了巨大的变革。新的材料和技术，如钢铁和混凝土，使得更大规模和更复杂的建筑成为可能。高楼大厦、铁路桥梁和大坝等工程项目的兴建推动了建筑工程领域的创新和发展。建筑师和工程师开始使用计算机辅助设计和建模工具，以提高建筑设计的精度和效率。现代建筑工程追求可持续性和环保，倡导使用绿色建筑材料和技术。同时，信息技术也在建筑工程中得到广泛应用，以加强项目管理和沟通。

1.1.2 当代建筑工程的特点和趋势

首先，当代建筑工程的特点之一是强调可持续性和环保。随着环境问题的日益严重，建筑行业越来越关注减少对自然资源的消耗和减少对环境的影响。因此，许多当代建筑项目采用了绿色建筑材料和技术，以降低能源消耗、减少废弃物产生，并优化建筑的整体环保性能。建筑师和工程师在设计和施工中考虑到了生态系统的保护，推动了可持续建筑的兴起。

其次，数字化技术在当代建筑工程中扮演着重要角色。计算机辅助设计（CAD）和建模工具（BIM）的广泛应用使建筑设计和施工变得更加精确和高效。虚拟现实和增强现实技术也被用于项目的可视化和模拟，帮助项目团队更好地理解和协调设计和施工过程。此外，互联网和物联网技术被用于建筑物的智能化，使建筑物可以更智能地监测和管理能源使用、安全性和维护需求。

再次，多样性和文化融合。当代社会的多样性要求建筑工程能够反映不同文化和社会价值观的需求。因此，当代建筑项目常常具有跨文化的设计和建筑元素，以满足不同人群的需求和期望。这也促进了国际建筑交流和合作，促进了全球建筑工程领域的发展。

最后，当代建筑工程也注重社会责任和可访问性。建筑师和工程师越来越关注如何创造包容性的建筑环境，以确保每个人都能享受到建筑物和基础设施的便利。这包括为残疾人提供更好的无障碍设施，提高社区的可访问性，以及通过建筑项目来改善社会福祉和提高生活质量[1]。

1.2 建筑工程的类型和分类

1.2.1 住宅建筑工程

住宅建筑工程在现代社会中扮演着至关重要的角色，其涵盖了各种住宅类型，从单户住宅到多户住宅、公寓大楼和住宅社区等，在满足人们的住房需求、提供居住空间和改善生活质量方面发挥着关键作用。

首先，单户住宅是住宅建筑工程的一个重要子类。这类工程通常包括独立的住宅单元，如别墅、独立式住宅和乡村住宅等。单户住宅的设计和建造通常根据业主的个人需求和偏好进行定制。单户住宅项目的规模和风格各异，从小型家庭住宅到豪华度假别墅，满足了不同人群的住房需求。同时，单户住宅工程还涉及基础设施、管道、电气系统和景观设计等方面，以确保住宅的舒适性和功能性。

其次，多户住宅是另一类住宅建筑工程，通常指包含多个住宅单元的建筑物，如公寓大楼和联排别墅等。这类项目通常旨在提供高效的住房解决方案，满足城市人口增长和城市化的需求。多户住宅工程的设计和建造需要考虑到多个住户的需求，包括空间布局、公共区域、停车设施和安全性等因素。这些项目还可能涉及共用设施，如游泳池、健身房和社交空间，以提供更多的便利和更好的生活品质。

最后，住宅社区也属于住宅建筑工程的一部分，它们通常包括一系列住宅单元、商业区域、绿化空间和社区设施。住宅社区的设计旨在创建一个完整的居住环境，为居民提供便利和社交机会。这些项目强调社区感和可持续性，通常包括环保措施和社区规划，以提高居民的生活质量。

1.2.2 商业建筑工程

商业建筑工程涵盖了各种类型的建筑，旨在满足商业和经济活动的需求。这类建筑工程通常用于商业、零售、办公和娱乐等用途，对于城市和社会的经济发展起到了至关重要的作用。

首先，商业建筑工程包括商店、购物中心和超市等零售设施。这些建筑设计通常需满足吸引顾客、提供便利的购物体验方面的要求。商业建筑工程的设计和布局需要考虑到货架陈列、通道布置、照明和空调等因素，以提高顾客的舒适度和购物效率。此外，商业建筑也常常包括了餐厅、咖啡馆和休闲设施，以满足顾客的多样化需求。

其次，办公建筑是商业建筑工程中的另一个重要部分。这些建筑通常用于企业和机构的办公活动，包括写字楼、商务中心和工作室等。办公建筑的设计要考虑到员工的工作环境和办公设备，以提高工作效率和员工满意度。现代办公建筑还注重节能和可持续性，采用高效的能源管理系统和绿色建筑技术，以降低能源消耗和环境影响。

再次，酒店、餐厅和娱乐场所也是商业建筑工程的一部分。这些建筑通常用于提供旅游和娱乐服务，如酒店、餐馆和剧院等。设计这类建筑需要考虑到客户的舒适度和娱乐需求，以创造愉快的体验。同时，酒店和餐厅通常还需要考虑食品安全、卫生和服务质量等方面的要求。

最后，商业建筑工程还包括了工业设施和仓储设施。这些建筑通常用于生产、制造和仓储等用途，如工厂、仓库、物流中心和生产设施等。这些项目的设计需要考虑到生产流程、设备布局和安全性等因素，以确保生产和仓储的高效性和安全性。

1.2.3　工业建筑工程

工业建筑工程专注于满足生产、制造和加工等工业活动的需求，涵盖了各种类型的工业设施，对于推动经济发展和产业增长起到了至关重要的作用。

首先，工业建筑工程包括工厂和生产设施，这些设施用于生产和制造各种产品，从汽车到电子设备再到食品和化学品等。工厂建筑的设计要考虑到生产流程、生产线布局、设备配置和安全标准等因素。这些项目通常需要大型的开放空间，以容纳生产设备和原材料，并且需要高度的自动化和先进的制造技术，以提高生产效率和产品质量。

其次，仓储设施也是工业建筑工程的一部分，用于存储和分发各种商品和原材料。这包括仓库、物流中心和分销中心等。仓储建筑的设计需要考虑到货物的存储方式、物流流程、货架系统和库存管理等因素。现代仓储设施通常采用自动化系统和信息技术，以实现高效的货物管理和分拣操作。

再次，工业建筑工程还包括了矿山和采矿设施，这些设施用于开采和加工矿物资源，如煤矿、金矿和石油钻井平台等。这类建筑通常位于偏远或恶劣的环境中，设计和建造需要考虑到安全、环境保护和资源管理等重要问题。工程师和建筑师必须制定严格的安全标准和措施，以确保工作人员的安全和采矿活动的可持续性。

最后，工业建筑工程还包括了能源生产和供应设施，如发电厂、电厂、石油化工厂和水处理厂等。这些项目关乎能源供应和基础设施建设，对于维持社会生活和经济运行至关重要。设计和建造这些设施需要考虑到能源效率、环保技术和供应可靠性等方面的要求，以满足能源需求和环境保护的双重目标[2]。

1.3　建筑工程的重要性

1.3.1　对社会的影响与贡献

建筑工程对社会的影响与贡献是不可忽视的，它在多个层面对社会产生了深远的影响和积极的贡献。

首先，建筑工程在基础设施领域发挥着重要作用。基础设施是社会运行和人民生活的支撑，包括道路、桥梁、隧道、水电站、输电线路、污水处理厂等。这些基础设施的建设和维护是确保城市运转和国家发展的关键因素。道路和桥梁连接城市和地区，促进了交通和物流的畅通；水电站和输电线路提供了可靠的电力供应，支持了工业和家庭的电力需求；污水处理厂处理废水，保护了环境和公共卫生。因此，建筑工程在基础设施建设中发挥着关键的作用，促进了社会的可持续发展。

其次，建筑工程对于住房和生活质量的提升至关重要。住房是人们生活的基本需求，而建筑工程提供了各种类型的住宅，包括公寓、别墅、公寓楼等。通过提供安全、舒适和现代化的住房，建筑工程可以改善人们的生活条件，提高生活质量。此外，建筑工程还为商业和娱乐提供了场所，如购物中心、剧院、酒店和餐厅等，丰富了人们的日常生活，促进了文化和娱乐活动的发展。

再次，建筑工程在经济方面产生了积极的影响。建筑工程不仅创造了大量的就业机会，还促进了相关产业的发展，如建材生产、建筑设计、工程施工和房地产等。这些产业的繁荣推动了经济增长，为国家和地区创造了财富和税收收入。此外，建筑工程也吸引了投资，促进了房地产市场的活跃，为投资者提供了机会。

最后，建筑工程对于社会的发展和改善起到了积极的作用。它为学校、医院、图书馆、文化中心等公共设施的建设提供了基础，支持了教育、医疗和文化事业的发展。建筑工程也为体育场馆、会展中心、交通枢纽等提供了场地，促进了体育、文化和旅游活动的举办。

1.3.2 经济与就业的重要性

建筑工程在经济和就业方面具有极其重要的作用，对社会产生了深远的影响，下面将详细阐述其在这两个方面的重要性。

首先，建筑工程对经济的重要性表现在多个方面。建筑工程是一个巨大的产业，涵盖了建筑设计、工程施工、建材供应、房地产开发等多个领域，这些领域的发展直接促进了国民经济的增长。建筑工程投资通常伴随着大规模的资金流动，这有助于刺激金融市场的活跃，吸引了投资者和资本的参与。同时，建筑工程的繁荣也推动了相关产业的发展，如建筑材料制造、机械设备制造和建筑设计等。这些产业的壮大又进一步拉动了就业、投资和产出的增加，对国家和地区的经济增长做出了积极的贡献。

其次，建筑工程为经济体系提供了大量的就业机会。建筑工程是一个劳动密集型的行业，涉及了各种工种和技能，如工程师、建筑工人、设计师、项目经理等。这些工作机会不仅覆盖了各个教育和技能层次的人员，还提供了丰富的职业发展路径。尤其是在大型建筑项目的施工过程中，需要大量的工人和技术人员，从而提供了大规模的就业机会。此外，建筑工程的繁荣也带动了相关产业的就业，如建筑材料生产、物流运输、房地产销售等，形成了一个庞大的就业链条。

最后，建筑工程对于城市和地区的发展具有重要的推动作用。建筑项目的兴建不仅创造了就业机会，还吸引了外来人口，促进了城市化进程。随着城市人口的增加，市场需求也相应增加，餐饮、零售、娱乐等服务行业也会得到发展。此外，建筑工程提高了城市和地区的基础设施水平，提供了更好的生活条件，吸引了企业投资和商业发展，促进了当地经济的繁荣。因此，建筑工程对于城市和地区的发展起到了积极的推动作用，不仅提高了生活质量，还创造了更多的商机和经济活力。

1.3.3 环境与可持续性考虑

建筑工程在环境与可持续性方面的重要性不容忽视，它对自然环境、资源利用以及未来世代的生存条件都产生了深远的影响。

首先，建筑工程对环境产生直接和间接的影响。直接影响体现在建筑工程的施工过程中，包括土地开发、资源采集、能源消耗和废物排放等。这些活动可能导致土地的破坏、水源污染、大气污染和生态系统的扰动。因此，在建筑工程的规划和实施中，必须谨慎考虑环境保护措施，采取可持续发展的施工方法，减少对自然环境的不利影响。

其次，建筑工程在资源利用方面具有重要作用。建筑材料的选择和使用、能源的消耗以及废弃物的处理都直接涉及资源的利用与浪费。为了降低对资源的压力，建筑工程需要推动可持续材料的使用，采用节能技术和绿色建筑设计，减少能源消耗，实行废物回收和循环利用。通过这些举措，建筑工程可以降低资源的耗竭率，提高资源利用效率，有助于保护自然资源。

最后，建筑工程也在可持续性方面发挥了积极的作用。建筑工程的可持续性考虑包括社会、经济和环境维度。在社会维度，建筑工程需要考虑社会公平性和包容性，为弱势群体提供良好的住房和基础设施。在经济维度，建筑工程需要促进就业、创造经济价值，并提高社会的经济繁荣。在环境维度，建筑工程需要减少碳排放、保护生态系统，为未来世代创造一个可持续的生存环境。因此，可持续性考虑成为了现代建筑工程不可或缺的一部分，有助于平衡社会、经济和环境之间的关系，实现可持续发展目标。

1.4 建筑工程施工过程

1.4.1 施工前期准备阶段

建筑工程施工过程的概述中，施工前期准备阶段是一个至关重要的部分，它为整个建筑项目的顺利进行奠定了坚实的基础。施工前期准备阶段通常包括以下内容：

首先，项目立项和规划是施工前期准备的第一步。在这一阶段，项目的发起人和投资者确定了项目的目标和范围，明确了项目的需求和预算。随后，项目规划包括选址分析、土地准备和用地规划等工作。这些步骤需要考虑到土地的可行性、地质条件、环保要求等因素，以确保项目的可行性和可持续性。

其次，施工前期准备阶段还包括项目设计和工程规划。在这个阶段，建筑师、工程师和设计团队合作，根据项目的要求和需求，制定详细的设计方案和施工图纸。设计不仅包括建筑的外观和功能，而且需要考虑到结构、机电设备、暖通空调等方面的工程。此外，还需要进行材料选择和工程流程的规划，以确保施工的顺利进行。

再次，施工前期准备还包括合同签订和招标工作。项目发起人会选择合适的承包商或建筑公司，并与之签订施工合同。合同中需要明确工程的范围、工期、质量标准和费用等方面的内容。同时，项目发起人还需要进行招标工作，邀请潜在的承包商投标，并通过评标过程选择合适的承包商。这个过程需要遵守法律法规和招标规定，确保公平竞争和合理价格。

最后，施工前期准备还包括融资和项目管理的安排。项目的融资需要考虑资金来源、贷款安排和预算管理等方面的问题。项目管理方面，需要确定项目的组织结构和团队，明确责任和任务分工，建立项目管理体系，确保项目的进展和质量可控。

1.4.2 主体施工阶段

建筑工程的主体施工阶段是整个工程过程中的关键部分，它涵盖了从工地准备到建筑结构主体完成的一系列工作，是工程实施的核心阶段。

首先，在主体施工阶段的开始，工地准备是至关重要的。这包括清理、平整和围栏围挡工地，确保施工场地的安全和有序。同时，还需要搭建临时设施，如施工临时办公室、仓库、工人宿舍等，以提供必要的支持和便利条件。

其次，主体施工阶段涉及土建工程的施工，包括地基工程、基础工程和建筑结构工程。地基工程通常涉及挖掘、填土、打桩、地下管线铺设等工作，以确保建筑物的稳固基础。基础工程包括地基承载力测试、混凝土浇筑和钢筋加工等工序。建筑结构工程包括墙体、楼板、梁柱等主体结构的施工，以及外立面和屋顶的建造。这些工程需要按照设计图纸和规范进行施工，确保结构的牢固和质量的合格。

再次，在主体施工阶段还需要进行机电工程的安装和调试。这包括电气系统、给排水系统、暖通空调系统等各种设备和管道的安装，以及电力、通信和安全设备的设置。机电工程的施工需要精确地计划和协调，以确保各个系统的顺利运行和协同工作。

最后，在主体施工阶段，质量控制和安全管理是至关重要的。工程师和监理人员需要进行现场监督和检查，确保施工按照设计要求和质量标准进行，以防止质量问题的发生。同时，安全管理需要制定安全计划、提供必要的安全培训和设备，以确保工人的安全和工地的安全。

1.4.3 完工与验收阶段

建筑工程的完工与验收阶段是整个工程周期的最后阶段，也是工程交付使用的关键环节。在这个阶段，建筑项目逐渐接近尾声，各项工程逐渐完成，需要经过一系列的步骤和程序来确保工程的质量和安全，以满足设计要求和法规标准。

首先，在完工与验收阶段，各个分部工程逐一完成，并进行初步验收。这包括建筑结构、外立面、屋顶、室内装修、机电设备等各个方面的工程。工程师和监理人员会进行工程的质量检查和整体验收，确保每个分部工程都符合设计要求和规范标准。如果发现任何质量问题，需要及时整改和重新验收，以确保工程的质量达标。

其次，建筑工程的安全验收也是一个重要环节。安全验收包括施工现场安全设施和操作规范的检查，以确保施工过程中不发生安全事故，工人的生命和财产得到有效保护。如果发现安全隐患或违规行为，需要采取措施进行整改。

再次，建筑工程需要进行环保验收，以确保工程对环境没有负面影响。这包括废水排放、废弃物处理、噪声污染等方面的验收。工程需要符合环保法规和标准，确保环境保护措施得到有效实施。

最后，建筑工程的最终验收是交付业主使用的关键步骤。在验收过程中，需要确保工程的功能性能达到设计要求，机电设备的运行正常，建筑物的安全和舒适性得到保障。如果在验收过程中发现任何问题，需要进行整改和修复，以确保工程的完工质量。

1.5 建筑工程造价管理的重要性

1.5.1 造价管理的定义与范围

造价管理是建筑工程管理中的一个重要领域，它涵盖了工程项目从规划阶段到完工阶段的全过程，旨在对项目的经济支出进行合理的控制和管理。造价管理的范围包括成本估算、预算编制、合同签订、工程量清单编制、成本控制、支付管理、变更管理等多个方面，以确保工程在预定的预算范围内完成，并达到设计质量标准。

造价管理的定义可以理解为，通过对工程项目的各个方面进行全面的成本分析和管理，以实现经济合理性、节约成本和提高工程效益的目标。具体来说，造价管理的工作内容包括：

第一，成本估算是造价管理的重要环节。在工程项目启动阶段，需要对工程的各个方面进行成本估算，以确定项目的总预算。这包括材料成本、人工成本、设备成本、间接费用等各个方面的费用估算。成本估算需要考虑工程的规模、复杂性、地理位置、市场行情等因素，以确保估算的准确性和可靠性。

第二，预算编制是造价管理的重要步骤。在确定了项目的总预算后，需要将预算分解为各个分部工程的预算，以便对每个分部工程进行控制和管理。预算编制需要考虑工程的时间进度、资源分配、风险因素等，以确保项目的经济效益和财务可行性。

第三，合同签订是工程项目的法律约束和管理工具。在工程项目中，需要与承包商和供应商签订合同，明确双方的权利和义务，约定工程的价格、质量标准、工期要求等关键条款。合同签订需要严格按照法律程序进行，以确保合同的有效性和执行力。

第四，成本控制是造价管理的核心内容。在工程项目的实施过程中，需要对成本进行实时监控和控制，确保工程在预算范围内完成。成本控制包括费用核算、成本分析、成本控制措施的制定和实施等多个方面。

第五，支付管理是确保供应商和承包商按照合同要求获得支付的过程。支付管理需要按照合同规定和支付程序进行，以确保支付的合法性和准确性。同时，支付管理也包括对支付的监督和审计，以确保支付的合规性和合理性。

第六，变更管理是对工程项目变更的控制和管理。在工程项目的实施过程中，可能会出现设计变更、工程变更等情况，需要按照合同规定和变更程序进行处理。变更管理需要确保变更的合法性和必要性，以避免不必要的成本增加和工程延误。

1.5.2 造价管理对项目成功的影响

造价管理在建筑工程项目中扮演着至关重要的角色，其对项目的成功具有深远的影响。

第一，造价管理有助于实现项目的经济合理性。通过成本估算和预算编制，可以确保项目的经济性得到合理的保障。造价管理可以帮助项目团队在项目的不同阶段对成本进行精确估算和控制，防止不必要的成本浪费，确保项目在可控的预算范围内完成。这对于项目的财务可行性和盈利性至关重要。

第二，造价管理有助于项目的工程质量控制。在建筑工程中，成本与质量密切相关。通过对成本的精确掌控，可以确保项目不仅在预算范围内完成，还能够满足设计和技术要求，达到高质量的标准。造价管理可以帮助项目团队在项目实施过程中密切监控成本，并采取相应的措施，确保工程质量得到有效控制和提升。

第三，造价管理有助于项目的风险管理。在工程项目中，成本方面的风险常常是一个重要的考虑因素。通过对成本的风险评估和控制，可以有效降低项目因成本方面的不确定性而面临的风险。造价管理可以帮助项目团队识别潜在的成本风险，并制定相应的风险应对策略，以降低项目的风险水平。

第四，造价管理有助于项目的进度控制。成本管理和进度管理在项目中密切相关，因为成本的控制通常涉及工程进度的管理。通过对成本和进度的有效整合，可以确保项目按计划进行，避免因成本超支而导致项目延误或停滞。造价管理可以帮助项目团队实时监控成本与进度的关系，及时发现问题并采取措施，以保持项目的正常推进。

第五，造价管理有助于项目的合同履行。在建筑工程中，合同是法律约束和管理工具，它规定了项目的各项权利和义务。通过造价管理，可以确保项目团队按照合同要求履行各项义务，包括成本方面的义务。这有助于避免合同纠纷和法律风险，确保项目合法合规地运行。

1.5.3 建筑工程中的造价管理职责与流程

建筑工程中的造价管理职责与流程是确保项目在成本控制、质量保障、风险管理以及合同履行等方面得以有效管理和实施的关键环节。

第一，造价管理职责包括成本估算和预算编制。在项目立项之初，造价管理团队负责进行成本估算，以确定项目的大致预算。随着项目的深入推进，他们还需要根据具体的工程量清单和设计方案编制详细的预算，涵盖各个工程阶段的费用，包括人工、材料、设备和其他相关费用。这一过程需要充分考虑项目的特点、技术要求和市场行情等因素，以确保预算的准确性和合理性。

第二，造价管理职责还包括招投标和合同管理。在项目招标阶段，造价管理团队需要准备招标文件，明确工程量清单和技术规格，以便供应商和承包商能够提交合适的投标文件。一旦承包商被选定，造价管理团队还需要管理合同的签订和履行，确保各方按照合同规定履行各自的义务，包括成本控制、进度管理和质量保障等方面。

第三，造价管理职责还包括成本控制和支付管理。在项目实施过程中，造价管理团队需要监督和控制项目的成本，确保在预算范围内完成工程。他们会进行费用的核算和审计，及时发现和解决成本超支或节约的问题。同时，还需要管理支付流程，确保各方能够按照合同规定及时支付款项，以维护项目的正常推进。

第四，造价管理职责还包括风险管理，需要识别和评估项目中的成本风险，包括市场波动、供应链问题和工程变更等因素。一旦发现潜在的风险，就需要制定相应的风险应对策略，以减轻风险对项目造成的不利影响。

第五，造价管理职责还涉及合同履行的监督和法律合规，需要确保项目各方按照合同规定履行各自的义务，防止合同纠纷和法律风险。同时，还需要了解并遵守建筑工程相关的法律法规和行业标准，以确保项目合法合规地运行。

2 施工组织管理

2.1 施工方案的制定

2.1.1 施工方案的重要性

首先，施工方案的制定具有确立工程施工整体框架和方法的关键作用。它详细规划了工程的各个方面，包括工程组织结构、施工流程、资源分配、时间安排等，为工程施工提供了清晰的蓝图，这有助于确保施工活动有序协调，避免混乱和冲突，从而提高了施工的效率和质量。

其次，施工方案的制定对项目成功具有深远的影响。一个良好的施工方案可以在项目初期就全面考虑各种因素，包括技术、经济、环境等，从而有效降低工程风险。通过提前识别并解决潜在问题，可以减少工程变更的发生，避免额外成本和工程延误。同时，合理的施工方案还有助于确保工程质量达到设计要求，增加工程的可靠性和可维护性，提高项目的长期可持续性。

最后，施工方案与项目进度密切相关。它不仅规划了工程的时间安排，还考虑了施工进度的监控和调整。通过合理制定施工方案，可以确保工程按计划进行，避免进度滞后和工期延误的情况发生，这对于保持工程的顺利进行以及及时交付项目具有关键性的意义。

2.1.2 施工方案的编制流程

2.1.2.1 施工方案制定的基本步骤

第一，项目团队需要明确项目的范围，包括工程的具体内容、目标、要求和限制条件。这有助于确保项目方案的明确性，以便后续的工作可以围绕明确定义的范围展开。

第二，需要进行项目需求分析。这包括与项目相关方的沟通，了解他们的期望和需求。同时，需要考虑项目的技术要求、法规法律要求、环境等各种因素，以确保方案能够满足所有的需求和要求。

第三，方案设计和规划。在这一步骤中，项目团队需要制定不同的方案选项，考虑各种不同的方法、材料、技术和资源的组合，以满足项目的需求。这需要综合考虑技术可行性、经济性和环境影响等因素，以确定最佳的方案。

第四，一旦确定了最佳方案，就需要制定详细的施工计划。这包括确定施工的时间表、工程进度、资源分配、人员配备等。制定一个详细的施工计划有助于确保项目能够按时、按预算和按质量完成。

第五，成本估算和预算制定，项目团队需要估算项目的总成本，并制定预算，以确保项目在财务方面可行。这包括材料成本、劳动成本、设备成本等各项费用的估算。

第六，需要进行方案评审和审批。这涉及与相关监管机构、客户和其他利益相关方的沟通，以确保方案满足法规要求，并获得必要的批准和许可。这一步骤确保了方案的合规性和可行性。

2.1.2.2　时间表与里程碑的设定

在施工方案的编制流程中，时间表与里程碑的设定至关重要，其有助于规划和控制整个项目的进度和关键阶段。

首先，时间表的制定是基于项目的整体时间要求进行的。项目的时间表应包括从项目开始到完成的所有阶段，以及每个阶段的预期持续时间。时间表的制定需要考虑到各个施工阶段的顺序和依赖关系，确保项目能够按照计划有序进行。

其次，设定里程碑是时间表的重要组成部分。里程碑是项目中的关键事件或阶段，通常与重要的决策点或目标达成相关。通过设定里程碑，团队可以在项目进展过程中进行监控和评估，确保项目按照计划前进，并及时采取必要的措施来应对潜在的问题和风险。时间表和里程碑的设定需要考虑各种因素，包括项目的复杂性、资源的可用性、技术的可行性和环境因素等。团队还需要在时间表中考虑到可能的延期因素，并为这些风险制定相应的应对策略，以确保项目的时间要求能够得到满足。同时，时间表和里程碑的设定也需要与项目的相关方进行协商和确认。项目业主和其他利益相关方可能会对项目的时间要求有特定的期望，因此他们的意见和需求需要被纳入考虑范围。与相关方的明确沟通有助于确保时间表的合理性和可行性。

最后，一旦时间表和里程碑设定完成，团队需要密切监控项目的进度，及时更新时间表，并确保各个里程碑按计划实现。如果出现了任何偏差或延期，团队需要立即采取纠正措施，以确保项目能够继续顺利进行。

2.1.2.3　方案评审与批准流程

首先，一旦施工方案完成编制，它需要经过内部评审。这个内部评审阶段通常由项目团队的成员、专业工程师和相关专家组成，将仔细审查方案的各个方面，包括技术可行性、质量要求、安全措施、成本估算等。评审的目的是确保方案不仅能够满足项目的要求，还能够在实际施工中顺利执行。

其次，评审过程需要充分记录，包括评审会议的记录、评审意见和建议。这些记录对于后续的方案改进和追踪至关重要。评审团队应该提出任何潜在的问题、风险或改进建议，并确保这些问题得到了妥善处理。经过内部评审后，施工方案需要提交给项目业主或委托方进行审批。项目业主将仔细审查方案，确保它满足项目目标、法规要求和质量标准。审批的过程可能需要与业主进行沟通和协商，以解决任何潜在的问题或调整。一旦项目业主批准了方案，就可以进入实施阶段。在实施过程中，项目团队需要根据批准的方案确定详细的施工计划、资源调配和监督措施，确保方案按照计划高质量地完成。

最后，方案评审与批准流程的成功实施有助于降低项目风险、提高施工效率和质量，并确保项目按照计划实施。这一流程需要严格的管理和记录，以确保方案的合规性和可行性，从而为项目的成功交付打下坚实的基础。

2.1.3 考虑因素：技术、经济、环境等

2.1.3.1 技术要求与工程可行性

首先，技术要求涵盖了工程所需的各种技术和专业知识，包括设计规范、施工方法、材料选择等。在制定施工方案时，必须确保技术要求的满足，以满足项目的质量标准和安全要求，这需要在方案中明确规定所需的技术规范和标准，确保所有工程活动都符合这些要求。

其次，工程可行性考虑了工程是否在技术上和经济上可行。这意味着要评估项目的设计是否可以在实际施工中得以实现，是否存在技术难题或风险，以及是否有必要采取特殊的工程方法或技术来解决这些问题。同时，还需要考虑项目的经济可行性，包括成本估算、资源需求和可获得的投资回报，这需要在方案中详细列出项目的预算和成本分析，以确保项目在经济上是可行的。

最后，环境因素也是考虑因素之一。在制定施工方案时，必须考虑项目对周围环境的影响以及如何采取措施来减少不良影响。这可能涉及环境影响评估、土地利用规划、废物处理、能源效率等方面的考虑。在方案中需要明确项目的环保措施和遵守的环境法规，以确保项目的可持续性和社会责任。

2.1.3.2 经济性分析与成本效益考虑

首先，在考虑经济性时，需要进行详细的成本估算和分析。这包括了项目的预算编制、资源需求、人工成本、材料采购成本、设备租赁费用等各项成本的计算。这些成本的估算需要根据项目的特点和规模进行合理的预测，以确保项目的经济性。同时，也需要考虑到通货膨胀率、市场价格波动等外部因素，以便在方案中进行合理的风险分析和应对措施规划。

其次，成本效益考虑涉及项目的投资回报和利润分析。这需要在方案中明确项目的收益来源、盈利模式以及投资回收期等关键经济指标。通过对这些指标的分析，可以评估项目是否具有吸引力，是否值得进行投资。在成本效益分析中，也需要考虑到不同的投资方案和施工方法的比较，以选择最具经济性的方案。

最后，经济性分析还需要考虑到项目的长期影响和可持续性。这包括了项目的运营成本、维护费用、环境影响以及项目寿命周期内的各种经济因素。在方案中需要明确这些方面的考虑，以确保项目在长期内具有经济效益。

2.1.3.3 环境保护与可持续性考虑

在制定施工方案时，环境保护与可持续性考虑不仅关系到项目的合规性和社会责任，还直接影响到自然环境的保护和未来世代的可持续发展。

首先，环境保护方面的考虑包括了对施工过程中可能对周围生态环境产生的影响的评估和管理。这意味着需要识别潜在的环境风险，采取相应的措施来减少或消除这

些风险。这可能涉及土壤和水质的监测，噪声和空气污染的控制，野生动植物保护，以及对当地文化和历史遗产的尊重等方面的工作。通过有效的环境保护措施，可以确保项目不会对周围环境造成不可逆转的破坏，并为未来留下一个可持续发展的环境。

其次，可持续性考虑涉及项目的长期影响和社会责任。这包括了对资源的合理利用，能源效益，以及社会经济效益的分析。可持续性方案通常会优先考虑采用环保材料、节能技术和绿色施工方法，以减少资源浪费和能源消耗，从而降低项目的生命周期成本。同时，项目还需要考虑到社会责任，包括对当地社区的积极贡献、员工的安全和福祉，以及对可持续性目标的承诺。

2.1.3.4 地理与气象因素的考虑

首先，地理因素包括了项目所在地的地形、土质、地质构造等特点。不同的地理条件可能需要采取不同的施工方法和工程措施。例如，如果项目地区存在高地下水位或容易发生地质灾害的地方，需要采取相应的水文地质调查和工程防护措施，以确保施工的安全和稳定性。地理因素还可能影响到道路建设、基础设施建设和土地利用规划等方面，因此需要在施工方案中详细考虑。

其次，气象因素是另一个重要的考虑因素。气象条件会对施工的季节性、气温、降水量和风速等方面产生影响。不同季节的气象条件可能需要调整施工计划，采取不同的施工工艺和保护措施。例如，在寒冷的冬季施工可能需要采取加热设备和冷却设备来维持适宜的工作条件，而在多雨季节需要特别注意防洪和排水措施。气象因素的考虑有助于减少施工中的风险，确保项目按计划进行。

2.1.4 安全与质量在施工方案中的考虑

2.1.4.1 安全风险评估与控制

在施工方案的制定中，安全风险评估与控制的主要目的是识别潜在的危险因素和安全风险，以采取相应的措施来降低事故发生的可能性，保障施工现场的安全性和工作人员的健康。

首先，安全风险评估需要对整个施工过程进行全面的分析，包括材料的运输和储存、设备的使用、工作人员的操作等各个环节。这可以通过与项目相关的法规、标准和最佳实践进行比对，以识别潜在的危险源。例如，可能存在高空作业、危险化学品的使用、机械设备操作等潜在的危险因素，需要在评估中得到特别关注。

其次，一旦潜在的危险因素被识别出来，就需要制定相应的控制措施。这包括但不限于制定安全操作规程、提供必要的安全培训、采用适当的个人防护装备、定期检查和维护设备等。这些措施的目的是降低事故发生的可能性，最大限度地保护工作人员的安全。

再次，安全风险评估还需要考虑可能的应急情况和事故处理计划。在事故发生时，应该有明确的应急措施和联系方式，以便及时采取行动并通知相关方。这种计划的制定可以最大限度地减小事故对项目的影响。

最后，安全风险评估与控制需要不断地监督和更新。随着施工过程的进行，新的安全风险可能会出现，因此需要定期进行安全检查和评估，以确保安全措施的有效性。此外，应及时调整和改进安全控制措施，以适应不断变化的工程环境。

2.1.4.2 质量保障措施的制定

质量保障措施的制定涉及一系列计划和策略，旨在确保在施工过程中实施高质量的工程和服务，以满足项目的质量目标和客户的需求。

首先，制定质量保障措施需要明确项目的质量标准和目标，包括定义合格的工程标准、技术规范和验收标准。项目团队需要明确了解客户的期望和项目的质量要求，以便制定相应的措施。

其次，质量保障措施应包括明确的质量管理计划，其中包括质量控制和质量保证活动。质量控制涉及实施各种检查、测试和验证活动，以确保工程和产品符合标准。质量保证则是一系列预防性措施，旨在防止质量问题的发生。这可能包括培训工作人员、使用高质量的材料、确保工艺合理等方面的措施。

再次，质量保障措施还需要明确责任分配和监督机制。项目团队应确定质量管理的责任人员，并确保他们理解并执行质量计划。同时，需要建立监督和反馈机制，以便及时发现和纠正任何质量问题。

最后，制定质量保障措施还需要考虑不断改进的原则。项目团队应建立反馈回路，以便从过去的项目经验中吸取教训，并在将来的项目中应用最佳实践。这有助于不断提高施工质量，并确保项目达到或超越客户的期望。

2.1.4.3 安全与质量目标的设定

安全与质量目标的设定旨在明确项目在安全和质量方面所追求的目标和标准，以便在整个施工过程中保持一致性，并确保工程达到高质量和高安全性的要求。

首先，安全目标的设定是确保在施工现场工作时，工作人员和相关方始终关注和优先考虑安全问题。安全目标可能包括降低工伤事故率、减少事故停工时间、提高施工现场的安全文化等，这些目标应该明确、可测量和可追踪，以便进行有效的安全管理和监测。

其次，质量目标的设定有助于确保工程项目的最终成果符合客户和项目规范的要求。这包括确定产品和工程交付的质量标准、验收标准以及质量控制措施。质量目标的设定还有助于识别和预防潜在的质量问题，从而降低项目后期的修复和重新工作的成本。

再次，安全与质量目标的设定需要与项目的整体目标和项目计划相一致。这意味着安全与质量目标应与项目进度、预算和其他项目要求相协调。例如，如果项目要求在特定时间内完成，安全与质量目标应该与项目进度保持一致，以确保工程质量不会受到快速进展的影响。

最后，安全与质量目标的设定需要与项目团队和相关方进行充分的沟通和协商。项目团队的共识和理解对于实现这些目标至关重要，因此需要建立有效的沟通渠道和协作机制，以确保所有人都清楚了解目标和责任，并共同努力达到这些目标。

2.1.4.4 遵守法规与标准

遵守法规与标准涉及确保项目在进行施工活动时遵守国家、地方和行业相关的法律法规以及行业标准和规范。

首先，遵守法律法规是保障施工项目合法性的基础。各国和地区都有特定的建筑和施工法规，涉及建筑安全、劳工权益、环境保护等方面的法律规定。在制定施工方案时，项目团队必须详细研究并了解适用的法规，以确保项目活动不会违反任何法律法规，从而避免法律风险和可能的罚款或诉讼。

其次，遵守行业标准是确保项目质量和环保性的关键。在建筑和施工领域，存在许多行业标准和规范，涵盖了建筑材料、工程质量、安全要求等各个方面。在施工方案的制定中，项目团队必须考虑这些标准，并确保项目活动与这些标准保持一致，不仅有助于提高项目的质量，还可以提高项目的可持续性和竞争力。

再次，遵守法规与标准也与安全和质量目标的设定密切相关。项目团队应确保项目的安全与质量目标符合适用的法规和标准，以便在实施过程中达到这些目标。

最后，项目团队还应定期更新并监测相关法规和标准的变化，以确保项目始终保持合规性。这就需要与监管机构和专业组织进行密切合作，以获取最新的法规和标准信息，并相应地调整施工方案和实施计划[3]。

2.2 施工进度计划的制定

2.2.1 施工进度计划的作用与意义

2.2.1.1 进度计划在工程管理中的核心地位

首先，进度计划是项目的时间管理工具，通过明确工程活动的时间表，将整个项目划分成可控的阶段和任务。这有助于确保施工活动按照预定的时间顺序进行，有序而高效地推进，从而减少时间浪费和成本增加的风险。同时，进度计划还为项目管理者提供了一个时间框架，以便更好地规划资源和人员的分配，最大程度地提高工程的生产效率。

其次，进度计划是项目的重要沟通工具。其不仅为项目团队提供了一个共同的时间表，还为项目的相关利益相关者提供了一个透明的项目进展报告。这种透明度有助于减少信息不对称和沟通障碍，提高项目的合作和协调效率。当项目的各方都能够清晰了解项目的当前状态和未来计划时，就能更好地协同工作，减少误解和冲突，从而更好地实现项目目标。

再次，进度计划还有助于及时识别和解决潜在的问题和风险。通过监测实际进度与计划进度的差距，可以迅速采取纠正措施，防止进度滞后和延误，确保项目按时完成。这种敏锐的风险管理有助于降低项目的不确定性，提高项目的成功交付概率。此外，进度计划还能够帮助项目管理者识别可能的瓶颈和资源短缺，提前采取行动来解决这些问题，确保项目的顺利进行。

最后，进度计划还是资源分配和利用的基础。通过详细规划和安排人员、材料和设备的使用，可以确保它们在需要时准时到位，最大限度地提高资源的利用效率。这有助于降低项目的成本，提高竞争力，同时也有助于保证项目的质量，因为合理的资源管理能够减少紧急情况和仓促决策，从而提高工程质量。

2.2.1.2 进度计划对资源优化的贡献

资源在任何项目中都是非常重要的，主要包括人员、材料、设备以及资金等方面的资源。通过精确制定和执行进度计划，可以最大限度地优化这些资源的利用，实现高效的项目执行。

首先，进度计划能够确保资源按需分配。通过详细的时间表和任务安排，项目管理者可以明确哪些资源在何时何地需要，从而避免了资源浪费和不必要的存储成本。这种及时分配资源的能力有助于降低项目的运营成本，提高资金的利用效率。

其次，进度计划有助于资源的合理调配。在项目的不同阶段和任务中，可能需要不同类型和数量的资源。通过进度计划，可以提前识别哪些任务需要更多的人员，哪些任务需要更多的材料，从而有针对性地进行资源调配。这有助于避免资源的短缺和过剩，确保资源的最佳利用。

再次，进度计划还能够帮助项目管理者识别资源瓶颈。在项目执行过程中，可能会出现某些资源供应不足或资源利用不足的情况，从而影响项目进度。通过进度计划，可以及时发现这些问题并采取措施来解决，确保项目能够按计划推进。

最后，进度计划还有助于资源的优化配置。在项目执行过程中，可能需要灵活地调整资源的分配，以应对变化的情况。通过进度计划，可以快速作出决策，调整资源配置，以适应项目的实际需求。这种资源的灵活配置有助于提高项目的应变能力，确保项目能够应对不同的挑战和变化。

2.2.1.3 进度计划在风险管理中的作用

风险在任何项目中都是不可避免的，通过合理制定和执行进度计划，项目管理者能够更好地应对和管理潜在的风险，确保项目的顺利进行。

首先，进度计划有助于风险的识别和评估。在制定进度计划的过程中，项目团队需要详细考虑各项任务的特点、工程量、关键路径等因素。通过这个过程，可以更好地了解项目的复杂性和难点，识别可能存在的风险点。进度计划也可以帮助项目管理者评估不同风险事件对项目进度和成本的潜在影响，从而有针对性地制定风险应对策略。

其次，进度计划有助于风险的规划和管理。一旦识别和评估了潜在的风险，项目管理者可以在进度计划中明确风险应对措施和应急计划。这包括确定备用资源、制定变更管理策略、建立风险准备金等。进度计划的可视化工具如甘特图和关键路径法可以帮助管理者更好地了解风险事件的时间关联性，以便及时采取行动。

再次，进度计划有助于风险的跟踪和监控。一旦项目进入执行阶段，项目管理者可以使用进度计划来追踪任务的完成情况和进度偏差。这有助于及时发现风险事件的出现和进展，从而及时采取纠正措施，减少风险的不良影响。同时，进度计划还可以用来监控风险应对措施的执行情况，确保其有效实施。

最后，进度计划有助于风险的沟通和报告。项目管理者可以使用进度计划来向项目相关方和利益相关者传达风险信息，包括风险的识别、评估、应对和监控情况。这有助于增加透明度和建立信任，确保项目的风险管理得到充分的关注和支持。

2.2.2 制定施工进度计划的方法

2.2.2.1 进度计划制定前的准备工作

第一，项目团队需要全面了解项目的背景信息和范围，包括详细审查项目的设计文件、技术规范、合同条款以及任何其他与项目相关的文件，这有助于确保进度计划与项目的具体要求和约束相一致。第二，项目管理团队需要明确项目的目标和关键要求，包括项目的交付日期、质量标准、成本预算以及客户的期望。明确项目的目标有助于确定进度计划的优先级和重点。第三，收集项目所需的所有数据和信息，包括工程量清单、资源清单、工作包、任务列表、人员和设备资源、材料和供应商信息等，这些数据和信息将在进度计划的制定过程中用于确定工程量和资源需求。第四，项目团队需要确定项目的工程周期，包括项目的起始日期和结束日期，以及任何关键的里程碑日期，有助于确保进度计划与项目的时间要求相一致。第五，项目管理团队还需要考虑项目的风险因素，包括可能影响项目进度的风险事件，如不可控制的天气因素、供应链中断等，制定应对风险的计划是制定进度计划的一部分。第六，项目团队需要确定进度计划的制定方法和工具，包括使用专业的项目管理软件，如 Microsoft Project、Primavera P6 等，及使用甘特图、网络图等可视化工具，选择适合项目需求的方法和工具对于有效制定进度计划至关重要。

2.2.2.2 工作分解结构的建立

工作分解结构（WBS）是将项目分解为可管理和可追踪的工作包或任务的分层结构，它是制定进度计划的基础和起点。

首先，建立工作分解结构需要项目团队对整个项目的范围和工作内容进行详细分析和划分，包括识别项目的各个子阶段、工程量清单、可交付成果、子任务等。通常需要与项目的不同利益相关者和专业团队进行讨论和协商，以确保所有工作内容都得到充分考虑和包含在工作分解结构中。

其次，工作分解结构的建立通常采用树状结构，从项目的总体范围开始，逐级向下分解为更小的工作包或任务。每个工作包或任务应该具有明确的名称、描述、工作内容、工期、责任人以及相关的资源需求。这有助于确保工作分解结构的清晰性和可管理性。在建立工作分解结构时，通常采用数字、字母或符号来标识各个层次的工作包，以便于识别和跟踪。例如，1.1、1.2、1.2.1 等标识方式可以用来表示不同层次的工作包。

最后，一旦工作分解结构建立完成，项目团队就可以根据每个工作包或任务的工作内容、工期和资源需求，开始制定进度计划。通过将工作分解结构与进度计划相结合，可以确保每个工作包或任务都被安排在适当的时间内，并能够有效地管理和追踪项目的进展。

2.2.2.3 时间估算方法与工期计算

时间估算方法的选择通常取决于项目的特点和可用的信息，常用的时间估算方法如下所示。

(1) 专家判断法。这种方法依赖于经验丰富的专家或团队成员的意见和估算。专家可以根据类似项目的经验来估算每个任务的工期，并将其相加以得出总工期。这种方法在项目初期或缺乏详细信息时常被使用。

(2) 类比估算法。这种方法利用类似的先前项目的数据来估算工期。通过比较和调整先前项目的实际工期，可以预测当前项目的工期。这需要良好的历史数据和对项目之间相似性的理解。

(3) 参数估算法。这种方法使用数学模型和参数来估算工期。例如，可以使用统计方法和回归分析来确定任务工期与资源数量之间的关系，并用于估算新项目的工期。

(4) 三点估算法。这是一种概率估算方法，使用三个不同的工期估算值。最乐观估算、最悲观估算和最可能估算。然后，通过这些估算值计算出任务的平均工期和工期的标准偏差，以评估工期的风险。

一旦完成时间估算，就可以进行工期计算。工期计算涉及将各个任务的工期按照工作分解结构和任务依赖关系进行组织和排列，以确定整个项目的工期。通常需要借助于项目管理软件来实现，可以创建甘特图或网络图，以可视化地表示任务之间的关系和工期。

2.2.2.4 进度计划的排列与计划层次

进度计划的排列与计划层次是为了确保项目的各个任务和阶段都能按照正确的顺序和优先级进行，以实现项目的顺利完成。

在制定施工进度计划时，需要创建一个工作分解结构，它是项目任务的分层结构，将项目分解为更小的工作包或任务。WBS 有助于组织和管理项目的不同方面，使任务更容易管理和分配。一旦有了 WBS，就可以开始排列进度计划。这包括确定每个任务的开始日期、结束日期、工期、依赖关系和资源需求。任务的依赖关系表示哪些任务必须在其他任务之前完成，以确保项目的连贯性。资源需求指的是为完成每项任务所需的人力、物资和设备等资源。在排列进度计划时，通常会使用甘特图或网络图等工具来可视化任务之间的依赖关系和时间安排。甘特图显示任务的时间轴和工期，而网络图则更详细地描述了任务之间的逻辑关系。进度计划的计划层次也是一个关键考虑因素。计划可以分为不同的层次，从整体项目计划到更详细的子任务计划。这些不同层次的计划可以满足不同层次管理人员的需求，确保项目的各个层面都能受到适当的关注和监控。

2.2.3 关键路径法和甘特图的运用

2.2.3.1 关键路径法（CPM）的基本原理

关键路径法（Critical Path Method，CPM）是一种用于规划和管理项目进度的重要工具，其基本原理是通过分析项目中各个任务的前后关系和持续时间，确定项目的关键路径，从而确定项目的最短完成时间。CPM的基本原理包括以下几个关键要点：

（1）任务的前后关系。在项目中，不同任务之间存在着先后顺序和依赖关系。有些任务必须在其他任务完成后才能开始，而有些任务可以同时进行。CPM通过识别这些任务之间的逻辑关系，确定任务的顺序和依赖性。

（2）任务的持续时间。每个任务都有一个估计的持续时间，即完成该任务所需的时间。这些持续时间是根据项目经验、专业知识和历史数据等因素来确定的。

（3）网络图的构建。CPM使用网络图来表示项目中的任务和它们之间的关系。网络图由节点（表示任务）和箭头（表示任务之间的依赖关系）组成。节点表示了项目中的各个任务，箭头表示了任务之间的逻辑关系。

（4）关键路径的确定。CPM通过计算每条路径的持续时间来确定项目的关键路径。关键路径是指在不延误项目整体完成时间的情况下，所有任务必须按照其最长持续时间完成的路径。换句话说，关键路径上的任务决定了项目的最短完成时间。

（5）进度控制和管理。一旦确定了关键路径，项目管理团队可以重点关注关键路径上的任务，确保它们按计划进行，以避免项目延期。同时，对非关键路径上的任务进行灵活的安排，以应对可能的变化和风险。

2.2.3.2　甘特图的绘制与解读

甘特图是一种常用于项目管理的图表工具，以时间为横轴，任务或活动为纵轴，用条形图的方式来展示项目中各项任务的开始时间、持续时间和结束时间，以及它们之间的关系。甘特图的绘制通常分为以下几个步骤：

第一，需要明确项目中的所有任务或活动，每个任务都要具体描述，包括任务的名称、持续时间、前后关系等信息。第二，确定时间尺度，选择适当的时间尺度，通常是以天、周、月等为单位，根据项目的时间跨度和复杂性来确定。第三，绘制条形图，在时间尺度上绘制一条横线，然后根据任务的开始时间和持续时间，在相应的时间段内绘制条形图。任务的开始时间通常表示为条形图的左端，持续时间表示为条形图的长度，其中，使用箭头或线段来表示任务之间的依赖关系，箭头的方向表示任务的先后顺序。根据关键路径法或其他方法，确定关键路径上的任务，并用特殊的标记或颜色加以标识。

一旦甘特图绘制完成，可以从图中获取以下关键信息：

甘特图清晰地展示了每项任务的开始和结束时间，使团队成员能够明确任务的安排和工期。通过箭头或线段，可以看出哪些任务是在其他任务完成后才能开始的，从而帮助规划任务的顺序。关键路径是整个项目中需要最长时间完成的一条路径，通过甘特图可以明显看出关键路径上的任务，确保它们按时完成，以避免项目延期。同时，通过甘特图可以了解任务的时间分布，有助于合理分配资源，避免资源过度占用或闲置。

2.2.3.3　CPM与甘特图在进度管理中的应用比较

CPM是一种基于网络图的方法，通过构建工程活动的网络图，确定项目中的关键路径，即项目中耗时最长的路径，以确定整个项目的最短完成时间。CPM的主要优势在于能够精确计算出项目的最短工期和关键路径，从而有助于项目的时间管理和资源分配。CPM 通常在项目较为复杂，有多个并行任务和任务依赖关系的情况下应用得较多，例如建筑工程、制造业等。

甘特图以时间为横轴，以任务或活动为纵轴，通过条形图的方式展示项目任务的时间安排，任务之间的依赖关系以及项目进度。甘特图具有直观性，易于理解和传达，能够清晰地展示项目的任务、时间和关系，适用于各种类型的项目，包括简单和复杂的项目。甘特图通常在项目计划的可视化和传达方面非常有用，可用于项目的日常监督和报告，也适用于项目小组内部的沟通。

CPM 适用于需要准确计算工期和关键路径的项目，对于复杂的工程项目管理非常有帮助。甘特图适用于需要可视化和传达项目计划的情况，具有直观性和易操作性，适用于各种规模的项目。在实际项目管理中，通常可以同时使用 CPM 和甘特图，以充分利用它们的优势，CPM 用于计算和控制关键路径，而甘特图用于可视化和传达项目进度。

2.2.4 资源调配与进度安排的协调

2.2.4.1 人力资源的合理分配

人力资源的合理分配涉及确定项目所需的工人数量、技能和工作时间表，具体分配措施如下：

首先，项目管理团队需要根据项目的规模、复杂性和工期制定人力资源计划。这个计划需要明确指出需要哪些类型的工人，包括项目经理、工程师、技术工人、劳动力等，还需要考虑到不同工程阶段的需求，以确保在关键时刻有足够的工人资源可用。其次，人力资源的合理分配还需要考虑到工人的技能和培训需求。不同的工种和工作岗位可能需要不同水平的技能和经验。因此，项目管理团队需要确定哪些工人具备必要的技能，哪些需要培训或外部招聘，这有助于确保项目的工作质量和安全性。再次，工作时间表也是人力资源合理分配的重要组成部分。项目管理团队需要确定每天、每周和每月的工作时间，以确保项目按计划进行。这包括工作的起止时间、休息日和加班安排，在工作时间表中考虑到员工的健康和福祉，以避免疲劳和工作压力过大。最后，项目管理团队需要密切监督人力资源的分配和使用情况，及时调整计划以应对可能出现的问题，如人员缺乏、技能不足或工作进度滞后。有效地沟通和协调也是确保人力资源合理分配的关键，以便项目团队能够紧密协作，充分发挥各自的专长，顺利推进项目进度。

2.2.4.2 设备与材料的供应计划

首先，设备供应计划需要考虑项目所需的各种设备，包括重型机械、工具和其他施工设备。计划必须明确设备的类型、规格、数量以及它们在不同施工阶段的使用时间表。这涉及选择合适的供应商或租赁公司，并与他们协商和签订合同，确保设备按计划交付并满足项目的要求。其次，材料供应计划也非常重要，需要考虑项目所需的各种建筑材料，包括水泥、钢筋、砖块、管道等。计划必须明确材料的种类、数量、质量标准以及交付时间表。供应计划还需要与材料供应商达成协议，以确保材料供应链畅通，避免因材料短缺而延误工程进度。最后，设备和材料的供应计划必须与施工进度计划紧密协调，以确保所需资源在正确的时间和地点可用，这需要项目管理团队密切监督供应计划的执行，及时应对可能出现的问题，如供应延迟或设备故障。

2.2.4.3　进度与资源的协调与平衡

首先，项目管理团队需要根据施工进度计划的要求，确定每个阶段所需的资源数量和类型，包括人力资源、设备、原材料等。然后，需要与各个部门和供应商进行沟通，确保资源能够按计划到位，以满足项目的需求。其次，项目管理团队需要密切监督资源的使用情况，确保资源得到充分利用，并及时调整资源分配以应对可能出现的问题。这涉及对资源的实际使用情况进行跟踪和记录，以便及时发现和解决资源短缺或浪费的问题。再次，进度与资源的协调还需要考虑到资源的优化分配，以确保在关键时刻有足够的资源可用，可能涉及调整工作时间表、加班安排或临时性资源调配。同时，要确保资源的分配不会导致资源过度消耗或浪费，从而保持成本的可控性。最后，项目管理团队需要建立有效的沟通机制，确保各个部门和供应商之间能够协同合作，共享信息，及时解决资源与进度的问题。这可以通过定期的项目会议、进度报告和沟通工具来实现，以促进团队之间的协作和合作。

2.2.4.4　建立资源调配的应急计划

首先，项目管理团队需要明确哪些因素可能导致资源调配的紧急情况。这包括但不限于人员突然离职、设备故障、原材料供应中断、不可预见的天气事件等。通过对潜在的风险进行分析和评估，可以预先确定哪些情况可能对项目进度产生不利影响。其次，一旦识别了潜在的紧急情况，项目管理团队需要制定相应的应急计划。这个计划应包括应对措施、责任人员和联系方式等关键信息。例如，在人员不足的情况下，可以制定临时工招聘计划，或者制定加班安排以弥补人力不足。对于设备故障，可以制定备用设备的调配方案，以最小化停工时间。再次，应急计划还需要明确监测和通知程序。这包括监测资源调配情况的方法，以及如何及时通知项目团队和关键利益相关者。这有助于及时应对问题，防止问题扩大化。最后，应急计划需要定期审查和更新，以确保其与项目的实际情况保持一致。项目可能会面临新的挑战或风险，因此应急计划需要根据实际需要进行调整和优化。

2.2.5　应对延期与赶工的策略

2.2.5.1　延期原因的识别与分析

延期原因的识别与分析旨在识别和理解导致项目延期的根本原因，以便采取有效的措施来解决问题并恢复项目进度。

第一，项目管理团队需要仔细收集和记录所有可能导致延期的信息和数据。这包括项目的进度计划、资源分配、施工活动的详细信息以及任何与项目进展相关的文件和报告。通过全面的信息收集，可以更好地了解项目的当前状态和存在的问题。第二，一旦收集到足够的信息，项目管理团队需要进行分析，以确定延期的根本原因。这可能涉及技术问题、人力资源不足、供应链问题、不可预见的事件等多种因素。通过仔细的分析，可以将延期问题归因到具体的因素，而不仅仅是表面现象。第三，一旦延期原因被明确识别，项目管理团队需要制定应对策略。这可能包括重新调整进度计划、重新分配资源、与供应商协商等措施。应对策略的选择应取决于延期原因的性质和严重程度。第四，延期原因的识别与分析也需要考虑风险管理方面的因素。这意味着项目管理团队需要评估延期对项目成本、质量和利益相关者的影响，并制定相应的风险应对计划。第五，延期原因的识别与分析是一个持续的过程，需要在项目的不同阶段进行。随着项目的推进，可能会出现新的延期原因或现有原因的变化，因此项目管理团队需要保持警惕并不断优化应对策略，以确保项目能够按计划顺利进行。

2.2.5.2 延期管理与调整措施

首先，延期管理的第一步是制定详细的延期管理计划。这个计划应包括识别的延期原因、延期的影响分析、延期的时间和资源成本估算、延期的风险评估等信息。计划还应明确责任人和时间表，以确保各项措施得以实施。常见的延期管理策略是重新调整项目进度计划。这可能包括重新安排工作任务、增加资源投入、寻找替代供应商或采取其他措施，以缩短延期时间。这些调整措施应根据延期原因的性质和严重程度来制定。其次，延期管理还涉及与项目利益相关者的有效沟通。项目管理团队需要及时通知相关方项目的新进展和调整计划，以便他们能够做出适当的反应。透明的沟通可以减轻潜在的疑虑和不满，有助于维护项目的声誉和信誉。再次，延期管理还需要建立监督和控制机制，以跟踪项目的实际进展与计划进度的差距。这可以通过定期的进度审查会议、资源分配的优化和风险管理的实施来实现。同时，项目管理团队应不断评估延期管理策略的有效性，并在必要时进行调整。最后，延期管理的目标是尽量减少项目延期对项目的负面影响。这需要灵活性和协作精神，以应对不断变化的情况，并确保项目的最终成功。延期管理与调整措施的制定和执行是项目管理的关键职责之一，对于项目的成功完成至关重要。

2.2.5.3 赶工的方法与风险

当项目面临延期威胁时，项目管理团队可能会采取赶工措施，以确保项目按时完成，赶工方法和相关风险如下所示。

（1）增加资源投入。项目团队可以考虑增加人力资源或其他必要资源，以加快工程进度。这可能包括雇用额外的工人、租赁额外的设备或加大材料供应。然而，增加资源也可能导致成本上升、资源冲突和质量问题等风险。

（2）重叠工作任务。通过重叠一些工作任务，可以缩短项目的总工期。例如，可以开始某些任务的前期工作，同时进行后续任务的设计和准备工作。但是，这可能增加项目的复杂性和协调难度，需要谨慎管理。

（3）重新安排工程计划。项目管理团队可以重新评估和重新安排工程计划，以识别并优化项目关键路径。通过优化关键路径上的任务，可以减少工程总工期。然而，这可能需要重新分配资源、重新谈判合同和与利益相关者进行有效沟通。

（4）采用快速跟进方法。某些项目可能采用快速跟进方法，如敏捷项目管理，以加快工程进度。这通常要求项目管理团队更频繁地与相关方进行互动和决策，以适应快速变化的需求。

(5) 加班。为了加速进度，项目团队可能需要员工加班或延长工作时间。这可能会导致员工疲劳、生产率下降和工作质量降低的风险[4]。

2.3 施工人员的配备

2.3.1 人员配备的重要性

人员配备在施工管理中扮演着关键的角色，对项目的成功具有重要作用。

首先，人员配备直接关系到项目进度的控制。合适的人员数量和技能可以确保工程任务按时完成。如果人员不足或缺乏必要的技能，可能会导致工作拖延和工程进度延误。因此，通过正确的人员配备，可以更好地保持项目进度的稳定性和可控性。其次，人员配备与项目质量紧密相关。具备相关经验和技能的团队成员可以确保工程质量得以维护。他们能够识别并解决潜在的质量问题，确保施工过程中的符合标准和规范，从而提高工程质量。最后，人员配备还对施工安全产生重大影响。经过培训和资格认证的工人和管理人员能够更好地理解施工现场的潜在风险，并采取相应的安全措施来降低事故风险。合格的安全团队可以有效监控施工过程，确保遵守相关的安全法规和标准，从而保障工人和工程的安全。

2.3.2 工程组织结构与职责划分

2.3.2.1 工程组织结构的建立与选择

首先，工程组织结构的建立涉及确定项目的管理层次和沟通渠道。这包括确定项目经理、施工经理、工程主管以及各种监督和技术团队的角色和职责。工程组织结构的建立有助于确保项目管理体系的高效运行，确保信息传递和决策制定的顺畅。其次，工程组织结构的选择取决于项目的特性和规模。在大型工程项目中，可能需要更复杂的组织结构，包括多个层次的管理和专业领域的划分。而在小型项目中，组织结构可能较为简单，管理层次较少。因此，根据项目的具体需求和复杂性，选择适当的组织结构非常关键。最后，工程组织结构的建立还需要考虑到团队协作和协调的因素。不同团队之间的协作关系、信息流程和决策路径都需要在组织结构中得到明确定义。这有助于防止信息滞后、决策延误以及沟通不畅等问题，从而提高项目的执行效率。

2.3.2.2 职责与权责划分的明确性

首先，明确的职责和权责划分有助于防止混淆和冲突。在工程项目中，各个部门和岗位都有不同的职责和任务，如果没有明确的划分，可能会出现责任不清、工作交叉和决策混乱等问题。通过明确规定每个人的职责和权责，可以避免这些问题的发生，提高工作效率。其次，明确的职责和权责划分有助于提高责任感和执行力。当每个人都知道自己的职责和权责时，他们更有动力去履行自己的职责，承担相应的责任。这有助于确保工程项目按计划推进，减少延误和错误。最后，明确的职责和权责划分还有助于提高沟通效率。团队成员知道自己需要向谁汇报工作进展，谁有权做出决策，从而能够更快速地解决问题和做出反应。这有助于减少信息滞后和决策延误。

2.3.2.3 沟通渠道与信息流动的优化

首先，优化沟通渠道有助于消除信息障碍。在一个复杂的工程项目中，各个部门和团队之间需要频繁地交换信息、数据和决策，如果沟通渠道不畅，信息可能会滞后、丢失或误解，导致项目进展受阻。通过建立明确的沟通渠道，可以确保信息能够准确、及时地传递到需要的人员，减少信息流失。其次，优化信息流动有助于提高决策的质量。在工程项目中，需要不断地做出各种决策，涉及进度、质量、成本等多个方面。如果信息流动不畅，决策可能会基于不完整或错误的信息而做出，进而对项目产生负面影响。通过优化信息流动，可以确保决策者获得准确、全面的信息，以支持明智的决策制定。最后，优化沟通渠道和信息流动还有助于团队协作和问题解决。当团队成员能够迅速分享信息、提出问题和寻找解决方案时，项目可以更快地应对挑战和机会。高效地沟通和信息流动也有助于建立团队的信任和协作精神，从而提高项目的整体绩效。

2.3.3 人员的招聘与培训

2.3.3.1 招聘流程与人才筛选

首先，招聘流程的第一步是明确招聘需求。项目经理和相关团队必须仔细分析项目的要求，确定需要哪些类型的人员，以及他们的技能和经验水平，可以通过编制一个人员需求清单来实现，明确每个职位的职责和要求。其次，招聘流程包括广告发布和招聘渠道的选择。广告可以发布在招聘网站、社交媒体、行业刊物或通过内部推荐等途径。选择合适的招聘渠道取决于所需人员的类型和数量。再次，人才筛选是招聘流程中的关键步骤。这包括收集申请人的简历和申请材料，进行面试，以及可能的技能测试或背景调查。在面试中，招聘团队应该评估申请人的技能、经验、团队合作能力和沟通技巧等方面的能力，以确保他们与项目的要求相匹配。一旦合适的候选人被选中，就可以进行录用程序，包括制定雇佣合同、薪酬谈判和入职安排。同时，新员工可能需要接受项目团队的培训，以确保他们了解项目的目标、流程和安全标准。最后，招聘流程的成功与否应该进行评估和反馈，包括跟踪新员工的绩效，确保他们适应项目要求，以及根据经验改进未来的招聘流程。

2.3.3.2 新员工培训与融入计划

新员工培训与融入计划不仅有助于新员工迅速适应项目环境，还能够提高工作效率、减少错误和事故发生的可能性，以及增强团队协作。

第一，培训计划的内容应该充分考虑到员工的需求和技能水平。这意味着不同职位的员工可能需要不同类型的培训。例如，工地上的操作人员可能需要接受安全培训和操作设备的技能培训，而项目管理人员可能需要更多的项目管理和领导力培训。因此，培训计划应该根据员工的职责和技能要求进行个性化定制。第二，培训计划还应考虑到不同员工的学习风格。有些员工可能更适合面对面培训，而其他人可能更喜欢在线培训或自主学习。因此，应该提供多样化的培训方法和资源，以满足不同员工的需求。第三，培训计划的时间安排也至关重要。在项目开始之前，员工需要有足够的时间来接受培训，熟悉项目要求和标准操作程序。这可以帮助避免在项目进行过程中出现延误和错误。此外，定期的培训更新也是必要的，以确保员工跟上最新的行业趋势和最佳实践。第四，融入计划的一部分是帮助新员工建立在项目团队中的关系。这包括介绍他们与其他团队成员的互动方式、团队文化和价值观，以及如何有效地协作。良好的融入计划可以帮助员工感到更加舒适和自信，从而提高他们的工作表现。第五，培训和融入计划的成功评估是不可或缺的。项目团队应该定期评估培训的效果，收集员工的反馈，并根据需要进行改进。这可以确保培训计划始终保持高质量和高效率。

2.3.3.3　持续培训与职业发展

建筑工程领域不断演进和创新，因此，员工需要不断提升他们的技能和知识水平，以适应这一变化。

第一，随着科技和工程领域的快速发展，新的材料、工艺和技术不断涌现。建筑工程需要与时俱进，采用最新的建筑方法和材料，以提高效率、降低成本并确保项目质量。因此，员工需要接受持续培训，以了解和掌握最新的技术和工程实践。第二，建筑工程项目通常需要符合严格的安全标准和法规。员工的安全意识和培训至关重要，以减少工作场所事故的风险。持续的安全培训可以确保员工了解最新的安全法规，并知道如何在工作中采取安全措施，保护自己和同事的生命和健康。第三，建筑工程项目可能会涉及多个领域的合作，需要不同背景和专业知识的员工协同工作。持续培训可以帮助员工了解其他领域的要求和需求，提高他们的团队协作能力，从而提高项目的整体绩效。第四，持续培训还有助于员工的职业发展。通过不断提升自己的技能和知识，员工可以获得更高级别的职位和更高的薪资，同时也增加了他们在职场上的竞争力，这对于员工的个人成长和职业规划至关重要。第五，建筑工程项目的成功与否与团队的能力直接相关。一个经过培训并不断学习的团队更有可能在项目中取得成功，因为他们可以更好地应对挑战和解决问题。持续培训有助于提高员工的综合素质，使他们更有信心面对复杂的工程任务。

2.3.4　施工人员的安全意识培养

2.3.4.1　安全意识的重要性与意义

安全意识的重要性在建筑工程领域是不可忽视的，它直接关系到施工现场的工人、管理层和项目的整体成功。

首先，安全意识培养的重要性体现在员工的生命安全和健康上。施工现场通常存在各种潜在的危险，如高空作业、机械设备操作、化学品使用等，如果员工没有足够的安全意识，就容易发生事故，对他们的生命和健康构成威胁。因此，通过培养安全意识，员工能够更好地识别潜在的危险，采取相应的措施来减少事故发生的可能性。其次，安全意识的培养对于保护财产和项目的进度也具有重要作用。事故和安全问题可能导致工程延误、损坏设备和材料，增加额外的成本。通过提高员工的安全意识，可以减少这些潜在风险的发生，确保项目按计划进行，减少不必要的成本和损失。再次，安全意识培养还有助于提高工作效率和质量。员工如果拥有足够的安全意识，会更注重细节、严格遵守操作规程，减少错误和疏忽，从而提高工作质量。此外，员工在安全环境下工作更加自信，可以更专注于任务，提高工作效率。最后，安全意识的培养有助于建立积极的企业文化。员工感受到公司对他们安全和福祉的关心，会更忠诚、满意，积极投入工作，这有助于提高员工的士气和团队合作，为项目的成功创造良好的氛围。

2.3.4.2 安全培训的内容与方法

安全培训的内容应包括基本的安全知识和技能，如危险识别、急救措施、火灾逃生等。员工需要了解潜在的危险因素，以及如何采取适当的措施来减少风险，培训内容还应涵盖工程项目的具体安全规程和操作规范，确保员工了解工作中的安全要求和程序。

安全培训的方法可以多样化，以满足不同员工的学习需求。其中包括课堂培训、现场演示、模拟演练、在线培训等。课堂培训通常用于传递基本理论知识，而现场演示和模拟演练则能够帮助员工将理论知识应用到实际工作中。在线培训则提供了灵活的学习方式，员工可以根据自己的时间和进度学习安全知识。同时，培训还可以结合案例分析和实际经验分享，使员工更深入地理解安全问题。另外，安全培训应定期进行更新和复习，以确保员工的安全知识和技能始终保持最新。培训的效果还可以通过考试和评估来评价，以确保员工已经掌握了必要的安全知识和技能。

2.3.4.3 安全文化的建设与维护

安全文化的建设与维护对于施工人员的安全意识培养至关重要。安全文化是指在一个组织或团队中，对于安全的共同价值观、信仰和行为规范的共识和践行。它不仅仅是安全规程和程序的遵守，更是一种在组织中普遍存在的文化氛围，强调每个员工都有责任保障自己和同事的安全。

要建设和维护安全文化，首先，需要有明确的领导力和管理支持。领导层应该树立榜样，积极参与和倡导安全行为，同时为安全培训和资源提供支持。管理层应确保安全政策和程序得到贯彻执行，并且鼓励员工报告安全事件和提出改进建议。其次，员工参与度也是安全文化的关键组成部分。员工应该被鼓励参与安全活动和讨论，分享自己的安全经验和观点。建立开放的沟通渠道，使员工能够自由表达关于安全问题的担忧和建议，有助于提高安全文化的积极性和透明度。再次，教育和培训也是维护安全文化的重要手段。员工需要不断接受有关安全的培训，以保持他们的安全意识和技能。此外，定期举行安全会议和活动，提高员工对安全的重视程度，也有助于巩固安全文化。最后，奖励和认可是激励员工参与安全文化的另一个重要方面。建立奖励机制，表彰那些在安全方面表现出色的员工，可以鼓励其他人模仿他们的榜样。同时，对于违反安全规程的行为也要采取适当的纠正措施，以保持安全文化的稳定性。

2.3.5 人员管理与绩效评估

2.3.5.1 人员绩效管理的目标与原则

人员绩效管理在施工项目中的目标是确保项目团队的成员能够充分发挥其潜力，达到高效率和高质量的工作表现。为了实现这一目标，人员绩效管理需要遵循一些重要的原则。

首先，明确性是绩效管理的关键原则之一。这意味着在开始工作之前，必须确保每个员工都清楚了解他们的工作职责和预期目标。明确的预期和目标可以帮助员工更好地理解他们的角色，提高工作动力，并有助于评估绩效。其次，公正性和公平性是另一个关键原则。评估员工绩效时，必须依据客观、可度量的标准，而不是主观因素或偏见。公平性意味着每个员工都应该受到公平和一致的对待，不受种族、性别、年龄或其他非工作相关因素的影响。再次，持续性也是一个重要原则。人员绩效管理不应仅是一年一度的例行程序，而应该是一个持续的过程。定期的绩效评估和反馈可以帮助员工在工作中不断改进，而不是等到问题积累时再进行修正。最后，双向沟通和合作是实施绩效管理的关键。员工和管理层之间应该建立开放和积极的沟通渠道，以便及时讨论问题、提供反馈和解决挑战。合作和支持可以帮助员工克服障碍，更好地完成工作任务。

2.3.5.2　绩效评估方法与工具

绩效评估方法和工具在施工项目中起着关键的作用，用于度量和评估员工的工作表现，帮助管理层更好地了解团队成员的能力和贡献，常用的绩效评估方法和工具如下所示。

首先，定量评估方法是常见的一种方式，其中包括关键绩效指标的使用。这些指标可以是项目进度、成本控制、质量指标等方面的量化数据。通过收集和分析这些数据，管理层可以追踪员工的工作表现，检测问题并采取必要的纠正措施。其次，360°反馈是另一种常用的绩效评估方法。它涉及员工的同事、直接上级、下属以及其他相关方提供关于员工绩效的反馈。这种方法有助于获得更全面的评估，考虑到不同人的观点和看法，可以更准确地了解员工的综合表现。再次，绩效评估中的自评估也很重要。员工可以对自己的工作表现进行自我评估，这有助于他们识别自己的强项和改进的领域。自评估也可以作为与管理层的讨论的基础，共同制定发展计划和设定目标。最后，绩效评估工具还可以包括定期的一对一会议、绩效报告、绩效评分表等。这些工具可以帮助管理层与员工建立有效的绩效管理和反馈机制，从而促进个人和团队的成长和发展。

2.3.5.3　绩效反馈与激励措施

绩效反馈和激励措施在人员管理中起着至关重要的作用，它们有助于激发员工的积极性、提高工作效率，同时也为员工提供成长和发展的机会。

首先，绩效反馈是确保员工了解其工作表现的关键环节。定期的绩效评估会提供关于员工在项目中的表现的信息，包括他们的强项和改进的领域。这种反馈应该是建设性的，具体指出员工的优点，并提供改进建议。通过绩效反馈，员工能够明确了解自己在团队中的角色，有助于他们进一步提高工作表现。其次，激励措施对于保持员工的积极性和动力至关重要。这些激励措施可以包括薪酬奖励、奖金、晋升机会、培训和发展计划等。激励措施应该根据员工的绩效表现和贡献来制定，以激发他们的工作热情和承诺。同时，激励措施也可以包括员工认可和赞扬，通过公开表彰和奖励来鼓励团队合作和卓越表现。再次，绩效反馈和激励措施应该与员工的职业发展目标和个人兴趣相一致。员工有机会参与项目和任务的选择，以便他们能够在自己感兴趣的领域发挥最大的潜力，这种个性化的方法有助于员工更好地融入团队，并提高他们的工作满意度。最后，绩效反馈和激励措施不仅有助于个人的成长，还有助于整个团队和项目的成功。通过建立积极的反馈文化和激励机制，项目管理团队可以更好地引导员工，实现项目的目标，提高质量和安全标准，并确保项目按时完成。

2.4 施工材料的采购

2.4.1 材料采购的战略规划

2.4.1.1 采购战略的确定与目标设定

在施工项目中，材料采购的战略规划是确保项目顺利进行和控制成本的关键环节。

首先，确定采购战略并设定明确的目标至关重要。采购战略的确定包括选择适当的采购方式，例如竞争性招标、协商采购或框架协议等，以及选择供应商的策略，如单一供应商还是多个供应商。这些决策应考虑到项目的性质、规模、预算、时间表以及可用的资源等因素。其次，目标设定是采购战略的重要组成部分。项目管理团队需要明确制定采购目标，这些目标可以包括控制采购成本、确保材料质量、保证供货时间、降低风险等。这些目标应该与项目的整体目标和战略一致，并且要具体、可衡量、可达到。例如，可以设定降低材料采购成本10%、确保所有材料符合特定的质量标准、减少供货时间至最短等明确的采购目标。最后，一旦采购战略和目标明确，项目管理团队就可以制定相应的采购计划，包括采购流程、时间表、预算和资源分配等。这有助于确保采购活动按计划进行，减少潜在的延误和成本超支。同时，采购战略的确定和目标的设定还可以为供应商选择和谈判提供清晰的方向，从而达成有利于项目的采购协议。

2.4.1.2 采购与供应链管理的协调

供应链管理是确保物资和材料在项目中按时、按量、按质供应的关键因素之一。为了实现协调，项目管理团队需要与供应链团队密切合作，并确保供应链中的各个环节与采购战略保持一致。

在协调采购与供应链管理时，首先需要明确项目的供应链结构，确定主要的材料供应商和分销商。这包括供应商的选择、合同签订以及供应商绩效监测等方面的工作。同时，项目管理团队需要了解供应商的生产和交付能力，以确保供应链的可靠性和稳定性。其次，采购和供应链管理之间的协调还包括库存管理、物流规划和交付安排。项目管理团队需要确保材料的库存水平与项目需求相匹配，避免因库存过多或过少而导致的成本浪费或工程延误。同时，物流计划需要与供应链中的各个环节协调，以确保材料按计划运送到工地，避免断货或积压。最后，采购与供应链管理的协调有助于降低风险，提高项目的灵活性。在项目执行过程中，可能会出现供应链中的问题，如自然灾害、供应商倒闭或运输问题。通过协调采购和供应链管理，项目管理团队可以更快速地应对这些问题，减轻潜在的影响，确保项目按计划进行。

2.4.1.3　采购成本分析与成本控制策略

采购成本分析与成本控制策略涉及对采购项目的成本进行详细评估，以制定有效的成本控制策略，确保项目在预算范围内进行，同时实现成本效益最大化。

首先，采购成本分析需要对各种可能的采购费用进行明确地识别和估算。这包括材料本身的采购价格、运输费用、关税和税费、质量检验费用、库存成本以及与供应商合作的各种费用等。通过细致的成本分析，可以更好地了解项目的总成本结构，为后续的成本控制提供依据。其次，一旦采购成本得以明确，接下来就是制定成本控制策略，包括在采购过程中采取的各种策略和措施，以确保成本保持在可接受的范围内。例如，可以考虑采用竞争性招标，与多个供应商协商价格，寻求成本节约的机会。同时，可以制定严格的采购政策和程序，以规范采购流程，减少不必要的开支。成本控制策略还应考虑到市场波动、通货膨胀和外部因素对成本的潜在影响，并制定相应的风险管理计划。最后，为了实现采购成本的有效控制，还需要建立有效的成本监控机制，监测采购过程中的实际费用，并与预算进行比较。如果出现超出预算的情况，就需要及时采取纠正措施，例如重新谈判价格、减少材料浪费或寻求替代材料等。这种持续的成本监控和调整过程有助于确保项目在经济可行的条件下进行，最大程度地降低采购成本。

2.4.2　供应商选择与评估

2.4.2.1　供应商评估标准与流程

在制定供应商评估标准与流程时，需要综合考虑多个因素，以确保选择的供应商能够满足项目的需求并提供高质量的材料。

首先，建立供应商评估标准是关键的一步。这些标准应该包括多个方面，如供应商的信誉度、财务稳定性、交货能力、质量控制体系、技术能力、环境和社会责任等。这些标准的制定需要与项目的具体要求相一致，以确保所选择的供应商能够满足项目的所有需求。其次，供应商评估的流程需要明确。这一流程包括了供应商的筛选、评估和选择阶段。在筛选阶段，可以使用预先制定的标准来筛选潜在的供应商，以确定哪些供应商有资格进入下一轮的评估。在评估阶段，应对入围的供应商进行更详细的审核，可能包括查看其财务报表、访问其生产设施、检查其质量控制流程等。在选择阶段，应该根据评估结果选择最适合项目需求的供应商，并签署合同。最后，供应商评估流程还需要考虑到持续性的绩效监测和改进。一旦选择了供应商，就应建立有效的绩效监测机制，以确保其持续满足项目的需求。如果供应商的绩效不佳，应该制定纠正措施或者寻找替代供应商。

2.4.2.2　供应商绩效管理与反馈

供应商绩效管理与反馈是材料采购过程中的关键环节，它有助于确保所选供应商能够持续地满足项目的需求，并不断提高其服务质量和产品质量。

首先，建立明确的绩效评估标准和指标是至关重要的。这些标准和指标应该基于项目的具体需求和合同条款，并包括供应商的交货准时性、材料质量、客户服务响应时间等方面。这些标准和指标需要定量化和可度量，以便进行客观的评估。其次，定期进行供应商绩效评估是必要的。通常，这可以通过定期的审查会议或绩效评估报告来实现。在这些评估中，应该明确列出供应商在各个绩效指标上的表现，并与之前的评估结果进行比较。这有助于识别出任何不足之处，并采取必要的纠正措施。再次，及时的反馈是供应商绩效管理的关键。如果供应商的绩效不达标，应该向其提供详细的反馈，并与其合作制定改进计划。同时，如果供应商的绩效良好，也应该及时予以肯定和激励，以保持其高水平的服务。最后，建立供应商数据库是有益的。通过记录和跟踪供应商的绩效历史，可以为未来的供应商选择提供有用的参考信息，并有助于建立长期合作关系。

2.4.2.3 供应商关系与合作协议

供应商关系和合作协议有助于确保供应链的高效性，降低潜在的风险，并满足项目的需求。

第一，明确的合作目标和期望对于建立强有力的供应商关系至关重要。项目团队和供应商应该一同确立项目的目标，这些目标可能包括交货时间、质量标准、成本控制、创新性等。通过在合作关系的初期就明确目标，可以为后续的合作提供清晰的方向，确保双方都在同一个轨道上运行。第二，合作协议需要清晰地规定双方的权责和义务。这包括了供应商的交货承诺、质量保证、价格和付款条件等。合同中还需要详细考虑潜在的风险以及应对策略，以确保在项目执行过程中能够有效地应对可能出现的问题。第三，供应商关系也可以包括绩效评估机制。这些机制需要确定绩效评估的频率、评估的指标和方法，以确保供应商在合同期间持续提供高质量的材料和服务。绩效评估可以用于奖励卓越的供应商，同时也可以作为改进供应商绩效的机会。第四，合作关系应该是双向的，有助于双方的沟通和协作。这包括了定期的会议、信息共享和问题解决机制，以确保双方都能够及时沟通并共同解决可能出现的问题和挑战。第五，合作协议也应该包括合同的履行和终止条件。这可以包括了合同的有效期、解除合同的程序和条件等方面的规定，以确保在必要时能够终止或更新合作关系。

2.4.3 材料质量控制与检验

2.4.3.1 材料质量控制的重要性

首先，材料质量控制直接关系到施工工程的质量和安全。低质量的材料可能会导致工程的结构不牢固、耐久性差，甚至可能引发安全隐患，对工程的质量和安全构成潜在威胁。通过严格控制材料质量，可以确保所使用的材料符合标准和规范，提高工程的质量和可靠性。其次，材料质量控制也直接影响项目的成本管理。低质量的材料可能导致工程在后期需要更多的维修和维护，增加了项目的运营成本。如果材料质量不达标，可能需要重新采购和更换材料，导致项目延期和额外的成本开支。因此，通过有效的材料质量控制，可以降低项目的总体成本。再次，材料质量控制对于遵守法律法规和合同要求也至关重要。一些行业和地区可能有特定的法规和标准要求，必须在项目中严格遵守。如果材料不符合这些要求，可能会导致法律问题和合同纠纷，对项目的顺利进行产生负面影响。最后，材料质量控制有助于建立供应商和承包商之间的信任和合作。供应商提供高质量的材料，有助于确保项目进展顺利，并维护了供应链的稳定性。同时，也可以促使供应商和承包商之间建立长期的合作关系，有利于未来的项目合作。

2.4.3.2 材料检验与测试方法

材料检验与测试方法在材料质量控制中起着至关重要的作用，旨在确保所采购的材料符合项目的要求、标准和规范，以提高工程质量和安全性。

首先，常用的材料检验方法之一是物理性能测试。这包括测量材料的硬度、强度、密度、黏度、热传导性等物理特性。例如，对于金属材料，可以进行拉伸试验、冲击试验、硬度测试等来评估其力学性能。对于混凝土等材料，可以进行抗压强度测试来确定其承载能力。其次，化学分析也是常用的材料检验方法之一。这些分析方法用于检测材料的化学成分，确保其符合要求。例如，对于钢材，可以进行化学成分分析以确认其合金元素含量是否在允许范围内。化学分析还有助于检测有害物质的存在，以确保材料不会对环境和人体健康造成危害。再次，非破坏性测试方法也常用于材料检验，包括超声波检测、磁粉探伤、X 射线检测等，用于评估材料内部的缺陷、裂纹和异物，非破坏性测试有助于发现隐藏的材料问题，提前采取措施避免潜在的安全隐患。还有一些特定于材料类型的测试方法，例如混凝土的骨料粒度分析、沥青的黏度测试等，都用于确保材料的质量和性能。

2.4.3.3 不合格材料的处理与纠正措施

在施工项目中，当发现不合格材料时，必须迅速采取处理与纠正措施，以确保项目的质量和安全。不合格材料可能会对工程造成严重的问题，因此需要有明确的处理流程和应对措施。

第一，当不合格材料被检测或发现时，应立即将其隔离并标记，以防止其被错误使用或混入施工中。隔离不合格材料可以防止其对项目造成进一步的损害。第二，需要进行详细的分析和评估，确定不合格材料的具体问题和原因。这包括对材料供应商的反馈，对材料样本的再次测试，以及对供应链的审查。通过分析问题的根本原因，可以帮助制定更有效的纠正措施，以避免将来再次出现类似问题。第三，需要采取纠正措施，以解决不合格材料引发的问题。这可能包括更换不合格材料，进行修复或改进，或者重新采购合格材料。纠正措施的选择将取决于问题的性质和严重程度。第四，还需要进行记录和文档管理，确保所有相关信息被记录下来，以便审查和监督。这包括不合格材料的详细记录、分析结果、纠正措施的执行情况等。文档管理有助于追踪问题的解决过程，并为未来的改进提供经验教训。第五，需要建立预防措施，以减少不合格材料的发生。这包括对供应链的监督和管理，加强供应商的质量管理体系，以及对施工团队的培训和教育，提高其对质量控制的重视和意识。

2.4.4 采购合同与付款管理

2.4.4.1 采购合同的要素与条款

采购合同在施工项目中扮演着至关重要的角色，它规定了供应商和项目方之间的权利和义务，是合作关系的法律依据。采购合同通常包括以下要素和条款：

第一，合同的标的物，即明确定义了将要采购的具体材料、设备或服务。合同必须清楚地描述所需的产品或服务，以避免后续的误解和争议。第二，合同的价格和支付条款，包括支付方式、付款期限和价格调整机制。这些条款必须明确定义，以确保双方都清楚支付的条件和时间。第三，交货和交付的条款。合同通常规定了交货地点、交付时间和方式，以确保所采购的物品能够按时到达工地并满足项目的需求。第四，质量标准和验收程序。合同应明确规定产品或服务的质量要求，以及验收的程序和标准。这有助于确保交付的材料或设备符合项目的质量标准。第五，保修和维护条款。合同通常包括供应商对产品的保修期限和维护责任。这些条款确保了项目方在发现问题时有权要求修复或更换不合格的物品。第六，违约和争议解决机制。合同应明确双方的违约责任和解决争议的程序。这有助于在发生问题时快速解决争端，减少项目延期和额外成本。第七，合同的签署和生效日期。一旦合同的所有要素和条款都得到双方的同意，就需要签署合同并明确生效日期，以确保双方都遵守合同的规定。

2.4.4.2 付款条件的约定与管理

付款条件在采购合同中是至关重要的一部分，因为它涉及供应商获得报酬的方式和时间，直接影响到供应商的积极性和项目的正常进行。在约定和管理付款条件时需要考虑以下几个方面：

第一，付款方式和频率。合同应明确规定付款方式，通常可以是一次性付款、分期付款或根据达到的里程碑来支付。付款频率也需要明确定义，是按月、按季度还是根据工作完成情况来确定。第二，付款期限。合同中应明确规定付款的期限，即供应商应在何时收到付款。这有助于确保及时支付，以避免违约和争议。第三，发票和报告要求。合同通常规定了供应商提交发票和报告的要求，包括格式、内容和提交方式。项目方需要确保发票和报告的准确性和及时性，以便进行核对和支付。第四，扣款和抵消条款。合同中可以包括扣款和抵消的条款，以应对供应商的潜在违约或质量问题。这些条款明确规定了扣款的条件和金额，以及供应商需要采取的纠正措施。第五，付款的管理和监督。项目方需要建立有效的付款管理机制，确保付款按照合同约定进行，并记录付款的相关信息。这可以包括建立付款审批流程、建立付款档案和跟踪付款状态。

2.4.4.3 合同履行与变更管理

合同履行与变更管理是采购合同管理中至关重要的方面，在合同履行阶段，需要确保双方按照合同的规定履行各自的责任和义务。

首先，合同履行要求双方按照合同约定的时间表和标准提供材料或服务。项目方需要监督供应商的履约情况，确保按时交付、质量达标，以及其他合同规定的要求。其次，变更管理是不可避免的，因为在项目进行中可能会出现一些情况需要对合同进行修改。在这种情况下，必须确保变更是有正当理由的，并且必须按照合同的规定进行。变更管理通常包括提出变更请求、评估变更的影响、协商变更的条件和费用，并最终达成一致意见并记录在合同变更中。再次，合同履行和变更管理需要严格的文档记录。所有与合同有关的通信、协议、变更和支付都应当清晰地记录下来，以备后续审计和争议解决之需。最后，双方应建立有效的沟通机制，确保信息的畅通和共享，以及在合同履行和变更管理中的实时协调。这可以通过定期会议、进度报告和问题解决机制来实现。

2.4.5 库存管理与材料跟踪

2.4.5.1 材料库存管理的原则与方法

材料库存管理在施工项目中具有重要的作用，其原则与方法需要仔细考虑和实施以确保项目顺利进行。

第一，合理的库存水平是材料库存管理的基础。项目方需要根据项目的需求、供应商的交货时间以及项目的进度计划来确定合适的库存水平。这需要仔细的需求分析和库存计划，以确保所需材料随时可用，同时又不会造成过多的库存积压。第二，库存的安全性和可靠性是关键。材料应当储存在安全、干燥、通风和防火的仓库中，以防止损坏或浪费。同时，库存应当进行定期的检查和维护，确保材料的质量和数量没有问题。第三，库存管理需要使用合适的技术工具和系统来跟踪和管理库存。现代的库存管理系统可以帮助自动化库存数据的记录、更新和分析，以及生成报告和警报，从而提高库存管理的效率和准确性。第四，供应链管理也是库存管理的一部分。与供应商建立良好的合作关系，确保供货及时和可靠，可以帮助降低库存成本和风险。第五，库存管理需要不断地监督和改进。定期的库存分析和绩效评估可以帮助识别问题并采取纠正措施，以确保库存管理的持续优化。

2.4.5.2 材料跟踪与库存控制系统

材料跟踪与库存控制系统在施工项目中起着至关重要的作用，它们有助于确保材料的有效管理和利用。

首先，材料跟踪是指对所有进入和离开工地的材料进行记录和监控的过程。这包括材料的种类、数量、交付日期、供应商信息等关键数据的跟踪。通过材料跟踪，项目管理团队可以随时了解项目的材料状况，防止材料短缺或过多库存的问题，从而确保项目按计划进行。其次，库存控制系统是一种管理工具，用于实时监控和管理项目的库存水平。这些系统通常采用计算机软件和传感器技术，能够自动记录库存的变化，并生成报告和警报，以便及时采取行动。例如，当库存中的某种材料接近耗尽时，系统可以自动发出订购请求，以确保及时补充库存。再次，材料跟踪与库存控制系统也有助于提高材料的安全性和质量控制。通过追踪每批材料的来源和质量信息，可以更容易地检测和纠正不合格材料的问题，从而减少施工中的质量问题和风险。最后，这些系统还有助于提高工作效率和成本控制。通过自动化材料管理过程，减少了手工记录和报告的工作量，降低了人力成本，并提高了数据的准确性。此外，及时采购和库存优化也可以降低库存成本和减少浪费。

2.4.5.3 库存管理与成本效益分析

库存管理与成本效益分析在施工项目中扮演着至关重要的角色。

首先，库存管理涉及对项目材料库存的监控和优化，以确保项目按计划进行，并降低不必要的库存成本。通过库存管理，项目团队可以实时了解每种材料的库存水平、使用速度和采购需求。这有助于避免因库存过多而产生的资金占用问题，同时减少仓库租赁和管理成本。同时，库存管理还可以降低材料丢失和损坏的风险，提高项目的安全性和质量。其次，成本效益分析涉及对采购和库存决策的经济分析，以确保最佳的资源利用和成本控制。通过分析不同供应商的价格、交货时间、质量和服务等因素，项目管理团队可以选择最经济的供应商。成本效益分析还包括确定最佳的订购批量和补货点，以避免不必要的库存积压和频繁的订购。通过这些分析，项目可以降低采购成本，提高资金的利用效率，并确保项目按预算进行。最后，库存管理与成本效益分析还有助于项目的可持续性和环保。通过减少库存和资源浪费，可以降低项目的环境影响，促进可持续发展。通过选择环保的材料和供应商，项目可以在环保方面发挥积极作用。

2.5 施工进度监控与调整

2.5.1 进度监控的方法与工具

2.5.1.1 进度监控方法的选择与适用性

在施工项目中，进度监控是确保项目按照计划进行、识别和解决潜在问题的关键步骤。选择适当的进度监控方法和工具至关重要，因为其可以帮助项目管理团队实时了解项目的状态，及时采取措施以应对潜在的延误或问题。

首先，进度监控方法的选择应基于项目的特点和复杂性。常用的方法是基于关键路径法或甘特图来监控项目进度，其可以帮助项目管理团队识别项目的关键路径、任务的优先级和依赖关系，以及项目的总体进度。另一种方法是使用项目管理软件，例如 Microsoft Project 或 Primavera P6，这些工具可以帮助项目团队制定计划、跟踪任务的完成情况，并生成进度报告。同时，项目管理团队还可以使用现代技术，如云计算、大数据分析和物联网（IOT），来实时监控项目的进度和资源利用情况。其次，进度监控方法的适用性取决于项目的性质。对于大型和复杂的项目，通常需要更高级的进度监控方法和工具，以确保项目能够按计划完成。而对于小型和简单的项目，可以采用更简单的监控方法。此外，不同行业和领域的项目可能需要不同的监控方法，因此项目管理团队应根据项目的特点来选择合适的方法。

2.5.1.2 进度监控工具的使用与数据收集

在施工项目中，进度监控方法与工具的使用以及数据收集是确保项目按计划进行并做出必要调整的关键方面。进度监控工具通常是项目管理团队用来跟踪任务完成情况和生成进度报告的软件或应用程序。

首先，项目管理软件是最常用的进度监控工具之一，包括 Microsoft Project、Primavera P6 等，允许项目管理团队创建项目计划、定义任务、分配资源，并跟踪任务的完成情况。通过这些软件，团队可以轻松地生成甘特图、关键路径分析以及其他进度报告，以帮助识别潜在的延误和问题。其次，物联网技术也在进度监控中发挥了越来越重要的作用。通过在施工现场安装传感器和监测设备，可以实时监测工程进展、资源利用情况和环境条件。这些传感器可以收集数据，例如工人的位置、设备的状态、材料的消耗等，从而提供更准确的进度信息。再次，移动应用程序也成为进度监控的有力工具。项目管理团队可以使用移动应用程序记录工作现场的状况、拍摄照片、提交报告，并实时更新任务进度。这些应用程序可以提高信息的即时性和可靠性，减少了纸质文件的使用，提高了工作效率。最后，数据收集方面，进度监控通常涉及收集各种信息，包括任务的实际完成时间、资源的利用率、工程材料的消耗、工人的工时等。这些数据可以通过手动记录、传感器、移动应用程序以及项目管理软件来收集。收集的数据可以用来与项目计划进行对比，识别潜在的偏差，并及时采取纠正措施。

2.5.1.3 报表与仪表板的制作与分析

在施工项目中，制作和分析报表与仪表板是进度监控的关键部分，其为项目管理团队提供了可视化的方式来跟踪项目进展、识别问题并做出决策。

首先，报表是用于呈现项目进展和关键指标的文件或数据汇总。常见的报表包括进度报告、资源利用报告、成本报告等。这些报表通常按照一定的格式和周期生成，以便项目管理团队可以比较实际进展与计划进展之间的差距。报表中通常包含图表、表格、图形和文字描述，以便清晰地传达信息。其次，仪表板是一个集成的、可视化的平台，用于监控项目关键性能指标和综合信息。仪表板通常通过项目管理软件或商业智能工具创建，以汇总和展示各种数据。仪表板可以包含各种图表、指示灯、指标等，以便项目管理团队可以一目了然地了解项目的状态。通过仪表板，团队可以实时跟踪项目的关键性能指标，并及时做出反应。再次，报表和仪表板的制作通常需要根据项目的需求和管理目标选择合适的工具。在制作这些工具时，项目管理团队需要确保数据的准确性和一致性，以便支持决策制定。此外，这些工具还需要定期更新，以反映项目的最新状态和变化。最后，报表与仪表板的分析是一个关键的步骤，它涉及对收集到的数据进行解释和评估。分析帮助项目管理团队识别潜在的问题、趋势和机会。例如，如果报表显示某个任务延迟了，团队可以分析其原因并采取纠正措施。如果仪表板显示某个关键性能指标偏离了预期，团队可以深入分析以了解问题的根本原因。

2.5.2 风险识别与进度风险管理

2.5.2.1 进度风险的识别与评估

首先，识别进度风险是一个系统性的过程，通常需要项目团队的广泛参与。团队成员需要考虑各种因素，包括项目的复杂性、资源可用性、技术难度、外部环境因素等。

常用的方法包括头脑风暴①、专家访谈、SWOT 分析②、风险登记册等。通过这些方法，团队可以识别潜在的进度风险事件和因素。其次，评估进度风险涉及确定每个潜在风险的可能性和影响程度。这通常通过定性和定量分析来完成。定性分析是对风险进行主观评估，通常使用概率和影响矩阵来确定风险的级别，例如高、中、低。定量分析则更为精确，通常使用模拟和数学模型来估算风险的概率和影响。通过这些评估，团队可以为每个风险分配一个风险级别，以确定哪些风险需要重点关注和处理。再次，一旦进度风险被识别和评估，接下来的步骤涉及制定应对策略。这些策略可能包括风险规避（尽量避免风险发生）、风险减轻（减少风险发生的可能性或影响）、风险转移（将风险转移到其他方）、风险接受（接受风险并准备应对）等。制定策略时，团队需要考虑成本、资源、时间等因素，并确保策略与项目的整体目标和计划一致。最后，进度风险管理是一个持续的过程。一旦风险被识别、评估和应对，项目团队需要定期监测风险的状态和进展。如果有新的风险出现或现有风险的情况发生变化，团队需要及时调整策略并采取适当的措施来管理风险。

2.5.2.2 风险应对策略与计划

在项目管理中，风险应对策略与计划起着至关重要的作用，特别是在处理进度风险时。一旦项目团队识别和评估了潜在的进度风险，就需要制定相应的风险应对策略和计划来应对这些风险，以确保项目按计划进行。风险应对策略通常包括四种主要类型：风险规避、风险减轻、风险转移和风险接受。

（1）风险规避。这种策略旨在通过采取措施来防止潜在风险的发生，从而最大程度地减小其对项目进度的影响。例如，如果有可能发生交通阻塞导致运输延误的风险，可以选择调整施工计划，避开高峰时段或选择其他交通路线，以规避这种风险。

（2）风险减轻。在无法完全规避风险的情况下，项目团队可以采取措施来减轻潜在风险的影响。这可能包括增加资源、加强监督、改进工作流程或提前采购关键材料，以减少潜在延误的影响。

（3）风险转移。有时候，项目团队可以将潜在风险的责任转移给其他方，如供应商或保险公司。这可以通过合同条款或购买相关的保险来实现，从而将风险的负担转嫁给他人。

（4）风险接受。对于某些风险，项目团队可能决定接受其存在，并准备应对可能发生的问题。这通常发生在风险的成本和影响较小，或者采取其他应对措施成本过高的情况下。

在制定风险应对计划时，项目团队需要明确每个风险的负责人，建立时间表来跟踪应对措施的实施，分配必要的资源，并确保建立有效的监控和反馈机制，以及时调整计划以应对新的风险或变化的情况。这些策略与计划的制定和执行有助于保持项目的进

① 头脑风暴（Brain-storming）最早是精神病理学上的用语，指精神病患者的精神错乱状态，现在转而为无限制的自由联想和讨论，其目的在于产生新观念或激发创新设想。

② SWOT 分析，基于内外部竞争环境和竞争条件下的态势分析，就是将与研究对象密切相关的各种主要内部优势、劣势以及外部的机会和威胁等，通过调查列举出来，并依照矩阵形式排列，然后用系统分析的思想，把各种因素相互匹配起来加以分析，从中得出一系列相应的结论，而结论通常带有一定的决策性。

度，减少风险对项目成功的威胁，确保项目按照计划顺利进行。

2.5.2.3　风险监控与应急响应

一旦项目团队识别并制定了风险应对策略和计划，就需要进行持续的风险监控和应急响应，以确保项目进度受到最小的干扰并能够及时做出应对。

风险监控涉及收集和分析有关风险的数据，以便及时识别风险是否已经发生或潜在风险的状态是否发生变化。这包括监测项目进展、资源使用情况、质量数据和其他相关信息，以便及时发现潜在的进度风险。监控还包括与项目干系人的定期沟通，以获取他们的反馈和意见，以便更好地了解潜在的风险因素。应急响应是在风险发生或风险状态发生变化时采取的行动。它包括执行预先制定的风险应对计划，以减轻风险的影响或防止风险的恶化。应急响应的目标是最大限度地减小潜在的进度延误，并确保项目能够按计划继续进行。这可能包括调整资源分配、重新安排工作任务、与供应商重新协商合同条款等。风险监控和应急响应是紧密相关的，项目团队需要根据监控结果来调整应急响应策略，以确保其有效性。同时，团队还需要定期审查和更新风险应对计划，以适应项目的演变和新的风险因素。

2.5.3　延期分析与调整策略

2.5.3.1　延期原因的分析与追踪

延期原因的分析与追踪有助于识别和理解导致项目进度延期的根本原因，以便采取适当的纠正措施。延期的发生可能受到多种因素的影响，以下是一些常见的延期原因的分析与追踪：

首先，项目团队需要仔细审查项目计划和进度表，以确认是否存在明确的任务和里程碑，以及它们的预期完成日期。如果有任务未按计划完成，团队需要追踪相关信息，如任务的开始时间、结束时间、实际工作量等，以确定延期的具体情况。其次，延期原因可能与资源问题有关。团队需要检查资源的可用性和分配情况，以确定是否存在人员不足、设备故障、材料供应延迟等问题，这些都可能导致项目延期。再次，风险因素也可能引起项目延期。团队需要审查风险管理计划，以确定是否已经识别和评估了潜在的风险，并采取了适当的风险应对措施。如果风险未能有效管理，它们可能在项目执行过程中产生不利影响。最后，外部因素如自然灾害、政策变化、供应链中断等也可能导致项目延期。团队需要识别和分析这些因素，以确定它们对项目进度的实际影响，并考虑如何应对这些不可控因素。

2.5.3.2　延期风险的量化与评估

延期风险的量化与评估是项目管理中的关键步骤，具有深远的影响。在这一过程中，项目团队需要采用多种方法和工具来更加精确地了解延期可能带来的潜在风险和影响。

首先，定量分析延期风险是至关重要的。这通常涉及使用项目管理软件和技术来模拟不同的延期情景，并根据各种参数和约束条件来评估可能的延期时间范围。通过这种方式，项目团队可以确定延期的可能性，以及每种情况下延期的严重程度。这些分析可以提供关于延期风险的数量化数据，有助于做出明智的决策。其次，影响评估是关键的一步。项目团队需要仔细考虑延期可能对项目的各个方面产生的影响。这包括成本方面的影响，例如延长项目的执行时间可能导致额外的人工和资源成本。还包括资源管理的影响，因为需要重新分配资源以满足新的时间表。客户满意度和合同履行也可能受到威胁，因为延期可能会引发客户的不满或合同违约。最后，一旦延期风险得以量化和评估，项目团队就需要制定有效的应对策略。这些策略应该是有针对性的，以应对具体的延期情况。可能的策略包括加派人员、调整项目计划、重新谈判合同条款等。项目团队还应该考虑制定应急计划，以便在出现延期时能够迅速采取行动，最小化潜在的负面影响。

2.5.3.3 延期调整策略的制定与执行

延期调整策略的制定与执行是项目管理中的关键环节，它需要项目团队在面临延期问题时迅速采取行动，以最小化延期对项目的负面影响。

首先，项目团队应该根据延期风险的识别和评估结果来制定具体的调整策略。这些策略可以包括重新分配资源、重新安排工作任务、加班工作、与供应商重新协商交付时间、增加投入预算等。关键是确保这些策略是实际可行的，并且能够在短时间内实施。其次，一旦调整策略制定好了，项目团队需要迅速将其付诸实践。这包括与项目团队成员和相关利益相关者进行有效的沟通，明确他们的新任务和职责，以及工作的紧急性。此外，项目团队还需要与供应商和承包商进行沟通，协商新的交付时间表和合同条款。再次，在执行阶段，项目经理需要密切监控项目的进展，确保调整策略的执行顺利进行。这可能涉及每日或每周的进度更新和报告，以及随时准备应对可能出现的问题和挑战。如果发现执行中存在问题，项目团队需要迅速采取纠正措施，以确保项目能够重新回到正轨。最后，延期调整策略的制定与执行需要高度的协调和组织能力，同时也需要灵活性和应变能力。项目团队需要在压力下做出明智的决策，以确保项目最终能够按计划完成。因此，在项目启动阶段就应该考虑并制定好应对延期的计划，以便在需要时能够迅速行动，减少潜在的风险和影响。

2.5.4 持续改进与经验教训总结

2.5.4.1 进度管理的持续改进方法

实现持续改进在项目进度管理中起着至关重要的作用，以确保未来项目能够更加高效地进行。

首先，持续改进需要建立一个有效的反馈机制，以收集关于项目进度管理的数据和信息。这可以通过定期的进度报告、会议记录、问题跟踪和绩效指标等方式进行收集。其次，一旦收集到数据和信息，项目团队可以对其进行分析，识别出存在的问题和潜在的改进机会。这可能包括识别常见的延期原因、资源分配不足、进度监控工具不够精确等方面的问题。通过分析这些问题，项目团队可以制定改进计划，明确需要采取的措施和时间表。再次，持续改进还涉及制定和实施改进措施的过程。这可能包括改进项目进度计划的编制方法、加强与供应商和承包商的合作、提高团队的进度管理技能等方面的改进。这些改进措施需要与团队成员和利益相关者进行沟通，确保他们的理解和支持。

最后，项目团队需要持续监测和评估改进措施的效果，并根据反馈信息进行调整。这可以通过比较改进前后的项目绩效指标、分析问题的解决情况以及收集利益相关者的反馈意见来完成。通过不断地进行改进和优化，项目团队可以提高项目进度管理的效率和效果，从而实现更好的项目成果。

2.5.4.2 项目经验教训的总结与应用

项目经验教训的总结与应用是实现持续改进的重要组成部分。在项目进度管理中，团队需要定期回顾项目的执行过程，分析已经完成的阶段和任务，以识别出各种成功和失败的经验教训。

首先，总结项目经验教训需要建立一个系统的经验教训数据库，将所有关键信息记录下来。这包括项目的目标、进度计划、资源分配、风险管理、延期原因、应对措施等方面的信息。这些信息可以通过项目文件、会议记录、团队讨论等途径来收集和记录。其次，团队需要对这些经验教训进行分析，识别出成功的实践和失败的教训。成功的实践可以成为以后项目的参考和借鉴，帮助团队更好地规划和执行项目。而失败的教训则提供了宝贵的反思机会，帮助团队避免重复相同的错误。最后，团队需要将这些经验教训应用到未来的项目中。这可以通过在项目计划中考虑之前的教训，制定更加合理的进度计划和风险管理策略来实现。此外，团队还可以通过定期的项目经验教训分享会议，将这些教训传递给其他项目团队成员，以促进知识的共享和传承。

3 质量管理

3.1 质量管理体系与标准

3.1.1 质量管理体系的定义与架构

质量管理体系（Quality Management System，QMS）是一个组织内部建立和实施的结构化框架，旨在管理和控制组织的质量方面的活动和过程，以确保产品和服务符合客户的要求和期望，同时持续改进质量水平。质量管理体系的定义和架构主要受到国际标准 ISO 9001 的影响，ISO 9001 是全球质量管理领域最为广泛采用的标准之一，它为建立和运营质量管理体系提供了详细的要求和指导。质量管理体系的架构通常包括以下关键要素：

（1）质量政策和目标。质量管理体系的核心是明确定义的质量政策，该政策由高级管理层批准，并包括组织对质量的承诺和目标。这些目标通常与客户满意度、产品和服务质量、过程改进等相关，为整个体系提供了指导和方向。

（2）质量手册。质量手册是文件化的记录，其中包含了质量管理体系的描述和组织内部的质量政策。它通常用于向内部和外部的相关方传达组织对质量管理的承诺。

（3）程序和流程。质量管理体系包括一系列文件化的程序和流程，用于规范和管理各种质量相关活动。这些程序和流程包括了质量目标的设定、过程控制、内部审核、纠正措施和持续改进等方面。

（4）质量手段和工具。为了实现质量管理体系的要求，组织通常需要使用各种质量手段和工具，如统计分析、质量检验、客户反馈等，以确保产品和服务的一致性和符合性。

（5）培训和意识。组织需要确保员工具备足够的知识和技能，以有效地参与和支持质量管理体系的运作。培训和意识提高是关键的要素，有助于确保质量政策的理解和贯彻。

（6）监测和测量。质量管理体系要求组织监测和测量关键的质量性能指标，以评估质量目标的实现情况和过程的有效性。这些指标可以帮助组织识别问题并采取纠正措施。

（7）内部审核和管理审查。定期进行内部审核是质量管理体系的一部分，以确保体系的有效性和符合性。管理层审查则提供了对体系整体运作的高级别评估。

（8）持续改进。质量管理体系的一个关键原则是持续改进，组织应不断寻求提高质量管理体系的效能和效率，并根据监测和测量结果采取相应的改进措施。

3.1.2　ISO 9001 标准与质量管理体系

ISO 9001 标准是国际标准化组织（International Organization for Standardization，ISO）颁布的一项关于质量管理体系的国际标准，旨在帮助组织建立和维护高质量的质量管理体系，以确保其产品和服务能够满足客户的需求和期望。该标准的核心原则包括客户导向、领导力与承诺、员工参与、流程方法、持续改进和事实依据决策。为了符合ISO 9001 标准的要求，组织需要建立和实施质量管理体系，确保质量政策和目标得到制定和达成，资源得到充分配置，实施质量控制措施，进行内部审核和管理审查。通过遵循 ISO 9001 标准，组织可以受益于更高的质量管理水平，提高客户满意度，减少不合格产品和服务的风险，增加竞争力，实现持续改进，并在全球市场上获得认可。这一国际标准为各种类型和规模的组织提供了通用框架，适用于制造业、服务业和公共部门，有助于建立可信赖的质量管理体系，提高组织的整体绩效。

3.1.3　建筑工程质量管理体系的建立

建筑工程质量管理体系的建立是确保建筑项目质量的关键，旨在将质量管理原则和实践整合到项目的各个阶段，以确保建筑工程达到预期的质量标准和客户要求。

首先，建筑工程质量管理体系的建立需要明确项目的质量目标和政策。这意味着项目团队必须明确定义项目的质量标准，包括建筑材料、工程设计、施工工艺和最终交付的建筑物质量等方面的要求。项目团队还需要制定项目质量政策，明确了解和遵守适用的法律法规和标准。其次，建筑工程质量管理体系的建立涉及质量管理计划的制定。这一计划应明确项目的质量管理组织结构，包括质量管理团队的成员和职责。此外，计划还应包括质量管理的具体程序和方法，以及如何监督和测量项目的质量表现。这可以包括质量检查、测试、审核和质量记录的管理。再次，建筑工程质量管理体系的建立需要确保质量管理流程的有效执行。这涉及建立适当的质量管理文件和记录，以便跟踪项目的质量表现、问题和改进机会。同时，项目团队需要培训和指导项目成员，以确保他们理解和遵守质量管理政策和程序。最后，建筑工程质量管理体系的建立需要不断地监督、审查和改进。项目团队应定期进行内部审核，以评估质量管理体系的有效性，并采取纠正措施，以解决潜在的问题和改进机会。项目团队还应与客户、监管机构和其他相关方进行沟通，以获取反馈和建议，以便不断提高项目的质量水平。

3.1.4　质量政策与目标的制定

质量政策与目标的制定是建立和维护质量管理体系的重要步骤，它们为组织提供了明确的质量方向和期望。质量政策通常由组织的高级管理层确定，并体现了组织对质量的承诺和优先考虑。质量目标则是具体、可衡量的目标，旨在实现质量政策中所设定的愿景和使命。

首先，质量政策的制定需要组织的高级管理层积极参与，并确保政策内容能够与组织的愿景、使命和价值观相一致。这些政策内容应该明确表明组织的质量承诺，强调对客户满意度的重视，以及对符合性和持续改进的承诺。此外，质量政策也应该考虑到法律法规和行业标准的要求，以确保组织的合规性。其次，质量目标的制定应该具体明确，可衡量，与质量政策相一致，并能够实现组织的质量愿景。这些目标通常涵盖了各个质量方面，例如产品或服务的一致性、交付时间的准时性、客户满意度的提高等。每个目标都应该有明确的指标和时间表，以便组织能够监测和测量目标的实现进度。再次，制定质量政策与目标需要广泛的内部参与和沟通，以确保员工了解和理解组织的质量承诺，并能够积极参与实现这些目标。高级管理层应该领导这一过程，并鼓励员工提出建议和反馈，以不断改进质量政策与目标的制定。最后，质量政策与目标的制定不是一次性的活动，而是一个持续的过程。它们需要定期审查和更新，以确保它们仍然与组织的需求和外部环境相一致。此外，质量政策与目标应该与质量管理体系的其他要素（如程序、流程和培训）相一致，以确保整个质量管理体系的协调性和有效性[5]。

3.2 施工质量检查

3.2.1 施工质量检查的定义与重要性

施工质量检查是指在建筑工程施工过程中，对工程质量进行系统性监测、评估和控制的活动，包括对工程项目的各个方面，如材料、工艺、施工方法等的监督和验证，以确保工程的质量符合相关的标准和规范。施工质量检查的目标在于保障建筑工程的质量、安全和可持续性。

质量检查对项目成功具有关键作用。首先，有助于减少工程项目中的缺陷和问题，降低了工程修复和维护的成本，避免了额外的开支和时间浪费。其次，质量检查有助于确保工程的安全性，降低了意外事故的发生概率，保护了工程参与方的生命和财产安全。最后，通过提高工程质量，质量检查可以提升客户满意度，满足客户的需求，提升项目的声誉和信誉，有助于吸引更多的业务机会。

3.2.2 检查计划的制定与实施

3.2.2.1 检查计划的编制流程

检查计划的制定是质量管理的关键，其确保了施工工程按照规定的标准和要求进行，并有助于识别和预防潜在的质量问题。编制检查计划的流程通常包括以下步骤：

第一，确定检查的范围和目标。这涉及明确要检查的工程项目的特定部分或阶段，以及检查的具体目标和标准。在这一阶段，需要对项目文件和相关规范进行仔细研究，以明确检查的重点和要求。第二，制定检查计划的详细内容。这包括确定检查的时间表、地点、检查人员、检查方法和工具等。检查计划需要详细说明每个检查点的具体要求，以确保检查的全面性和准确性。第三，分配检查任务。根据检查计划的内容，确定哪些人员负责进行检查工作，包括工程师、质量检查员和相关专业人员。确保每个检查人员都明确了他们的责任和任务。第四，进行检查计划的实施。在实际的检查过程中，检查人员需要按照计划的要求逐一进行检查，记录相关数据和信息。他们还需要与工程团队和相关供应商进行沟通，以解决可能出现的问题和异常情况。第五，整理和报告检查结果。检查计划的最终目标是生成详细的检查报告，其中包括检查结果、问题和不合格项的描述，以及必要的纠正措施和改进建议。这些报告通常会提交给项目管理团队和相关利益相关者，以便采取适当的行动来解决问题并改进工程质量。

3.2.2.2　检查计划的制定原则与要点

制定和实施检查计划时，有一些关键原则和要点需要考虑，以确保质量检查的有效性和全面性。

关键原则包括确定检查的目的和标准，确保检查计划与项目的特定要求和规格相符，以及保持独立性和客观性，避免利益冲突。同时，要确保检查计划的灵活性，以应对可能的变更和调整，同时也要保持透明度和记录详细的信息，以备将来的参考和审查。在制定检查计划时，关键要点包括以下几个方面：

（1）明确定义检查的范围和目标。确保检查计划明确列出了要检查的工程项目的具体部分或阶段，以及检查的目标和标准。这有助于检查人员理解任务的重点，并确保检查的全面性。

（2）制定详细的检查程序。明确每个检查点的具体要求、检查方法和工具，确保检查过程的标准化和一致性。这有助于不同检查人员在不同时间和地点进行类似的检查工作。

（3）分配合适的检查人员。根据检查计划的内容和要求，确定适当的检查人员，包括工程师、质量检查员和相关专业人员。确保他们具备必要的技能和知识，以执行有效的检查工作。

（4）建立检查记录和报告机制。确保在检查过程中记录详细的数据和信息，包括检查结果、问题和不合格项的描述。制定检查报告的标准格式，以便将检查结果清晰地传达给项目管理团队和利益相关者。

（5）监督和审查检查计划。定期审查和评估检查计划的执行情况，确保其有效性和及时性。根据检查结果和经验教训，进行必要的调整和改进，以提高检查计划的质量和效率。

3.2.2.3　检查计划的实施与监督

检查计划的实施与监督是确保施工质量检查顺利进行并达到预期目标的重要步骤。在实施过程中，需要密切关注以下几个方面，以确保检查计划的有效执行。

首先，执行检查计划的检查人员应按照计划中明确定义的检查范围、目标和程序执行检查任务。这包括检查施工现场的各个方面，如材料、工艺、施工程序、文件记录等。检查人员需要严格按照事先制定的检查流程进行操作，确保检查的全面性和一致性。其次，在实施过程中，检查人员应随时记录检查的结果和发现。这些记录应包括检查点的状态、任何不合格项的描述、问题的具体细节以及可能的改进建议。这些记录将用于制作检查报告和后续的纠正措施。再次，监督检查计划的实施是确保检查质量的重要环节。项目管理团队和质量控制人员应对检查人员的工作进行监督和审核，以确保他们遵守检查计划、程序和标准。这包括定期检查计划执行情况，核查检查记录和报告的准确性和完整性，并及时处理任何不合格项或问题。最后，在实施过程中还需要确保检查人员与其他项目团队成员和相关方进行有效的沟通和协作。这有助于及时解决问题、调整计划并采取必要的措施，以保证工程项目的质量和进度。

3.2.3 检查标准与检验方法

3.2.3.1 质量检查标准的建立与选择

质量检查标准的建立与选择在施工质量管理中起着关键的作用。这些标准为评估施工工程是否符合质量要求提供了明确的依据。建立和选择质量检查标准需要考虑以下几个关键因素：

第一，标准的制定应基于适用的国家、地区或行业法规和规范。这些法规和规范通常规定了建筑工程的最低质量要求和标准。因此，标准的建立必须符合这些法规和规范，以确保项目的合法性和合规性。第二，标准的建立应考虑项目的特定要求和特征。不同项目可能具有不同的特殊要求，如环境、安全、可持续性等方面的特殊要求。因此，质量检查标准应根据项目的性质和要求进行定制化，以确保标准的适用性和实际性。第三，标准的选择还应考虑相关方的期望和需求。这包括项目业主、设计师、监理单位以及其他相关方的期望。选择的标准应满足这些相关方的要求，以确保他们对项目的质量和性能满意。第四，质量检查标准的建立还需要考虑可测量性和可验证性。标准应具有明确的测量和验证方法，以便检查人员可以准确地评估项目的符合程度。第五，标准的建立还需要定期地审查和更新。工程领域的法规和技术不断发展和演变，因此质量检查标准也需要不断更新以适应这些变化。定期的审查和更新可以确保标准的持续有效性和适用性。

3.2.3.2 检验方法的确定与应用

确定和应用检验方法是质量检查的重要环节，它确保了质量标准的有效执行和实施。在施工质量管理中，检验方法的确定与应用包括以下关键步骤：

第一，需要根据质量标准和检验标准的要求，明确定义要检查的质量特性和要素。这包括确定需要检验的材料、构件、工序或项目阶段，并明确每个质量特性的具体要求和标准。这些要求可以是定量的，如尺寸、质量，也可以是定性的，如外观、表面处理等。第二，根据要检查的质量特性和要素，选择适当的检验方法。检验方法可以包括可视检查、测量、试验、取样等多种技术手段。选择检验方法时需要考虑其适用性、可行性和准确性，以确保可以有效地评估质量特性的合规性和符合程度。第三，制定详细的检验计划和程序。检验计划应明确检验的时间、地点、责任人员和方法。程序包括检验前的准备工作、检验过程中的操作步骤以及检验后的记录和报告要求。这些计划和程序有助于确保检验的一致性和可追溯性。第四，还需要确保检验人员具备必要的资质和技能，以执行检验工作。他们需要了解质量标准和检验标准的要求，熟悉检验方法和工具，以及掌握正确的检验操作技巧。培训和资质认证可以提高检验人员的专业素养。第五，检验结果需要进行记录和报告，以便进行质量管理和改进。记录应包括检验的时间、地点、检验人员、检验方法、结果等信息。报告应向相关方提供检验结果和建议，以支持决策和行动。

3.2.3.3 抽样与检验程序的优化

抽样与检验程序的优化是质量检查中的关键环节，它可以帮助提高效率和准确性，同时降低成本。在施工质量管理中，优化抽样与检验程序包括以下几个方面的考虑：

第一，确定合适的抽样方法和抽样计划。抽样方法可以根据不同的质量特性和要素来选择，包括随机抽样、分层抽样、系统抽样等。抽样计划需要考虑抽样数量、抽样频率和抽样位置等因素，以确保足够的样本量和抽样覆盖面，同时避免过多的抽样，节省时间和成本。第二，优化检验程序的流程和步骤。检验程序应该简洁明了，避免冗长的操作和烦琐的步骤，同时保证质量特性的全面检查。流程优化可以提高操作人员的工作效率，减少误差和漏检的可能性。第三，考虑使用现代技术和工具来支持抽样与检验工作。例如，可以利用移动应用程序、数字化数据采集工具或传感器技术来进行检验数据的收集和处理。这些技术可以提高数据的准确性和实时性，同时简化了数据记录和分析的过程。第四，建立有效的反馈机制和改进措施，以持续改进抽样与检验程序。检验结果的分析和反馈可以帮助识别潜在的问题和质量改进的机会。根据反馈结果，可以调整抽样方法、抽样计划和检验程序，以提高其效力和适用性。第五，培训和资质认证检验人员，以确保他们熟悉优化后的抽样与检验程序，并能够正确执行。培训包括质量标准的理解、抽样方法的应用、检验程序的操作等方面的内容。

3.2.4 施工质量检查的记录与报告

3.2.4.1 检查记录的详细性与准确性

施工质量检查记录是确保质量管理有效性和可追溯性的重要组成部分，其详细性与准确性对于项目的成功和质量控制至关重要。

首先，详细的检查记录至关重要。这些记录包括了施工质量检查的所有相关信息，如检查日期、时间、地点、检查人员、检查对象、检查标准和方法、检查结果等。这些详细信息可以帮助检查人员追踪和了解施工过程中的每一个细节，确保每个质量要求都得到满足。例如，记录检查日期和时间可以确定检查的时机，记录检查地点可以确定检查的范围，记录检查人员可以追溯检查责任人，而检查对象和标准则可以明确具体的质量要求和检查方法。其次，准确性是检查记录的另一个关键要素。记录的准确性意味着记录的内容必须真实反映了实际情况，不夸大、不缩小问题的严重性。准确的记录有助于准确评估项目的质量状况，及时发现和解决问题，避免后续质量风险的产生。例如，如果一项施工质量检查记录了一个混凝土柱的裂缝，那么记录应准确描述裂缝的位置、大小、形状，以及可能的原因和建议的解决方案，而不应该对问题进行夸大或掩盖。

为了确保检查记录的详细性与准确性，有以下几个关键方面需要考虑。

首先，检查人员应该经过培训和资质认证，了解质量标准和检查方法，确保能够正确理解和应用这些标准和方法。这意味着他们需要具备足够的专业知识和技能，能够准确识别质量问题并进行有效的记录。培训内容应包括质量标准的解读、检查程序的规范、记录要求的明确等方面，以确保检查人员在实际工作中能够准确地记录重要信息。其次，应采用标准化的检查表格或软件工具来记录检查信息，以确保信息的一致性和结构化。标准化的表格可以包括预设的检查项目和标准，检查人员只需填写相应的信息，避免了漏项或错项的发生。同时，及时完成检查记录也十分重要，以免遗漏或忽略重要信息。记录应当在检查完成后立即填写，确保记录的完整性和准确性。最后，检查记录还应该经过审查和确认，以确保其真实性和准确性。在记录的编制完成后，相关负责人或质量管理人员应该对记录进行审查，确保没有错误或遗漏。如果有必要，可以进行复核或重检以验证检查结果的准确性。只有通过了审查和确认的检查记录才能作为正式的记录被存档和使用。

3.2.4.2 异常情况的处理与整改措施

在施工质量检查过程中，经常会遇到各种异常情况，这些异常情况需要及时处理和采取整改措施，以确保项目质量的达标。异常情况可能涉及施工过程中的缺陷、不合格项、质量问题、安全隐患等方面。处理这些异常情况的关键是及时识别、记录、分析、整改和跟踪。

首先，当发现异常情况时，检查人员应立即记录下来，包括异常的性质、位置、严重程度等信息。这些记录应详细、准确，并包括照片或图纸等相关资料，以便后续分析和整改。同时，需要确定异常情况的责任人，并及时通知他们。其次，异常情况需要进行分析和评估，以确定其根本原因。这可以通过质量分析工具和技术来实施，例如鱼骨图、“5 个为什么”法等。分析的目的是找出问题的根本原因，而不仅仅是解决表面问题。只有找到根本原因，才能采取有效的整改措施，避免问题再次发生。再次，根据分析的结果，需要制定整改措施和时间表。整改措施应该明确、具体，并包括责任人和执行期限。整改计划需要得到批准，并按计划执行。同时，需要与责任人保持沟通，确保整改工作按时、按质量完成。最后，整改工作完成后，需要进行验证和跟踪，确保异常情况已经得到彻底解决。验证包括再次检查、测试或评估，以确保问题已经消除。跟踪是为了监督整改措施的执行情况，确保其有效性和持续性。

3.2.4.3 质量检查报告的撰写与传达

质量检查报告的撰写与传达在施工质量管理中扮演着至关重要的角色，其确保了检查结果被记录、分析和传达给相关方，以便及时采取必要的措施来维护和提升施工质量。

首先，撰写质量检查报告需要包括详细的检查信息，这意味着需要记录检查的时间、地点、检查人员、检查标准、检查方法、检查结果等方面的数据。这些信息应该尽可能准确和全面，以便后续的分析和整改工作。比如，如果在检查中发现了混凝土浇筑存在裂缝，报告应该记录裂缝的位置、长度、宽度、深度等详细信息，以便后续确定问题的原因和解决方案。其次，在报告中明确指出任何发现的问题和异常情况是非常重要的。这不仅包括质量缺陷，还包括不合格项、安全隐患等，以及它们可能对项目造成的潜在影响。问题应该根据其严重程度被分类和分级，以便确定优先级和采取相应的整改措施。举例来说，如果发现了一个可能导致安全风险的问题，这应该被列为最高优先级，需要立即采取行动予以解决。再次，质量检查报告应该包括一个明确的整改计划。整改计划应该具体明确整改措施的内容、责任人、执行期限和预期效果。这有助于确保问题能够及时解决，避免再次发生。例如，如果发现了材料供应商提供的钢筋质量不合格，整改计划应该明确指出需要更换钢筋的时间、数量和质量要求，并确定责任人负责监督和执行整改工作。最后，质量检查报告需要传达给相关的利益相关方。这些利益相关方可能包括项目经理、工程师、承包商、监理单位等。传达可以通过多种方式进行，包括正式的会议、电子邮件、报告文件或其他沟通方式。重要的是确保报告传达到位，相关方了解问题和解决方案，以便他们能够采取必要的行动。

3.3　施工质量验收

3.3.1　施工质量验收的目的与意义

施工质量验收是确保施工项目达到一定标准和质量要求的关键，具有重要的目的和意义。

首先，施工质量验收的概念在于验证施工工程是否符合相关的法规、规范、设计图纸和合同要求。通过验收，可以确认工程的合法性和合规性，确保项目的合法性和符合规范的性质。这意味着在验收过程中，会对工程项目进行全面、系统的检查，以确保其符合所制定的标准和要求，包括但不限于结构安全、材料质量、工艺标准等方面。其次，施工质量验收对于项目的成功至关重要。合格的验收意味着工程已经达到了规定的标准和质量水平，可以投入使用或交付给客户。这有助于确保项目的可交付成果满足预期，并在规定时间内交付，从而保持项目的进度和时间表。在验收过程中，将对各项工程质量指标进行严格把关，确保项目的质量符合预期，为项目的顺利实施和后续运营提供保障。最后，验收与客户满意度紧密相关。客户通常是项目的最终用户，他们的满意度直接受到工程质量的影响。如果工程未经验收或验收不合格，可能会导致客户不满意，引发争议和额外的工作，甚至可能影响公司声誉。因此，通过有效的施工质量验收，可以提高客户满意度，维护公司声誉。通过及时有效的验收工作，可以确保工程项目的质量达到预期水平，满足客户需求，提升公司形象，进而促进业务的持续发展。

3.3.2　验收标准与验收程序

3.3.2.1　验收标准的制定与选择

验收标准是用来衡量工程项目是否符合要求的参考依据，其制定和选择应该具备明确性、可衡量性、可验证性和合理性等特征。

首先，验收标准应该具备明确性，这意味着标准应该清晰明了地指出工程项目需要满足的具体要求和标准，包括法规、技术规范、设计图纸和合同约定等方面的内容。这有助于确保验收过程的一致性和可理解性，避免歧义和误解。其次，验收标准需要具备可衡量性，即需要包含可以量化或定量评估的指标和标准。这些指标应该能够在验收过程中进行准确测量和验证，以便对工程项目的质量进行客观评估。例如，可以使用具体的尺寸、材料规格、性能指标等来衡量工程的合格性。再次，验收标准应具备可验证性，即需要明确如何进行验证和检查，以确保验收过程的可信度和可靠性。这包括确定验收的检测方法、抽样方法、检测设备和程序等方面的内容，以确保验收结果的准确性和可靠性。最后，验收标准的制定和选择应合理，即需要考虑到工程项目的特点和实际情况，确保验收标准是可实现的和可达到的。过于苛刻或不切实际的验收标准可能会导致不必要的困难和争议，影响工程项目的顺利进行。因此，验收标准的制定应该综合考虑工程项目的实际情况和可行性，确保其合理性和有效性，以保障工程项目的质量和安全。

3.3.2.2 验收程序的规划与实施

规划和实施验收程序是确保施工质量验收顺利进行的关键步骤。验收程序是一系列步骤和活动的组合，用于确保工程项目的质量达到规定的标准和要求。以下是规划和实施验收程序的一般步骤和要点：

第一，确定验收程序的范围和目标。在规划阶段，需要明确验收的范围，包括验收的对象、验收的内容和验收的标准。同时，需要明确验收的目标，即要达到的验收结果。这些信息应该在验收计划中明确定义，并与相关利益相关者共享。第二，确定验收的时间表和地点。验收程序需要明确验收的时间表，包括验收的日期和时间，以确保相关人员的参与和准备。还需要确定验收的地点，确保具备必要的设备和资源进行验收活动。第三，确定验收的参与人员和责任。需要明确参与验收的相关人员，包括业主代表、监理工程师、承包商和供应商等。同时，需要明确各方的责任和角色，确保验收活动的顺利进行和合作。第四，制定详细的验收流程和方法。验收流程应该清晰地描述验收活动的步骤和顺序，包括检查、测试、抽样和记录等活动。验收方法应该根据验收标准和要求确定，并确保可衡量和可验证。第五，进行验收活动的实施。根据制定的验收程序，进行验收活动的实施，包括检查和测试工程项目的各个方面，以确保其质量符合要求。在实施过程中，需要严格按照验收标准进行评估和记录。第六，编写验收报告和结果。根据验收活动的实际情况，编写详细的验收报告，记录验收过程中的发现、问题和结论。如果发现不合格项，需要明确整改要求和时间表。验收报告应该由相关利益相关者审查和批准，以确认工程项目的质量符合要求。

3.3.2.3 验收流程的监督与管理

验收流程的监督与管理是确保施工质量验收顺利进行、质量标准得以维持的关键环节。在验收过程中，需要有效地监督和管理验收流程，以确保其符合预定的验收标准和程序。

第一，监督验收流程需要明确的验收计划和流程。验收计划应明确规定验收的范围、时间、地点和参与人员，以及验收的标准和要求。验收流程则应包括详细的步骤和程序，确保每个环节都得以规范执行。第二，需要指定专门的验收人员或验收团队来负责监督和管理验收流程。这些人员应具备相关领域的专业知识和经验，能够准确判断工程项目是否符合验收标准。他们还应具备良好的沟通和协调能力，能够与业主、监理工程师、承包商等各方保持密切联系，确保验收流程的顺利进行。第三，监督验收流程需要定期进行检查和审核。验收人员应定期检查验收活动的进展情况，确保每个步骤都得以按照计划执行。如果发现问题或不合格项，应及时采取纠正措施，并记录下来以备查证。第四，验收流程的监督还包括记录和报告。验收人员应记录验收过程中的各项活动和结果，编写详细的验收报告。这些报告需要及时传达给相关利益相关者，包括业主、监理工程师和承包商，以便他们了解工程项目的验收情况。第五，监督验收流程还需要持续改进。通过不断总结验收经验，发现问题和改进流程，可以提高验收流程的效率和质量，确保工程项目的质量得以有效控制和提高。

3.3.3 施工质量验收的相关文件与资料

3.3.3.1 验收文件的准备与归档

施工质量验收的相关文件与资料的准备与归档是质量管理过程中至关重要的一环。在进行施工质量验收时，需要准备和归档一系列文件和资料，以确保验收的完整性、合规性和可追溯性。

首先，验收文件的准备涉及验收计划、验收标准、验收程序和验收检查表的编制。验收计划应明确规定验收的范围、时间、地点和参与人员，以及验收的标准和要求。验收标准应明确规定工程项目需要满足的质量标准和要求，以便验收人员进行评估。验收程序应包括详细的步骤和程序，确保每个验收环节都得以规范执行。验收检查表则是用于记录验收过程中所观察到的情况和结果的文件。其次，这些文件需要在验收过程中随时可用，并在验收结束后进行归档。验收文件的准备和归档工作需要由验收人员或验收团队负责，确保文件的完整性和准确性。验收文件应储存在安全、易于访问的地方，以备查证和审查。

3.3.3.2 施工记录与报告的提供

在进行施工质量验收时，施工记录和报告的提供是为了向验收人员和相关利益方提供有关工程项目进展和质量的详细信息。

施工记录包括施工过程中的各种记录和日志，如施工日志、施工检查记录、变更通知和其他相关文件。这些记录包含了施工过程中的关键信息，如工程的实际进度、材料使用情况、施工人员的工作情况以及任何发生的变更和问题。这些记录不仅可以用于验证工程项目的合规性，还可以作为后续维护和维修工作的重要参考。施工报告则是对施工质量和进度的定期总结和汇报。这些报告通常由项目管理团队和施工团队共同编制，包括了工程的整体进展、质量问题的处理情况、变更管理的情况以及其他相关信息。这些报告的提供有助于验收人员了解工程项目的整体情况，以便做出是否验收的决策。施工记录和报告的提供需要在验收过程中及时进行，以确保验收的顺利进行。这些文件的完整性和准确性至关重要，因为它们直接影响到验收结果的有效性和可信度。同时，这些文件的提供也有助于建立透明的验收过程，提高了项目的可追溯性和合规性。

3.3.3.3 施工质量验收的关键文档

施工质量验收的关键文档在整个验收过程中起着至关重要的作用，其次用于记录、核实和证明工程项目的质量符合规定的标准和要求，主要包括以下几方面。

（1）验收计划。验收计划是制定验收程序的基础，它明确了验收的标准、程序、方法和时间表。验收计划的制定确保了验收过程的有序进行，并为验收人员提供了指导。

（2）验收标准。验收标准是根据工程项目的具体要求和标准制定的，它们规定了工程项目的质量标准和验收的标准。验收标准明确了验收的依据，确保了验收的客观性和一致性。

（3）检查记录和报告。在验收过程中，检查记录和报告用于记录实际的验收活动和结果。这些文件包括了检查过程中的观察、测量、测试和评估，以及发现的问题和异常情况。检查记录和报告的准确性和完整性对验收的有效性至关重要。

（4）施工文件。施工文件包括工程图纸、设计文件、施工计划和变更通知等，它们用于核实工程项目的设计和施工是否符合要求。这些文件提供了工程项目的背景信息和技术规范，有助于验收人员理解工程项目的特点和要求。

（5）质量记录和证书。质量记录和证书包括了材料测试报告、质量控制记录和相关的证书文件，它们用于证明工程项目所使用的材料和施工过程的质量符合标准和规定。

（6）验收报告。验收报告是对整个验收过程的总结和汇报，它包括了验收结果、发现的问题和异常情况、整改措施以及最终的验收结论。验收报告用于向项目管理团队和相关利益方传达验收结果和建议。

3.3.4 验收结果的确认与记录

3.3.4.1 验收结果的确认程序

验收结果的确认程序是确保施工质量验收的关键步骤，旨在验证工程项目是否达到预定的质量标准和要求。在这个程序中，首先需要收集和整理所有相关的验收文件和资料，包括验收报告、检查记录、测试数据、质量文件等，以确保完整性和准确性。其次，由专业的验收人员进行详细的审查和评估，对施工项目的各个方面进行严格的检查，包括质量、安全、环保等。验收人员需要仔细核对验收标准和验收计划，以确保所有的验收要求都得到满足。如果发现任何不符合或质量问题，必须明确记录并通知相关责任方，包括施工队伍和管理团队。再次，针对不符合项或问题，需要制定整改措施和计划，包括责任人、时间表和具体的纠正步骤。整改措施的实施和完成需要监督和跟踪，直到问题得到解决并符合验收标准。最后，一旦确认所有的问题都已解决，验收结果将被正式记录和确认，由项目管理团队或项目负责人签署，表示工程项目已通过验收，达到了质量要求。这一过程的透明性和严密性确保了工程质量的控制和管理，有助于项目的成功交付和客户满意度的提高。

3.3.4.2 合格项的记录与归档

合格项的记录与归档是施工质量验收中至关重要的环节，它确保了合格的工程项目能够被妥善管理和追踪。一旦经过严格的验收程序，工程项目中的各项质量要求和标准都得到满足，合格项的记录将被制作和整理。这些记录包括验收报告、检查记录、测试数据、合格证明、质量文件等。这些文件需要按照规定的程序进行归档，以便于随时查阅和追踪。在归档过程中，需要确保文件的完整性、准确性和可访问性，以便在日后的项目管理和维护中使用。合格项的记录和归档不仅有助于项目的质量管理，还有助于满足法律法规和合同要求，确保项目的合规性。同时，这些记录还可以作为经验教训的重要来源，供未来项目参考和借鉴。

3.3.4.3 验收结果通知与反馈

验收结果通知与反馈涉及向相关利益相关方传达项目的验收结果以及获取反馈意见。一旦项目完成并通过了验收程序，通知各方结果是必不可少的，这通常包括建设业主、监理机构、设计团队以及其他相关利益相关方。通知需要清晰明了，包括验收结果的总结、关键的合格项和不合格项、必要的文件和报告，以及接下来的行动计划（如果有的话）。这有助于确保各方都了解项目的质量状况，并可以做出适当的决策和计划。同时，验收结果通知也提供了一个机会，收集各方的反馈和意见。这些反馈可以帮助改进未来的项目，识别潜在的问题和风险，并加强团队之间的沟通和合作。通过与相关方建立积极的沟通渠道，可以更好地满足他们的期望，提高客户满意度，确保项目的成功和可持续性。

3.3.5 不合格项的处理与整改

3.3.5.1 不合格项的识别与分类

不合格项的识别与分类代表着施工过程中出现的缺陷、问题或不符合规范要求的地方，需要及时而有效地处理和整改，以确保项目的质量达到预期水平。

首先，不合格项需要被明确定义和识别出来，包括对项目验收标准和质量要求的核查，以确定哪些方面未达到预期标准。不合格项可以涵盖各个方面，包括工程结构、建筑材料、设备安装、工艺流程等，每个不合格项都需要仔细描述和分类，以便进一步地处理和整改。其次，不合格项的分类通常可以分为以下几种类型：严重不合格项，这些问题可能会对项目的安全性、结构完整性或性能产生严重影响，需要立即处理；一般不合格项，这些问题可能不会立即威胁到项目的安全性，但仍需要在合理的时间内进行整改，以确保项目质量；临时性不合格项，这些问题可能是暂时的，可以在后续工作中轻松修复，但仍然需要记录和整改。分类不合格项有助于优先处理最紧急的问题，确保项目的持续进行，并最大限度地减少潜在的风险。处理不合格项需要一个明确的流程和责任分配，以确保问题得到有效解决。

3.3.5.2 不合格项的整改计划制定

一旦不合格项被识别和分类，就需要制定详细的整改计划，以确保问题得到及时和适当的处理。

首先，整改计划必须明确定义问题的性质和严重性。这意味着需要详细描述问题，包括问题的具体描述、发生位置、影响范围以及可能的根本原因。例如，如果是施工过程中发现了混凝土质量不达标的问题，整改计划需要清楚描述混凝土的强度、配比是否符合要求，问题出现的具体位置是在哪个工程段以及可能的原因是由于材料问题还是施工操作不当等。通过明确问题的性质和严重性，可以确保整改计划的目标清晰明了，同时也为后续的跟踪和监督提供了依据。其次，整改计划应明确指定整改的责任人和时间表。每个不合格项都应该分配给特定的责任人，负责解决问题并确保整改计划按时执行。时间表应该具体而紧凑，以确保问题能够迅速得到解决，从而不影响项目的进度。例如，确定责任人是工程负责人还是质量管理人员，明确负责整改的具体内容和截止日期。整改计划还需要包括所需的资源和材料清单，以确保在整改过程中所需的支持和资源是可用的。这可能包括人力资源、材料供应、工具和设备等。例如，如果需要重新调整混凝土配比，整改计划就应包括调配混凝土所需的材料、调度搅拌车的时间等。最后，整改计划应明确监督和检查的程序。这意味着需要制定定期的检查和报告机制，以跟踪整改进展情况，并及时采取纠正措施以防问题再次出现。通过这些监督和检查程序，可以确保整改工作的质量和有效性，从而提高项目的整体质量和效率。例如，设置每周例行会议审查整改进展情况，确保责任人按时完成任务，并定期对整改效果进行评估和调整。

3.3.5.3 整改过程的监督与验证

在进行整改过程时，需要建立有效的监督机制，以确保整改计划按照预定的步骤和时间表执行。

首先，监督与验证的关键在于明确责任人和监督人员的角色。整改计划中应明确指定责任人负责整改工作，以及监督人员的身份，他们应该是独立的、有权威的人员，不直接参与不合格项的处理，以确保监督的客观性和公正性。其次，监督与验证的程序需要严格执行。这包括定期的检查和审核，以确保整改工作按照计划进行。监督人员应该记录整改过程中的关键步骤和措施，以及实际执行的情况。同时，监督人员还应该与责任人进行沟通，了解进展情况，及时解决可能出现的问题和障碍。再次，监督与验证需要考虑到不同类型的不合格项可能需要不同的验证方法。有些不合格项可能需要进行实地检查和测试，而其他不合格项可能只需要文件和记录的审查。因此，验证方法应根据具体情况进行选择，并确保验证的方法是可靠和有效的。最后，验证的结果应该得到书面记录，并进行正式的验收。如果整改工作得以圆满完成，那么不合格项应该被标记为已解决，并得到确认。如果在验证过程中发现问题仍然存在，那么应重新制定整改计划，并继续监督和验证，直到问题得以解决为止[6]。

3.4 施工质量整改

3.4.1 不合格项的整改流程

3.4.1.1 不合格项的识别与记录

在不合格项的整改流程中，最初的步骤是识别与记录不合格项。这一阶段涉及对工程施工过程的持续监测和检查，以便及时发现任何可能存在的不合格工程质量问题。一旦不合格项被发现，它们应该立即被记录下来，包括问题的性质、位置、严重程度以及相关的详细信息。在记录不合格项时，需要确保信息的准确性和完整性，以便后续的整改工作能够基于充分的信息进行。这通常包括拍摄照片、测量数据、检测报告和相关文件的收集。记录不合格项的目的是提供清晰的描述，以便后续的整改团队能够准确理解问题的本质和范围。不合格项的识别与记录需要由专门的质量管理团队或质检人员进行，他们应该具备充足的经验和专业知识，以确保不合格项的准确识别和记录。同时，相关的责任人也应该被明确指定，以便他们能够在不合格项的整改流程中扮演关键角色，并协助解决问题。

3.4.1.2 整改流程的起始与安排

不合格项的整改流程在确认不合格项后需要迅速启动和安排。整改流程的起始与安排涉及多个关键步骤，以确保问题得以迅速解决。

第一，当不合格项被记录和确认，责任人或负责整改的团队应该立即启动整改流程，包括指定一位负责人，通常是质量管理人员或相关领导，以监督整个整改过程。负责人的职责包括协调整改团队、分配任务和资源、确保整改计划的制定和执行。第二，整改流程的起始阶段需要进行详细的问题分析和原因分析。整改团队必须深入了解不合格项的性质、原因和影响，以便制定有效的整改计划，这可能涉及对施工过程、材料、人员技能等方面的审查和调查。第三，整改计划的制定是整个流程的关键步骤。整改计划应明确列出需要采取的具体措施、时间表、责任人和资源需求。计划还应包括对整改过程中可能出现的风险和问题的预测，并制定相应的风险应对策略。第四，一旦整改计划制定完成，就需要开始执行。这可能包括重新培训工作人员、更换不合格材料、重新施工或其他必要的行动。整改过程应受到严格的监督和记录，以确保计划的执行与预期一致。第五，整改流程的结束阶段涉及验证和确认不合格项的整改是否符合要求。这包括重新进行质量检查和验收，以确保问题得以彻底解决，工程质量得以提高。

3.4.1.3 整改流程的监督与控制

在整改过程中，需要建立严格的监督机制，以确保整改措施按计划执行，问题得到妥善处理。

首先，监督与控制的关键是指定一位负责人或监督人员，其职责是监督整改的每个阶段。这位负责人通常是质量管理人员或相关领导，他们需要确保整改计划的执行和达成预期的结果。监督人员应具备丰富的专业知识和经验，以便能够识别和解决可能出现的问题。其次，监督与控制需要建立详细的进度安排和时间表，以确保整改工作按时完成。这包括明确的任务分配和截止日期，以及整改进展的定期审查和报告。监督人员应与整改团队保持密切的沟通，确保他们了解整改进展情况，同时也要做好风险预测和应对措施的准备。再次，监督与控制还包括对整改过程的记录和文档化。这包括不合格项的原始记录、整改计划、执行过程的记录以及最终的整改结果，这些文件将用于验证整改的有效性，以及日后的质量审查和总结。最后，监督与控制需要及时响应任何问题或挑战。如果在整改过程中出现了偏差或问题，监督人员必须迅速采取行动，调整整改计划，以确保问题得以解决，并最终达到合格的标准。

3.4.2 整改计划的制定与执行

3.4.2.1 整改计划的制定原则与要点

整改计划的制定与执行是确保不合格项得以有效解决的关键步骤，需要遵循一些原则和要点以确保其有效性和可操作性。

第一，制定整改计划时，需要明确目标和目的。这包括明确定义不合格项的性质、影响以及所期望的整改结果。只有明确了整改的目标，才能有针对性地制定整改计划，确保问题得以解决。第二，整改计划应具体明确整改措施。这包括列出需要采取的具体步骤、方法和时间表，以及责任人的明确指定。整改措施应该具体而可操作，确保每个问题都得到了充分的考虑和规划。第三，整改计划的制定需要考虑资源的分配和利用。这包括人力、物力和时间等资源的合理配置，以确保整改工作顺利进行。资源的合理利用是整改计划成功执行的关键。第四，整改计划应考虑风险管理。这包括识别和评估可能出现的风险，并制定相应的风险应对策略。在整改过程中，可能会出现未知的问题，因此要有应对措施来应对不确定性。第五，整改计划的执行需要考虑与相关方的沟通和协调。与不同部门、团队和利益相关者的有效沟通是确保整改计划顺利执行的关键。他们可能提供关键信息、资源支持或其他帮助，因此及时的沟通和协调对于整改工作的成功至关重要。第六，整改计划应具备可追溯性和可衡量性。这意味着每个整改措施都应该可以被跟踪和评估，以确保它们是否已经按照计划执行并取得了预期的结果。通过监测和评估整改计划的执行，可以及时发现问题并采取纠正措施。

3.4.2.2 整改措施的确定与排列

在整改计划的制定与执行中，确定和排列整改措施是一个至关重要的步骤，需要精心策划，以确保不合格项得到有效解决。

第一，确定整改措施需要根据不合格项的性质和原因。在之前的识别和记录阶段，已经对不合格项进行了详细的分析和调查，这为确定整改措施提供了基础。整改措施应该直接针对问题的根本原因，以便从根本上解决问题。第二，整改措施的确定需要综合考虑技术、资源和时间等因素。确保整改措施是可行的，需要考虑到可用的技术和资源，以及整改所需的时间。这可以通过与相关专业人员和团队进行讨论和协商来实现，以确保整改措施的可行性和有效性。第三，整改措施的排列需要考虑时序性和优先级。整改措施应按照一定的次序排列，以确保问题得以有序解决。通常，紧急程度较高或可能引发其他问题的不合格项应该优先处理，然后再处理其他不合格项。第四，整改措施的执行需要明确责任人和时间表。每个整改措施都应指定具体的责任人，并制定明确的时间表和截止日期。这有助于监督整改工作的进展，确保按计划完成。第五，整改措施的执行还需要进行跟踪和监督。整改计划的制定并不是结束，而是整个整改过程的开始。需要不断监督整改措施的执行，确保它们按照计划进行，并在需要时进行调整和优化。

3.4.2.3 整改计划的执行与时程控制

整改计划的执行与时程控制是确保不合格项得以有效解决的关键步骤。一旦整改计划制定好并排列好整改措施，就需要确保按计划执行以及时消除问题。

第一，执行整改计划需要明确的责任分工和角色。每个整改措施都应有指定的责任人，这些责任人负责具体的执行工作。他们需要了解其任务的性质和重要性，并明确时间表和截止日期，以确保按计划推进。第二，整改计划的执行需要与监督和控制相结合。监督和控制的目的是确保整改措施按照计划进行，并及时发现和解决执行过程中的问题。这可以通过定期的进度报告、会议和检查来实现，以确保整改工作不偏离轨道。第三，整改计划的执行也需要考虑资源的分配和利用。资源包括人力、物力和时间等方面，需要合理配置，以确保整改工作顺利进行。如果发现资源不足或需要额外的支持，应及时协调和调整。第四，整改计划的执行还需要与相关方的沟通和协调。与不同部门、团队和利益相关者的有效沟通是确保整改计划顺利执行的关键。他们可能提供关键信息、资源支持或其他帮助，因此及时的沟通和协调对于整改工作的成功至关重要。第五，整改计划的执行需要持续跟踪和评估。这可以通过监测进度、收集数据和与相关方进行反馈来实现。如果发现执行过程中存在问题或需要调整，应及时采取措施以保持整改工作的有效性。

3.4.3　质量整改的监督与跟踪

3.4.3.1　整改过程的监督与管理

质量整改的监督与跟踪是确保整改计划得以有效执行和不合格项得以解决的重要环节。在整改过程中，需要进行持续的监督与管理，以确保整改工作按计划进行，问题得到妥善处理。

第一，监督与管理的关键是确保整改计划的执行。这包括监督整改措施的实施进度，确保每个步骤都按照计划和时间表进行。责任人需要定期报告整改进展情况，同时需要进行现场检查和审核，以验证整改工作是否符合要求。第二，监督与管理还包括风险管理。在整改过程中可能会出现各种风险和问题，需要及时识别、评估和应对。监督团队需要密切关注风险因素，确保整改计划能够应对潜在的问题，采取必要的纠正措施。第三，监督与管理也包括与相关方的沟通与协调。及时向相关部门、团队和利益相关者报告整改进展情况，确保他们了解整改工作的进展，并能提供支持和帮助。有效的沟通和协调可以减少不必要的阻碍和延误。第四，监督与管理需要进行记录和文档管理。整改过程中产生的文件和记录应妥善保存，以备将来审计和核查之用。记录的准确性和完整性对于确保整改过程的透明性和合规性至关重要。第五，监督与管理需要定期地评估和审查。整改计划的执行情况需要进行定期的评估和审查，以确保整改工作在达到预期结果的同时，也要不断改进和优化整改计划。审查结果可以为项目提供经验教训，并有助于提高质量管理的效率和效果。

3.4.3.2　整改计划的进展追踪

整改计划的进展追踪是质量整改过程中的关键环节，它有助于确保整改计划按照预期顺利进行，问题得到及时解决。在进行整改计划的进展追踪时，需要采取以下措施：

第一，制定明确的进展追踪计划。在整改计划中明确定义每个整改步骤的时间表和责任人，确保每个阶段都有明确的开始和结束日期。这有助于确保整改工作不会拖延并且按计划进行。第二，建立有效的监督机制。监督团队需要定期与责任人联系，了解整改工作的进展情况。可以通过电话、会议、现场检查和电子邮件等方式与责任人进行沟通，确保他们能够按时完成任务。第三，采用适当的工具和技术进行进展追踪。现代项目管理软件和工具可以帮助监督团队跟踪整改工作的进展。这些工具可以生成报告和图表，显示整改计划的实际进展与预期进展之间的差距，有助于及时发现问题并采取纠正措施。第四，需要建立有效的反馈机制。责任人应该能够向监督团队报告问题和障碍，以便及时解决。监督团队也应该及时向项目管理团队和利益相关方通报整改进展情况，确保他们了解问题的处理情况。第五，进行定期的进展审查和评估。整改计划的进展需要定期进行审查和评估，以确保整个过程在控制之下。如果发现问题或延误，需要采取纠正措施，重新调整整改计划，确保问题得到解决。

3.4.3.3 变更管理与调整策略

在质量整改的监督与跟踪过程中，变更管理与调整策略是至关重要的，因为在整改过程中可能会出现新的问题、需求变更或其他不可预测的情况。

首先，变更管理是指对任何计划、计划或过程的变更进行识别、评估和控制的过程。当出现需要调整整改计划的情况时，需要明确变更的性质和原因，并进行评估，以确定是否需要进行调整。评估的过程可能包括对变更的影响、成本估算和时间表调整等方面的分析。其次，一旦确定需要变更整改计划，就需要制定调整策略。这包括确定新的计划、时间表、资源和责任人，以确保变更的成功实施。调整策略还需要与项目管理团队和相关利益相关方进行协调和沟通，以确保他们了解变更的原因和影响。再次，变更管理需要建立适当的记录和文档，以记录所有的变更请求、决策和实施过程。这有助于跟踪变更的历史，以及确保所有相关方都能够访问和了解变更的详细信息。最后，变更管理还需要确保整改过程的透明度和合规性。这意味着变更应该经过适当的审批和授权，遵循组织或项目的规定程序和政策。这有助于降低变更引入的风险，并确保变更是合理的和有效的。

3.4.4 整改效果的评估与验证

3.4.4.1 整改效果的评估标准与方法

在质量整改过程中，评估和验证整改效果是确保质量问题得到有效解决的关键步骤。

首先，确定评估标准是关键的一步。评估标准应该根据原始的质量问题和整改目标来制定。这些标准可以包括质量指标、性能标准、合规性要求等，这些标准应该能够明确地衡量整改效果是否达到预期目标。其次，选择合适的评估方法。评估整改效果可以采用多种方法，包括检查、测试、抽样、调查、观察等。选择方法应根据具体情况和问题的性质来确定。例如，如果问题涉及产品的物理属性，可以通过实验室测试来评估效果；如果问题涉及流程改进，可以通过观察和流程数据分析来评估效果。再次，确保评估过程的客观性和可靠性。评估应该由经验丰富且无利益冲突的人员进行，以确保结果的客观性。此外，评估方法应该是可重复的，以确保结果的可靠性。最后，根据评估的结果采取必要的行动。如果整改效果未达到预期标准，需要重新审查整改计划，并采取进一步的措施来解决问题。如果整改效果符合标准，那么可以继续进行项目的下一步工作。

3.4.4.2 整改结果的验证与确认

整改结果的验证与确认是质量管理中的重要环节，旨在确认整改措施的有效性和问题是否得到了圆满解决。

首先，验证整改结果是指对已实施的整改措施进行检查和验证，以确保它们符合预期的标准和要求。这包括检查整改记录、相关文件和报告，以核实整改是否按照计划和标准执行。验证的过程应该是客观和独立的，通常由质量管理人员或专业验收人员来执行。其次，确认整改结果是指对已验证的整改措施进行最终确认，以确定问题是否已经得到圆满解决，并且符合客户和项目的要求。这可能包括客户的验收测试、质量标准的检查，以及与项目干系人的沟通。确认的过程应该是有记录的，以便将结果归档和传达给相关方。再次，在验证和确认整改结果时，需要确保过程的透明和可追溯性，以便随时查阅和核实。如果问题没有得到圆满解决或整改结果不符合标准，应采取纠正措施，并重新进行验证和确认，直到问题得到满意解决。最后，整改结果的验证与确认是确保项目质量持续改进的关键步骤。通过这个过程，可以保证问题得到有效解决，客户满意度得到提高，同时也为项目的成功和可持续发展提供了坚实的基础。这个过程需要严格遵循标准和程序，以确保结果的准确性和可靠性。

3.4.4.3 整改效果的持续改进与反馈

整改效果的持续改进与反馈是质量管理体系的重要组成部分，旨在确保整改措施的有效性不仅仅是一次性的，而是可以持续改进和提升质量水平。

首先，整改效果的评估与验证包括定期的质量检查和审查，以确认整改措施的持续有效性。这可以通过与之前的问题和整改记录进行比较，以确定问题是否再次出现，并采取纠正措施。还可以根据质量指标和标准来评估整改效果，以确保质量水平得到持续改进。其次，整改效果的持续改进是通过不断寻找和采纳最佳实践来提高整改措施的效果。这可能包括更新和改进整改计划、程序和方法，以应对新的挑战和问题。团队应该积极参与持续改进的过程，提出建议并分享经验教训，以帮助提高整改的效率和效果。最后，整改效果的反馈是将整改的经验和教训传达给项目团队和相关干系人的重要方式。这可以通过定期的报告和会议来实现，以分享整改的成功经验和挑战，以及如何改进和避免将来出现类似的问题。反馈也可以用于改进质量管理体系的政策和程序，以确保项目质量得到持续提升。

3.5 施工质量追溯

3.5.1 质量追溯的定义与目的

质量追溯的概念在建筑工程中指的是跟踪和记录从原材料到最终成品的所有质量相关信息和数据，包括了材料的来源、生产过程、工程施工的各个环节，以及最终交付的建筑工程产品。质量追溯旨在确保产品或工程的质量符合预定的标准和规范，以满足项目的技术要求和客户的期望。

质量追溯的目的在于提高建筑工程的质量管理水平和绩效。通过追溯，可以及时发现和纠正潜在的质量问题，防止缺陷和质量不合格品的出现，从而降低了工程风险和成本。同时，质量追溯还有助于建立完整的质量记录和档案，为工程的验收提供支持，同时也为工程后期的维护和管理提供了可靠的数据支持。

3.5.2 质量追溯的流程与方法

3.5.2.1 质量追溯流程的设计与规划

质量追溯流程的设计与规划是一个系统性的过程，具体步骤如下所示：

（1）制定追溯计划。在项目启动阶段，需要明确建筑工程的追溯范围、目标和计划。这包括确定需要追溯的材料、构件或工程阶段，明确追溯的目的，以及制定追溯的时间表。

（2）确定追溯的方法。根据项目的特点和要求，选择适当的追溯方法。常见的追溯方法包括文件追溯、数据记录追溯、现场检查追溯等。不同的方法可以根据需要进行组合使用。

（3）制定追溯流程图。绘制追溯流程图，清晰地展示了追溯的步骤和流程，包括信息采集、记录、存档、分析、反馈等环节。流程图应明确责任人和时间节点。

（4）建立数据记录系统。建立追溯数据的记录系统，确保质量相关信息的准确捕获和存档。这可以包括建立数据库、文件管理系统或追溯记录表格等工具。

（5）培训与意识培养。对项目团队成员进行培训，使其了解追溯的目的、方法和流程，并具备相关的操作技能。此外，需要培养项目团队的质量追溯意识，强调其重要性。

（6）实施与监督。按照追溯计划和流程图的要求，执行追溯工作。确保质量数据的准确性和完整性，并进行监督和审核以验证流程的有效性。

（7）定期评估和改进。定期对质量追溯流程进行评估，识别潜在的问题和改进机会。根据反馈结果，调整追溯计划和流程，不断提高其效率和效果。

3.5.2.2 追溯方法的选择与应用

追溯方法的选择与应用至关重要，因为不同的项目和质量追溯目标可能需要采用不同的方法，常用的追溯方法如下所示。

（1）文件追溯。这是最常见的追溯方法之一，适用于需要跟踪文档、图纸、规范和合同等书面信息的情况。在文件追溯中，质量管理团队可以审查和核实所有相关文件，以确保项目符合规定标准和要求，这种方法特别适用于合同履行的监管和合规性检查。

（2）数据记录追溯。对施工中的关键数据和记录进行追溯，例如测量数据、检验数据、质检报告和工序记录，有助于识别潜在的问题，确保数据的准确性和一致性，并监督施工过程的质量。

（3）现场检查追溯。在现场进行实地检查，直接观察和核实工程的质量。这种方法可以用于检查材料的安装、工序的执行和施工工人的技能等，通常在施工现场管理中非常重要。

（4）追溯抽样。采用统计抽样方法，从一定数量的样本中进行检查和测试，以代表整个批次或工程。这有助于节省时间和资源，同时保持较高的可信度。

（5）供应链追溯。了解并追溯材料和零部件的供应链，从原材料供应商到最终安装地点，以确保材料的质量和合规性，这对于避免次品材料进入工程非常重要。

3.5.2.3 数据采集与追溯记录的建立

数据采集与追溯记录的建立旨在确保可追溯性、数据完整性和准确性，以支持后续的质量分析和改进决策。

第一，数据采集需要明确定义追溯的数据点和标准。这些数据点可以包括材料的批次号、生产日期、供应商信息、安装日期、施工工序、质量检验结果等。每个数据点都应与质量标准和规范相对应，以确保建筑工程的质量符合要求。第二，采集数据的过程需要有严格的流程和标准操作程序。工程管理团队应培训相关人员，确保他们了解如何正确采集数据，以避免误操作和数据错误。这可能需要使用标准化的数据采集表格或质量检验表，以确保数据的一致性和可比性。第三，在数据采集的同时，需要建立详细的追溯记录。这些记录应包括每个数据点的来源、采集日期、负责人和相关文件的存档位置。追溯记录应保持完整，以便在需要时进行核查和审计。此外，应确保记录的机密性和安全性，以防止未经授权的访问和篡改。第四，对于大型工程项目，可能需要使用专用的数据管理软件或系统来帮助管理和维护追溯记录。这些系统可以提供数据存储、检索和分析的便利性，以支持整个质量追溯流程的有效执行。第五，建筑工程质量追溯的数据采集和追溯记录建立是一个持续的过程。随着工程的进行，新的数据点可能会不断产生，而旧数据可能需要定期审查和更新。因此，质量管理团队需要定期监督和维护追溯记录，以确保其及时性和准确性。

3.5.3 追溯数据的记录与管理

3.5.3.1 追溯数据的分类与归档

建筑工程追溯数据的记录与管理是确保质量可追溯性和持续改进的关键组成部分，而在这一过程中，追溯数据的分类与归档非常重要。

首先，追溯数据应根据其性质和用途进行分类。这意味着将数据分为不同的类别，以便更容易管理和检索。通常，追溯数据可以分为以下几个主要类别：材料追溯数据（如材料批次、供应商信息）、施工追溯数据（如施工工序、检验结果）、项目管理追溯数据（如工程计划、变更管理记录）等。每个类别的数据应按照一致的标准进行分类和编号。其次，一旦数据被分类，就需要建立详细的归档系统。这包括创建存储数据的文件夹或数据库，以及为每个数据类别分配适当的存储位置。在建筑工程中，通常会采用电子文档管理系统，以确保数据的安全性、完整性和可访问性。同时，应为每个数据项建立独特的标识符或索引，以便快速检索和检查。再次，归档系统还应包括记录数据的日期、来源、负责人和相关审批文件等元信息。这些信息有助于追踪数据的历史和背景，以及确保数据的准确性和可信度。同时，在归档过程中，应制定清晰的文件命名规则和版本控制策略，以防止混淆和数据丢失。此外，应定期进行备份和存档数据，以防止意外数据损坏或丢失。最后，建筑工程追溯数据的分类与归档是一个持续的过程。随着工程的进行，新的数据不断生成，旧数据可能需要定期审查和归档。因此，建筑工程管理团队需要确保归档系统的及时性和完整性，以满足监管要求和项目质量管理的需要。

3.5.3.2 数据管理系统的建立与维护

建筑工程追溯数据的记录与管理需要建立和维护一个高效的数据管理系统，以确保数据的安全性、可访问性和可维护性。

第一，建立数据管理系统的第一步是定义系统的需求和目标。这包括确定需要记录和管理的数据类型、数据的规模和复杂性、用户的访问权限和需求等。通过明确定义需求和目标，可以更好地规划系统的架构和功能。第二，选择合适的数据管理工具和技术。根据需求，可以选择使用数据库管理系统（DBMS）、电子文档管理系统（EDMS）、质量管理软件或自定义开发的应用程序等工具。选择工具时需要考虑系统的扩展性、性能、安全性和用户友好性等因素。第三，设计数据管理系统的架构。架构应包括数据库设计、数据模型、用户界面设计等方面。数据库设计涉及数据表的结构、字段定义、关系设计等，要确保数据的一致性和完整性。数据模型有助于理清数据之间的关系和流程。用户界面设计要考虑用户友好性和操作便捷性。第四，进行系统的开发和实施。根据需求和设计，进行系统的编码、配置和集成。在此过程中，需要确保系统能够顺利运行，数据能够被正确记录和检索。同时，对用户进行培训，确保他们能够正确使用系统。第五，系统建立后，需要进行定期的维护和更新。这包括数据的备份和恢复、安全性的监控、性能优化、bug 修复和功能扩展等工作。维护系统的目的是确保其长期稳定运行，并随着项目的发展和需求的变化进行适时更新。第六，建立数据管理系统的监督和审查机制。通过定期审查系统的运行情况，发现和解决问题，确保数据管理系统能够持续满足项目质量管理的需求。监督和审查也有助于提高系统的效率和性能。

3.5.3.3 数据保密与信息安全

建筑工程追溯数据的记录与管理中，数据保密与信息安全是至关重要的方面。确保数据的保密性和安全性对于防止数据泄露、滥用以及维护项目的声誉至关重要。

首先，数据保密性涉及访问控制。只有授权人员才能访问和修改数据，这需要建立严格的访问权限和身份验证机制，每个用户应分配适当的权限，以限制他们可以查看和修改的数据范围。此外，建立审批流程和日志记录系统，以跟踪数据的访问和修改历史。其次，信息安全需要保障数据的完整性和可用性。确保数据没有被篡改或毁坏，同时保证数据在需要时可供使用。为了实现这一目标，可以采用加密技术来保护数据的传输和存储。定期的数据备份和灾难恢复计划也是必不可少的，以应对意外数据丢失或损坏的情况。再次，培训项目团队成员和相关人员，提高他们的信息安全意识，教育他们如何正确处理和存储敏感数据。社会工程学攻击和恶意软件威胁也需要被警惕，因此建立强大的防护措施，如防火墙、反病毒软件和入侵检测系统等，以降低潜在的风险。最后，建立应急响应计划，以处理任何安全事件或数据泄露。这个计划应明确定义如何报告和处理安全事件，以及如何通知相关方和监管机构。快速响应和透明的沟通是防止安全事件升级和减轻潜在损害的关键。

3.5.4 追溯结果的分析与应用

3.5.4.1 追溯结果的数据分析方法

建筑工程追溯结果的数据分析是确保质量管理和持续改进的关键步骤。在进行追溯结果的分析时，需要采取一系列方法和技术，以有效地从数据中提取有用的信息和洞察。

第一，数据的收集和整理是数据分析的第一步。确保数据的准确性、完整性和一致性非常重要。数据可以来自不同的来源，包括施工记录、检验报告、质量控制文件等。这些数据需要按照一定的格式整理和标准化，以便进行后续的分析。第二，统计分析是常用的数据分析方法之一。通过统计方法，可以对数据进行汇总、描述和可视化，以帮助识别数据中的趋势和模式。常用的统计方法包括均值、中位数、标准差、频率分布等。这些方法可以帮助识别潜在的质量问题和异常。第三，趋势分析是另一个重要的数据分析方法。通过比较不同时间段或不同项目阶段的数据，可以识别出质量问题的变化趋势。这有助于及早发现并纠正问题，防止它们进一步扩大。第四，根本原因分析是解决质量问题的关键。通过深入分析数据，确定问题的根本原因，而不仅仅是表面症状。常用的根本原因分析工具包括鱼骨图、散点图等。这些工具有助于找到问题的根本原因，以便采取针对性的措施。第五，数据分析的结果需要应用到实际的质量管理和改进中。根据分析结果制定改进计划，明确质量目标和措施，监督和跟踪改进的进展。同时，及时与相关人员分享分析结果，以确保整个项目团队对质量问题有清晰的认识，并能采取必要的行动。

3.5.4.2 追溯结果的质量评估与反馈

建筑工程追溯结果的质量评估与反馈是确保追溯过程的有效性和持续改进的关键步骤。这个过程旨在评估追溯结果的准确性、可靠性和实用性，并根据评估结果提供反馈和改进建议。

第一，质量评估需要对追溯结果进行审查和验证，以确保数据的准确性和完整性。这包括检查数据的来源、收集方法、记录方式以及数据的一致性。如果发现数据不准确或不完整的情况，需要及时进行修正和补充，以保证评估的可信度。第二，评估还涉及对追溯方法和流程的审查。这包括检查追溯流程的设计和执行是否符合预定的要求和标准。如果发现流程存在问题或不合理之处，需要提出改进建议，以确保追溯过程的高效性和有效性。第三，质量评估还需要考虑追溯结果的实际应用价值。这意味着要分析追溯结果对项目质量管理和改进的贡献程度。这可以通过比较追溯前后的质量情况、问题解决的效率和成本等指标来实现。如果发现追溯结果没有达到预期的效果，需要思考如何进一步改进追溯方法和流程。第四，反馈是质量评估的重要组成部分。根据评估结果，需要向项目团队和相关利益方提供反馈，明确追溯结果的质量和改进需求。这可以通过报告、会议、沟通等方式来实现。同时，要确保反馈信息能够被及时理解和采纳，以便调整和改进追溯过程。

3.5.4.3 追溯应用于质量控制与改进

建筑工程追溯结果的分析与应用在质量控制与改进方面具有重要作用。通过对追溯数据的深入分析和合理应用，可以帮助项目团队实施有效的质量管理措施，持续改进工程质量，并确保项目达到或超越预期的标准和要求。

首先，追溯结果的分析可用于质量控制。通过比较追溯数据与质量标准、规范以及设计文件的要求，可以及时发现和识别不合格项和潜在问题。这有助于项目团队采取必要的措施，如停工、整改和重新检验，以确保问题得到及时解决，不会进一步影响工程质量。其次，追溯结果的应用有助于质量改进。通过分析追溯数据，可以识别出现问题的根本原因，从而采取措施来防止类似的问题再次发生。这可以包括改进施工工艺、提高材料质量、加强施工人员培训等措施，以提高整体工程质量水平。再次，追溯结果还可以用于持续改进。通过追溯数据的长期跟踪和分析，项目团队可以识别出一些重复性问题和趋势，从而制定更加全面的质量改进计划。这可以包括制定新的标准和规程、优化质量管理流程、引入新的质量控制工具等。最后，追溯结果的应用可以加强质量文化的建设。通过强调数据驱动的决策和持续改进的理念，可以培养项目团队的质量意识和质量责任感。这有助于提高每个成员对质量的重视程度，从而共同致力于工程质量的持续提升。

4 安全管理

4.1 施工现场安全防护

4.1.1 安全防护的定义与重要性

施工现场安全防护是指为了减少事故发生、保护工程人员和相关设备财产安全而采取的一系列措施和预防措施。因为施工现场通常涉及高风险、复杂的工程活动，包括危险的机械操作、高处作业、化学品使用等。因此，安全防护在建筑工程项目中扮演着至关重要的角色。

安全防护对工程项目的重要性体现在多个方面。首先，可以降低施工现场事故的发生率，减少工人的伤害和死亡，确保工程项目的顺利进行。其次，有助于减少工程项目的停工时间和成本，避免了因事故导致的工程延误和额外费用。最后，安全防护也有助于保护环境，减少对周围生态系统的不良影响，确保工程项目的可持续性。

4.1.2 施工现场安全防护计划的制定

4.1.2.1 安全防护计划的编制原则与要点

安全防护计划的制定是确保施工现场安全的重要措施，其需要根据一定的原则和要点来进行编制。

第一，编制安全防护计划时，需要充分考虑施工现场的特点和风险因素，包括工程类型、施工环境、设备和材料等，以便制定针对性的防护措施。第二，计划的编制需要依据相关法律法规和标准，确保合规性和合法性，包括国家、地区和行业相关的安全法规和标准。第三，安全防护计划的编制要注重全面性和系统性，需要覆盖施工现场的各个方面，包括人员、设备、材料、作业流程等。这包括明确各类人员的责任和义务，如安全主管、工人和监督人员等，以及规范施工现场的作业程序和流程，确保每个环节都有相应的安全防护措施。第四，安全防护计划还需要考虑紧急情况的处理和应急措施，包括事故的预防、应对和报告机制。计划中应包括各种突发事件的处理流程，如火灾、事故伤害等，以及相关的急救措施和应急联系方式。第五，安全防护计划的编制要定期更新和审查，以适应施工现场的变化和新的风险因素。这需要建立一个有效的监督和反馈机制，确保计划的实施和执行，及时纠正和改进不足之处，以保障施工现场的安全和员工的健康。

4.1.2.2 安全防护计划的计划流程

安全防护计划的制定需要遵循一定的计划流程，以确保其全面、系统、科学和有效。

第一，计划的制定通常从施工现场的全面安全评估开始，涉及对施工现场的现有风险因素、工程特点、人员和设备等进行详细调查和分析，以便全面了解潜在的安全隐患和问题。第二，根据评估的结果，制定安全防护计划的具体目标和策略，需要明确计划的整体目标，例如降低事故发生率、提高员工的安全意识等，同时制定相应的策略和方法，以实现这些目标。第三，制定具体的安全防护措施和计划，包括各种预防措施、应急措施、安全培训等，需要明确各个措施的实施细节、责任人、时间表和监督机制，确保计划的可行性和可操作性。在制定计划的同时，需要明确相关的预算和资源需求，包括人力、物资、培训等方面的投入，有助于确保计划的有效实施，并提前做好资源的准备工作。第四，将制定的安全防护计划提交给相关管理部门进行审核和批准。一旦计划获得批准，就可以开始计划的实施阶段。在实施阶段，需要建立有效的监督和反馈机制，不断检查和评估计划的执行情况，及时纠正不足之处。第五，计划的实施阶段需要定期进行评估和审查，以确保计划的持续有效性。如果发现问题或需要调整，应及时进行修订和改进。

4.1.2.3 安全防护计划的有效性评估

安全防护计划的有效性评估是确保计划的实施和安全防护措施的有效性的关键步骤。在计划实施过程中，需要建立有效的评估机制，以监测和评估计划的运行情况，及时发现问题并采取纠正措施，确保施工现场的安全。

首先，有效性评估包括对计划目标的达成情况的定期检查。这涉及对安全防护计划中设定的各项目标和指标进行监测和测量，以确定是否达到了预期的安全水平。如果发现目标未达成或存在偏差，就需要分析原因，并采取相应的纠正措施，以确保计划的目标能够实现。其次，评估也包括对施工现场的安全状况的定期检查。这需要定期进行安全巡查和检查，以确保安全措施的有效实施和设备设施的安全运行。如果发现问题，需要立即采取措施进行修复和改进，以消除潜在的安全隐患。再次，评估还需要对员工的安全意识和培训情况进行监测。培训和教育是提高员工安全意识和技能的重要手段，因此需要确保培训计划的有效实施，并定期评估员工的培训成果。最后，评估也可以通过收集和分析事故和事件的数据来进行。这有助于识别潜在的安全问题和趋势，以及发现导致事故发生的根本原因。通过对事故和事件的分析，可以改进安全防护计划，提高施工现场的安全性。

4.1.3 安全设施与装备的布置与维护

4.1.3.1 安全设施的种类与选择

安全设施在施工现场起着至关重要的作用，以确保工作人员的安全，包括各种防护装置、警告标志、应急设备等，其种类和选择应根据具体的施工情况和风险来进行合理的规划和布置。

首先，根据不同的施工环境和工程类型，安全设施的种类会有所不同。例如，在高空施工中，需要设置防护栏杆、安全网、安全带等，以防止坠落事故。在地下工程中，需要确保通风设备和有毒气体监测装置的有效运行，以保障工人的呼吸安全。同时，还有火灾报警系统、紧急停电开关、应急疏散通道等安全设施，都需要根据实际情况进行选择和设置。其次，选择安全设施时需要考虑施工现场的风险因素。不同的施工阶段和工作任务可能存在不同的安全风险，因此需要根据风险评估的结果来确定需要设置哪些安全设施。例如，如果存在高温作业的风险，需要提供足够的防暑设施和饮水设备；如果存在有害气体的风险，需要提供适当的通风设备和气体检测仪器。最后，安全设施的选择还应考虑法律法规和标准的要求。不同国家和地区对施工现场的安全要求可能不同，因此需要遵守当地的法律法规，并根据相关的标准来选择和设置安全设施，以确保施工的合法性和安全性。

4.1.3.2 安全装备的配置与维护

安全装备在施工现场起着至关重要的作用，其是确保工作人员安全的关键，主要包括各种个人防护装备和紧急救援设备，其配置和维护对于预防事故和应对紧急情况至关重要。

首先，个人防护装备是工程施工中必不可少的安全装备之一。根据不同的工作环境和工种，工人需要佩戴不同类型的个人防护装备，如安全帽、安全鞋、防护眼镜、防护耳塞、呼吸防护器等。这些装备的配置应根据具体工作任务和风险评估来确定，同时需要确保其符合相关标准，以提供有效的保护。其次，紧急救援设备也是安全装备中的重要部分。这些设备包括紧急救援绳、紧急呼叫装置、急救箱等，它们的配置应根据施工现场的特点和风险来确定。紧急救援设备的维护和检查是确保其有效性的关键，需要定期进行检测和保养，以确保在紧急情况下能够快速响应并提供有效的救援。最后，安全装备的使用培训也是非常重要的。工作人员需要了解如何正确佩戴和使用个人防护装备，以及如何在紧急情况下使用紧急救援设备。因此，培训和教育是确保安全装备发挥作用的关键，工程管理团队应确保所有工作人员接受适当的培训。

4.1.3.3 安全设施与装备的定期检查

安全设施与装备的定期检查是确保施工现场安全的重要措施，旨在确保安全设施和装备的功能正常，能够在紧急情况下提供有效的保护和救援。

首先，定期检查需要按照预定的计划进行，这个计划应根据安全设施和装备的类型、使用频率以及制造商的建议予以编制。不同类型的设施和装备可能需要不同的检查频率，但通常应定期进行，以确保其状态良好。其次，检查应由经过培训和资质认证的专业人员进行。在进行定期检查时，应注意以下几个方面：外观检查，检查安全设施和装备的外观是否有损坏、腐蚀或磨损的迹象。任何发现的问题都应及时报告并修复；功能检查，确保安全设施和装备的各项功能都正常。例如，紧急呼叫装置、灭火器、救生绳等应在检查中进行模拟测试，以确保其能够在需要时正常使用；维护记录，维护记录应详细记录每次检查的日期、检查人员、检查结果以及任何维修或更换的项目。这些记录有助于追踪设施和装备的状态，及时发现问题并采取措施。最后，如果在定期检查中发现任何问题或需要维修，应立即采取措施进行修复。安全设施和装备的正常运行对于员工和工程项目的安全至关重要，因此任何问题都应得到及时的关注和处理。

4.1.4 事故风险识别与应对

4.1.4.1 事故风险的识别与分析

在建筑工程中，存在各种潜在的事故风险，包括人身伤害、物质损失和环境影响等。因此，识别和分析这些风险至关重要，以便采取适当的措施进行预防和应对。

首先，对事故风险进行识别需要对整个施工过程进行仔细审查和分析。这包括对施工地点的地理环境、气候条件以及工程规模、类型等因素进行评估。同时，还需要考虑项目所受到的法规和标准的影响，以及可能的技术难题和资源限制等因素。其次，通过对已经发生的类似事故和故障进行分析，可以从中汲取经验教训，并识别出导致这些事故发生的根本原因。这有助于预测和防范未来可能出现的类似风险，并采取相应的措施加以应对。最后，对潜在的事故风险进行分析是至关重要的一步。这包括评估每个风险因素发生的可能性和可能造成的影响程度，通常采用风险矩阵或类似的工具来进行量化评估。通过这一过程，可以对风险进行优先级排序，确保对最重要、最紧迫的风险问题进行重点关注和处理。

4.1.4.2 事故预防与紧急应对计划

事故预防与紧急应对计划是施工现场安全管理的重要组成部分，旨在降低事故发生的可能性，并确保在事故发生时能够迅速、有效地应对和减轻损失。

首先，事故预防计划包括一系列措施和规定，旨在预防各种类型的事故，包括建立明确的安全规章制度，提供员工培训，确保工程设备的维护和安全操作，以及定期的安全检查和评估。同时，还需要制定和实施应对特定事故风险的计划，例如火灾、坍塌、化学泄漏等。其次，紧急应对计划是为应对事故或突发事件而制定的计划，以减少潜在的损失和危害。这包括为员工提供逃生和自救的培训，确保安全设备和工具易于获得和使用，建立紧急通信渠道，制定事故报告和通知程序，以及为伤员提供急救和医疗服务。紧急应对计划还需要定期演练和更新，以确保所有工作人员都知道如何在紧急情况下行动，并能够有效地协调和合作。最后，事故预防和紧急应对计划需要与相关部门和机构进行合作，包括政府监管机构、应急服务和救援团队，有助于确保在紧急情况下能够获得及时的支持和协助，以最大限度地减少损失。

4.1.4.3 事故案例研究与经验教训

事故案例研究与经验教训是施工现场安全管理中的重要环节，其有助于识别潜在的危险因素、改进安全措施，并从以往的事故中汲取宝贵的经验教训，以提高施工现场的安全性。

首先，通过研究事故案例，可以深入了解事故的原因和发生过程，包括事故的起因、诱因、直接原因和根本原因等方面的分析。通过深入分析事故案例，可以识别出导致事故的各种因素，包括人为因素、机械设备问题、工程设计缺陷、管理不善等，有助于采取措施来防止类似事故再次发生。其次，事故案例研究可以提供宝贵的经验教训。从以往的事故中，可以学到如何避免常见的错误和失误，以及如何改进安全措施和管理方法。这些经验教训可以应用于当前的施工项目，提高安全性，减少事故风险。再次，通过分享事故案例和经验教训，可以加强员工的安全意识和培训，使他们更加警觉和谨慎。员工了解到事故的严重性和后果，将更加注重安全规程和操作流程，减少不必要的风险。最后，事故案例研究还可以促使管理层和相关部门改进安全政策和程序，加强监督和管理，确保施工现场的安全性得到持续改进，有助于建立一个更加安全的工作环境，保护员工的生命和财产安全。

4.1.5 安全文化建设与员工参与

4.1.5.1 安全文化的培养与弘扬

安全文化是指在组织中树立和弘扬的安全价值观、信仰和行为准则，其不仅仅是一种规章制度，更是一种深入人心的理念和文化氛围，安全文化的培养与弘扬可以采取以下措施。

首先，安全文化的培养需要从高层领导层开始，树立起安全的权威和榜样。高层领导的安全意识和行为对员工产生示范效应，激发员工的安全责任感。领导层应积极参与安全管理，制定明确的安全政策和目标，并确保其执行，以示员工安全的重要性。其次，员工的安全参与和反馈机制是培养安全文化的关键。员工应被鼓励积极参与安全活动，提出安全建议和反馈意见，分享安全经验和教训。组织应建立开放的安全沟通渠道，确保员工有安全问题时能够畅所欲言，而不会担心报告安全事件会受到惩罚或报复。再次，安全培训和教育也是安全文化的培养重要手段。员工应接受定期的安全培训，了解安全规程和操作程序，提高自身安全意识和技能，培训还应强调事故案例和经验教训，帮助员工认识到安全的重要性。最后，建立奖惩机制是弘扬安全文化的一种方式。通过奖励安全表现和纠正不安全行为，激励员工积极参与安全管理。奖惩制度应公平、公正，有助于形成积极的安全文化氛围。

4.1.5.2 员工安全教育与培训

员工安全教育与培训在安全文化建设中扮演着至关重要的角色。通过有效的培训和教育，可以提高员工的安全意识、技能和知识，从而降低施工现场的事故风险，保障员工的安全。

首先，员工安全教育与培训有助于提高员工的安全意识。通过向员工传达安全理念、风险认知和责任感，他们将更容易识别潜在的危险，并采取相应的预防措施。员工在了解安全规程和标准的基础上，能够更好地理解工作中的风险，并主动采取安全行为。其次，培训可以提供必要的安全技能和知识。不同工种和岗位的员工可能需要不同类型的培训，以确保他们具备应对特定风险和任务的技能。例如，高空作业的员工需要接受与高空作业相关的培训，以确保他们了解正确的安全操作程序和使用安全装备的方法。再次，员工安全教育与培训还可以强调事故案例和经验教训。通过分析过往的事故案例，员工可以学到宝贵的经验，了解事故的根本原因，从而避免重复发生类似的事故，这种经验分享和教训汲取有助于提高员工的安全水平。同时，培训还应包括紧急情况下的应对措施和逃生程序。员工在紧急情况下能够冷静应对，迅速采取正确的行动，将事故损失降到最低。最后，培训应定期进行更新和评估。施工行业的安全标准和技术不断发展，员工需要不断更新他们的知识和技能以适应新的情况。定期的评估可以确保员工的安全培训持续有效，并在需要时进行调整和改进。

4.1.5.3 员工参与与安全管理的反馈机制

员工参与与安全管理的反馈机制可以帮助建立积极的安全文化，促进员工的主动参与和反馈，从而提高施工现场的安全性。

首先，员工参与是安全文化的核心之一。通过鼓励员工参与安全管理决策和活动，可以增强他们的责任感和安全意识。员工参与可以包括参加安全会议、提出安全建议、参与事故调查等活动。这种参与感让员工感到他们对自己的安全负有责任，从而更加积极地遵守安全规程和标准。其次，反馈机制是安全管理的重要组成部分。员工应该有渠道向管理层和安全团队提供关于施工现场安全问题和建议的反馈，包括关于潜在危险、安全设施维护问题、培训需求等方面的信息。管理层应该积极回应这些反馈，采取适当的行动来解决问题，从而改进安全管理体系。再次，建立开放和透明的沟通渠道对于员工参与和反馈机制至关重要。员工应该知道他们可以随时提出安全问题和建议，并且他们的声音会被听到和重视。这种开放的文化有助于建立信任，鼓励员工更多地参与和反馈。最后，反馈机制应该定期评估和改进。管理层应该审查反馈的质量和有效性，确保它们能够导致实际的改进和提高安全性。反馈机制也应根据员工的需求和变化进行调整，以适应不断变化的施工现场条件[7]。

4.2 施工人员安全教育

4.2.1 安全教育的意义与目标

安全教育是一种系统的、有目的的教育活动，旨在提高员工对施工安全的认识和意识，培养他们在工作中采取安全措施的习惯。安全教育的重要性在于它有助于预防工作场所事故，减少人员伤害和财产损失。通过向员工传授正确的安全知识和技能，安全教育有助于建立积极的安全文化，使员工自觉遵守安全规程和标准。安全教育的目标是确保施工现场的安全性和员工的健康，包括：提高员工对安全风险的认识，培养正确的安全行为习惯，减少事故发生的可能性，保护员工免受伤害。

4.2.2 安全教育计划的制定与实施

4.2.2.1 安全教育计划的编制原则与流程

安全教育计划的制定与实施是确保施工现场安全的重要一环，在编制安全教育计划时，需要遵循一些关键的原则，包括全面性和适用性。计划应该覆盖所有施工现场的潜在危险和风险，并考虑到不同员工的需求和特点。同时，计划应该具有适用性，以确保在不同阶段和情况下都能有效实施。

制定安全教育计划的流程通常包括以下步骤。

第一，进行风险评估是关键的一步。这意味着审查工作场所的各个方面，识别潜在的危险和风险，并确定可能受到影响的员工群体。这可能涉及检查设备和工具的安全性、评估工作环境的安全性，以及分析之前发生的事故或近似事故的情况。第二，根据风险评估的结果，制定安全教育的目标和内容。这包括确定培训的主题和重点，选择合适的教材和培训方法，以确保员工能够理解和掌握必要的安全知识和技能。第三，确定教育计划的时间表和地点至关重要。这需要考虑员工的工作时间和可用性，以确保培训安排在适当的时间和地点进行，最大限度地方便员工参与。第四，选择合适的培训师资也是至关重要的一环。这些培训师应具备相关领域的专业知识和丰富的教育经验，能够有效地传授安全知识并激发员工的学习兴趣。第五，实施安全教育计划并监督培训的进展是不可或缺的。这包括确保培训按计划进行，及时处理任何出现的问题，收集员工的反馈意见，并根据需要进行改进。通过这些步骤，可以确保安全教育计划的有效实施，提高员工的安全意识和应对能力，从而减少事故的发生。

4.2.2.2　教育计划的目标设定与内容规划

在制定和实施安全教育计划时，确定明确的教育目标和合适的内容规划至关重要。这确保了培训的有效性和员工的安全提高。

首先，设定明确的教育目标是关键，其目标应该具体而可测量，以便能够衡量教育的成效，包括提高员工对施工安全规定和程序的理解，培养正确的安全行为和态度，以及提高员工在危险情况下的应对能力。同时，目标的设定还应该基于风险评估的结果和员工的实际需求。其次，内容规划需要综合考虑教育的多个方面，包括课程的主题，教材的选择，培训方法和评估方式。课程的主题应该涵盖与施工安全相关的各个方面，如危险识别、安全操作规程、应急措施等。教材的选择应该具有权威性和实用性，以确保员工能够获得准确和可操作的信息。培训方法可以包括课堂培训、实地培训、模拟演练等，应根据员工的需求和实际情况进行选择。同时，评估方式应该与目标相一致，以检验员工是否达到了预期的教育效果。

4.2.2.3　教育资源的配置与实施安排

安全教育计划的制定与实施中，教育资源的配置与实施安排是至关重要的环节，涉及如何分配人力、物力和时间资源，以确保培训的有效性和覆盖面。

首先，人力资源的合理配置是确保培训成功的基础。确定谁将担任教育者和培训师的角色至关重要。教育者需要具备相关的安全知识和培训经验，能够有效地传达安全信息和知识。此外，教育者还需要了解受教育者的需求和特点，以便调整教育方法和内容，确保培训的个性化和针对性。其次，物力资源的充分配置对于提供高质量的培训体验至关重要。这包括提供教育所需的设备、教材和培训场地。例如，培训课程可能需要投影仪、模拟器、安全装备等设备，确保这些物力资源的充足和合适，有助于提升培训效果。最后，时间资源的合理安排是保证培训顺利进行的关键。安排培训课程的时间应考虑员工的工作时间表和工作负荷，以免影响正常的施工进度。同时，提前制定并通知员工培训计划，有助于员工合理安排时间参加培训，确保培训的顺利进行。

4.2.3 安全培训内容与方法

4.2.3.1 安全培训内容的分类与涵盖范围

安全培训内容的分类与涵盖范围在安全教育计划中具有关键作用，以确保员工获得全面的安全知识和技能，主要可以分为以下几类：

（1）安全意识培训。这方面的培训涵盖了员工对施工安全的基本认知，包括事故统计、危险源识别、个人防护装备的使用等。通过培训，员工将了解到在工作中应如何识别潜在的危险，以及如何采取安全措施来减少风险。

（2）安全操作规程。这部分的培训内容包括具体的工作操作规程，涵盖了施工过程中的各个步骤。员工需要清楚掌握工作流程、操作程序、设备使用方法以及应急措施。这有助于减少人为操作失误和事故发生的可能性。

（3）风险管理与应急预案。培训应包括如何评估风险、制定应急计划以及如何在紧急情况下采取适当的行动。员工需要知道如何使用紧急设备、如何报告事故以及如何与其他员工合作处理紧急情况。

（4）安全文化与团队合作。安全文化的培训有助于员工认识到安全是每个人的责任，培养积极的安全态度。团队合作的培训有助于员工了解如何与同事协作，共同确保工作场所的安全。

4.2.3.2 安全培训方法的选择与实施

在建筑工程中，选择和实施适当的安全培训方法至关重要，以确保员工获得必要的安全知识和技能。培训方法应根据员工的特定需求和工作职责进行选择。不同类型的员工可能需要不同类型的培训，例如，施工工人可能需要与工程现场操作和危险因素相关的实际培训，而管理人员可能需要更多的理论培训和安全管理知识。培训方法可以包括课堂培训、在线培训、实际操作培训、模拟演练、研讨会和工作坊等多种形式。选择合适的培训方法需要考虑员工的学习风格、工作时间和地点、培训成本等因素。例如，课堂培训适用于传授理论知识，而实际操作培训和模拟演练则更适用于培养实际操作技能和应急反应能力。同时，安全培训不应该是一次性的，而应该是持续的过程，以确保员工不仅在初始阶段获得了安全知识，而且在工作中能够持续更新和强化这些知识。因此，建筑工程项目管理团队应该建立定期的培训计划，并确保员工按照计划接受培训。

4.2.3.3 模拟演练与实际操作培训

模拟演练和实际操作培训在建筑工程中的安全培训中扮演着关键角色。

首先，模拟演练通过模拟潜在的危险情况和紧急情况，为员工提供了一个实践处理安全问题的机会。这种演练涵盖了各种可能出现的突发状况，如火灾、意外坠落等，使员工能够更好地理解适当的应急措施和安全程序。同时，模拟演练还有助于提高员工的冷静和应对能力，使他们在紧急情况下能够迅速做出正确的决策，减少潜在事故的发生。其次，实际操作培训则允许员工亲自操作和使用各种安全设备和工具，以确保他们掌握正确的安全操作技能，主要包括使用防护装备、操作机械设备、正确使用消防器材等。通过亲身体验，员工更容易理解和记忆相关安全规程，提高他们的安全意识和自我保护能力。实际操作培训还可以帮助员工熟练掌握各种应急措施，提高他们在施工现场的应对能力，从而降低潜在风险并保护员工的生命和健康。

4.2.4　安全意识的提高与培养

4.2.4.1　安全文化的建设与传承

安全文化是一种组织内部共同认同的价值观和信念，强调安全优先、风险防范和员工的健康与安全。其核心目标是使所有员工都积极参与安全管理，将安全视为每个人的责任，而不仅仅是管理层的任务。建设安全文化需要从领导层开始，通过明确的政策和承诺来传递安全的重要性。领导层应该树立榜样，积极参与安全管理，同时为员工提供培训和资源，以提高他们的安全意识。此外，建立透明的沟通渠道，鼓励员工报告潜在的安全问题，以及及时采取纠正措施，对于安全文化的培养也至关重要。安全文化的传承是一个持续的过程，需要通过持续的安全培训、定期的安全会议和评估来保持。员工应该不断了解最新的安全标准和最佳实践，同时公司应该不断审查和改进安全政策，以适应不断变化的工程环境和新兴的安全挑战。

4.2.4.2　安全意识的培养与评估

安全意识的培养与评估在建筑工程中是至关重要的，它有助于确保施工现场的员工始终保持高度的警惕性和安全意识。

首先，培养安全意识需要通过定期的安全培训来传达安全知识和技能。培训内容可以包括安全规程、紧急情况下的行动计划、危险物质的处理方法等。员工需要了解潜在的危险，以及如何采取措施来减少风险。其次，安全意识的培养需要建立一个积极的安全文化，鼓励员工积极参与安全管理。这可以通过设立奖励制度来鼓励员工提出安全建议，报告潜在的危险，或者参与安全委员会等方式来实现。员工参与安全决策和流程的制定，有助于提高他们的安全意识。最后，安全意识的培养还需要定期地评估和检查。这可以通过安全意识的测验、模拟演练、安全观察等方式来实现。评估的结果可以帮助识别出员工中存在的安全知识和行为方面的不足，进而有针对性地进行培训和改进。

4.2.4.3　安全意识的持续提高与反馈机制

安全意识的持续提高与反馈机制对于建筑工程的安全管理至关重要，有助于确保员工不仅在安全培训之后具备了基本的安全知识和技能，还能在工程项目的不同阶段不断加深和巩固这些知识，保持高度的警惕性。

首先，持续提高安全意识需要建立定期的安全培训和教育计划。这些计划可以包括不同级别的培训，从入职培训到持续教育，以确保员工在整个工程项目期间都能接收到相关的安全知识和信息。培训内容可以根据工程项目的特点和阶段进行调整和更新，以应对潜在的安全风险。其次，反馈机制在安全意识提高中起到关键作用。员工应该被鼓励报告潜在的危险、安全问题或提出改进建议。建立一个开放的反馈渠道，使员工可以随时向管理层提供有关安全方面的反馈，这不仅有助于发现问题并及时解决，也鼓励员工积极参与安全管理。最后，安全观察和模拟演练也是持续提高安全意识的重要手段。通过定期的安全观察，管理层和同事可以互相监督和提醒，确保员工的行为符合安全规程。模拟演练则可以帮助员工在紧急情况下更好地应对危险，提高他们的应急能力[8]。

4.3 施工设备安全使用

4.3.1 设备安全使用的重要性

首先，设备安全使用涉及各种施工设备，包括吊装设备、挖掘机械、起重机等，这些设备在施工过程中扮演着关键的角色。任何一台设备的操作不当或存在安全隐患都可能导致严重的事故发生。例如，如果起重机操作员未经过适当培训，误操作起重机可能导致吊重物体坠落，造成工人伤亡和财产损失。此外，如果挖掘机械未经过及时维护和检修，可能出现故障或失控情况，导致严重事故的发生。这些事故不仅危及工人的生命安全和财产安全，还可能对整个项目的进度和质量造成严重影响，甚至引发法律责任和经济损失。其次，安全操作对施工项目的关键性影响不可忽视。合理、安全地使用设备可以提高施工效率，减少工程项目的停工和延误。当工人受到充分的安全培训和指导时，他们能够更加熟练地操作设备，减少操作失误和事故发生的可能性，从而保障施工工程的顺利进行。此外，安全操作还可以降低维修和维护成本，因为良好的设备使用和保养习惯可以延长设备的使用寿命，减少因设备损坏或故障而带来的维修费用。同时，安全操作还有助于提高工作场所的整体安全氛围，增强工人的工作积极性和满意度，有助于营造一个安全、稳定的工作环境，促进项目的顺利进行和圆满完成。因此，设备安全使用对于保障工人生命财产安全、提高施工效率和保障工程质量具有重要意义，应被视为施工工程中的首要任务之一。

4.3.2 设备安全操作规程的建立

4.3.2.1 设备操作规程的制定原则与要点

设备安全操作规程的建立是确保设备在施工过程中安全使用的关键，在制定设备操作规程时，需要遵循一些重要的原则和要点。

首先，制定设备操作规程的原则包括：合法合规原则，即规程必须符合国家和地方相关法律法规，确保设备操作的合法性和合规性；安全优先原则，即安全始终是第一要务，规程必须着重强调设备的安全操作，防范潜在的风险和危险；标准化原则，即规程必须基于标准和规范，确保设备操作的一致性和可比性；可操作性原则，即规程必须具备实际可操作性，易于理解和执行，以便工作人员能够轻松遵循规程进行设备操作。其次，设备操作规程的要点包括明确操作程序，规定设备的启动、运行、停止、维护等具体操作步骤，确保操作流程清晰明了；定义安全措施，包括应急处理、事故预防、个人防护等安全措施，提供安全操作的指导和建议；规定操作人员的资格和培训要求，明确操作人员的资质和培训需求，确保只有合格的人员才能进行设备操作；制定维护和检查计划，规定设备的定期维护和检查要求，确保设备的可靠性和安全性。

4.3.2.2 安全操作规程的编制与更新

首先，编制安全操作规程需要进行全面的设备调研和分析，包括设备的类型、规格、性能、操作方式、潜在风险等方面的信息收集。其次，根据这些信息，制定详细的操作步骤和安全措施，确保操作规程的全面性和可行性。规程应该明确操作人员的职责和权限，以及应急处理措施，以便在紧急情况下能够迅速采取行动。再次，安全操作规程的编制需要结合实际情况，考虑到不同设备、不同工程项目的特殊要求。规程还应该与现有的标准和法规保持一致，确保合规性。一旦规程制定完成，需要进行全面的内部审核和验证，确保规程的准确性和可行性。规程还需要进行培训和推广，以确保操作人员能够理解和遵守规程。最后，安全操作规程的更新是一个动态的过程，需要随着设备的变化、施工工艺的变化、法规的更新等因素进行不断修订和完善。规程更新应该及时反映最新的安全要求和最佳实践，以保持规程的有效性和适用性。在规程更新过程中，需要充分征求操作人员和安全专家的意见，确保规程的科学性和可操作性。

4.3.2.3 设备操作规程培训

设备安全操作规程的建立不仅需要制定出详尽的规程内容，还需要确保规程得到有效的培训并被员工严格遵守。培训是关键的一步，旨在确保操作人员完全理解规程内容，掌握正确的操作技巧，并明白安全的重要性。培训应该包括理论培训和实际操作培训，以确保员工具备必要的知识和技能。培训内容应根据规程的要求进行设计，包括操作步骤、安全措施、应急处理等方面的内容，以及相关法规和标准的解释。培训不仅要面向新员工，也需要定期进行回顾培训，以确保员工持续地保持安全意识和操作技能。同时，员工在培训后需要进行考核，以验证他们的理解和掌握程度。培训的记录应该完备，包括培训内容、培训人员、培训时间等信息，以便随时查阅。员工遵守规程是确保设备安全操作的关键环节。公司应建立监督和检查机制，定期对员工的操作进行审核和评估。同时，应该鼓励员工积极反馈安全问题和提出改进建议，以持续改进规程和安全管理体系。

4.3.3 设备维护与检查

4.3.3.1 设备维护的必要性与周期

首先，设备维护有助于延长设备的使用寿命，减少设备损坏和故障的发生，降低了因设备故障引发的生产停滞和维修成本。定期维护可以确保设备始终处于良好的工作状态，提高了工作效率和生产质量。同时，设备维护可以预防潜在的安全隐患，减少了事故和伤害的风险，有助于保护员工的生命和健康。

其次，设备维护的周期性非常重要，不同类型的设备可能有不同的维护周期，但通常应根据设备的使用频率、工作环境和制造商的建议来制定。一般而言，设备维护可以分为预防性维护和定期检查两大类。预防性维护是定期的例行性检查和维护，旨在预防设备故障和保持设备的正常运行。定期检查是按照设备的使用寿命和工作强度，对设备进行更全面的检查和维护，以确保设备的长期可靠性和安全性。

4.3.3.2 定期检查与维护程序

定期检查与维护程序对确保设备的安全性和性能至关重要，涉及一系列步骤和活动，旨在确保设备在使用过程中能够维持高效、可靠和安全的状态。

首先，制定定期检查与维护计划是程序的关键步骤之一。计划应根据设备的类型、用途和制造商的建议制定，明确维护的周期性，例如每月、每季度或每年。计划还应包括具体的维护内容和检查项目，确保维护工作的全面性。其次，执行定期检查与维护计划需要经过培训的专业人员来完成。这些人员应具备相关的技能和知识，能够进行设备的详细检查、清洁、润滑、紧固、调整和更换易损件等工作。在执行过程中，应严格按照既定的计划和程序进行，确保每个维护步骤都得到充分的注意和处理。再次，定期检查与维护程序还包括记录和报告的环节。每次维护和检查都应有详细的记录，包括维护日期、维护人员、维护内容、发现的问题和采取的措施等信息，有助于跟踪设备的维护历史，及时发现潜在问题，并提供数据支持，以改进维护计划的有效性。最后，定期检查与维护程序应根据设备的使用情况和维护记录进行定期评估和更新。如果发现设备存在持续的问题或需要调整维护计划，应及时进行修改。这有助于确保设备的安全性和可靠性得到持续改进，降低潜在的风险和事故发生的可能性。

4.3.3.3 设备维护记录的管理

设备维护记录的管理是设备维护与检查的重要环节，有助于跟踪设备的维护历史、评估设备的性能和健康状况，以及提供必要的数据支持，以确保设备的安全性和可靠性。

首先，建立健全的记录体系至关重要。这包括确定记录的格式和内容，以便详细记录每次维护和检查的相关信息。通常，维护记录应包括维护日期、维护人员、维护内容、使用的工具和材料、发现的问题和采取的措施等重要信息，还应确保记录的完整性和准确性，以提供可靠的数据基础。其次，建立合适的记录管理系统是必要的。这可以包括使用电子记录系统或纸质记录册，根据项目的规模和要求来选择适当的方式。无论采用何种形式，记录应按照一定的分类和归档规则进行管理，以便快速检索和回顾。同时，确保记录的保密性和安全性也是至关重要的。再次，记录的定期审查和评估也应该纳入管理计划。这有助于识别潜在的问题或改进机会，确保记录的准确性和完整性。如果发现任何不一致或遗漏，应及时进行修正和补充，以确保记录的可靠性。最后，维护记录的使用和应用是管理的最终目的。这些记录不仅用于跟踪设备的状态，还可以用于维护计划的调整、预测维护需求、制定设备更新和更换策略等方面。因此，确保记录的及时访问和有效利用是关键，可以提高设备维护的效率和安全性。

4.3.4 风险评估与安全措施

4.3.4.1 设备安全风险的识别与分析

在设备安全风险的识别与分析过程中，需要仔细研究和评估可能对设备和工作人员造成潜在危险的因素，以采取适当的安全措施来减轻或消除这些风险。

首先，识别安全风险需要对施工现场的设备和操作进行全面的审查。这包括分析设备的类型、性能和工作环境，以及操作人员的培训和技能水平。通过仔细检查设备的使用方式、操作步骤和维护要求，可以识别出潜在的风险源，如机械故障、电气问题、化学品暴露等。其次，分析安全风险需要考虑可能导致事故或伤害的因素。这包括确定风险的概率和严重性，以便确定哪些风险是最紧迫和重要的。通常使用风险矩阵或评估工具来帮助排列和分类各种风险。在此，需要制定相应的安全措施来应对已识别的风险。这些措施可以包括改进设备的维护程序、提供培训和教育、采取紧急应对计划、实施工作程序和规范等。确保安全措施的实施和执行是关键，以减少或消除潜在的危险。最后，定期审查和更新风险评估是保持设备安全性的重要部分。因为施工现场的条件和情况可能随着时间而变化，新的风险可能出现，旧的风险可能减少。因此，持续的监督和评估是确保设备安全的关键，以便及时采取必要的措施来保护工作人员和设备的安全。

4.3.4.2　安全措施的制定与实施

安全措施的制定与实施是确保设备安全操作的关键，一旦识别和分析了设备安全风险，就需要制定适当的安全措施，以减轻或消除这些风险，并确保设备的安全操作。

首先，在制定安全措施之前，需要进行全面的风险评估，以确定潜在的危险和风险，并确定可能受到影响的人员、设备和环境。这意味着要对施工现场进行彻底的检查和分析，包括设备的类型和状态、施工环境的特点、可能存在的危险源等。根据风险评估的结果，就可以制定适当的安全目标和措施。其次，制定安全措施需要根据不同的风险因素采取相应的措施。例如，对于可能导致设备故障的因素，可以制定定期维护和检查计划，确保设备处于良好的工作状态；对于可能导致化学品泄漏的因素，可以实施严格的化学品管理措施和防护措施；对于可能导致电气故障的因素，可以加强电气设备的维护和保养，以及培训工人正确使用电气设备的方法。此外，制定安全措施时还需要考虑到员工的培训和教育，确保他们具备必要的安全知识和技能，能够正确地应对各种紧急情况。最后，实施安全措施需要建立完善的监督和检查机制，以确保措施的有效性和执行情况。这可以通过设立专门的安全管理团队，定期组织安全培训和演习，加强现场巡查和检查等方式来实现。同时，应建立健全的反馈机制，及时收集和处理安全问题和意见反馈，及时调整和完善安全管理措施。

4.3.4.3　设备改进与升级的考虑

设备改进与升级是设备安全管理的重要组成部分，有助于降低设备安全风险并提高施工现场的安全性。在进行风险评估后，可能会发现一些设备存在潜在的风险，需要采取额外的措施来减轻或消除这些风险。

首先，需要考虑设备的改进。这包括对设备进行技术更新、升级或替换，以确保其满足最新的安全标准和要求。例如，可以升级设备的控制系统、传感器或安全装置，以提高其自动化和安全性能。设备的改进还可以包括增加额外的安全功能，如紧急停机按钮、自动断电装置或远程监控系统，以增强设备的安全性。其次，需要考虑设备的维护和保养。定期的设备维护可以确保设备处于良好的工作状态，减少由于设备故障引起的安全风险。维护包括定期检查、润滑、清洁和零部件更换等活动。此外，设备维护记录的管理也很重要，以跟踪维护活动和设备状态的变化。最后，设备的改进和升级还需要考虑成本效益。在决定是否进行改进或升级时，需要综合考虑成本、效益和风险。这可以通过成本效益分析来实现，以确定是否值得投资于设备的改进和升级。

4.3.5 设备事故应急响应与处理

4.3.5.1 设备事故应急预案的制定与演练

首先，制定应急预案需要考虑各种可能发生的设备事故，包括机械故障、电气故障、火灾、泄漏等不同类型的紧急情况。预案的制定应明确事故的类别、可能的原因、应对措施和责任分工。其次，在制定预案时，需要明确应急小组的成员和职责，确保在事故发生时能够迅速响应。每个成员的任务和行动计划都应明确规定，以便协调和执行紧急措施。此外，还需要明确应急通信和报警程序，以确保信息能够及时传达到相关人员。最后，应急预案的演练是验证和改进预案的重要步骤。通过定期的模拟演练，可以检查预案的有效性，并培训员工如何在紧急情况下正确应对。演练可以包括模拟设备事故的应急情景，要求员工按照预定的程序采取行动，以检验他们的应对能力和协作能力。演练还可以识别潜在的问题和改进点，以便及时调整和完善预案。

4.3.5.2 事故报告与调查程序

一旦发生设备事故，及时的报告和详尽的调查对于了解事故原因、采取纠正措施以及防止类似事故再次发生至关重要。

首先，事故报告的及时性至关重要。报告要求在事故发生后立即进行，确保所有相关信息都得以记录。这包括事件的时间、地点、设备受损程度、人员伤亡情况以及可能的原因等。报告需要详细而准确，以确保不遗漏任何重要信息。此外，报告还应涵盖事故对项目进度、成本和安全性的影响，以便管理团队全面评估事故的后果。应当明确责任，确定责任人员，并记录相关人员的陈述和见解。其次，需要进行事故调查，以找出事故的根本原因。调查程序应由经验丰富的专业人员进行，他们可以分析相关数据、采访目击者、检查设备和相关文件等。调查的目的是识别事故的直接原因和潜在原因，以便采取措施来避免将来类似的事故。在调查中，应当重点考虑设备操作、维护、培训和安全规程等方面的因素，以确定事故发生的具体原因和责任。同时，调查还应当尽可能涵盖各个方面的证据，以确保调查结果的客观性和准确性。

4.3.5.3 事故后果的应对与教训总结

一旦发生设备事故，及时而有效地应对后果，以及从事故中汲取教训，对于确保未来的安全和预防类似事件的再次发生至关重要。

首先，应立即采取适当的措施来应对事故的后果。这可能包括紧急救援、伤员的医疗救治、火灾扑救、泄漏物的清理等。根据事故的性质和严重程度，需要调动相关资源和人力，确保伤亡人员得到及时的救助，设备受损得以控制，以及环境污染得到最小化。其次，需要进行事故的教训总结。这包括分析事故的原因、发现事故中的漏洞和不足之处，并提出改进措施。教训总结应该包括所有相关人员，以确保他们了解事故的根本原因，并能够改进工作流程、提高安全意识和减少风险。最后，事故的教训总结也可以涵盖培训和意识提高。根据事故的性质，可以安排培训课程，以加强员工的技能和知识，提高他们对设备安全操作的理解。同时，通过事故案例的分享和宣传，可以增强安全文化，鼓励员工参与和报告潜在风险。

5　进度管理

5.1　施工进度计划

5.1.1　进度计划的定义与重要性

施工进度计划是在建筑工程项目中所编制的关键性文档，其定义了工程项目的时间框架和计划安排。进度计划的范围包括项目的时间线、工作任务的安排、资源分配、关键路径等方面的细节规划。进度计划对施工项目具有非常重要的作用，主要体现在以下几个方面：

首先，进度计划提供了项目的时间基准，它明确了项目开始和完成的日期，有助于项目团队和相关各方了解工程的整体时间要求，有助于协调各个施工阶段，确保项目按时交付，从而避免不必要的延误和额外成本。其次，进度计划有助于资源的合理分配。通过计划工作任务的先后顺序和时间表，项目管理团队可以有效地分配人力、材料和设备资源，确保它们在适当的时间和地点可用，从而最大限度地提高工程效率。再次，进度计划对于监督和控制项目进展至关重要。通过与实际工程进展进行对比，可以及时识别问题并采取纠正措施，确保项目按计划进行。这有助于降低项目风险，减少额外成本，提高项目成功的机会。最后，进度计划与项目成功密切相关。一个良好的进度计划可以确保项目按时完成，客户满意，而且不超出预算，有助于提前发现潜在的问题，降低项目失败的风险，并为项目成功提供坚实的基础。

5.1.2　制定施工进度计划的步骤

5.1.2.1　施工进度计划制定前的准备工作

在制定施工进度计划之前，需要进行一系列的详细准备工作，以确保计划的制定和执行能够顺利进行。

第一，项目团队必须全面了解项目的范围、目标和要求，包括仔细研究工程图纸、技术规范以及与项目相关的合同文件，还需要充分理解客户的期望和要求，以确保项目的目标能够与客户的期望相一致。这一步骤的关键是明确项目的主要目标和任何可能存在的约束条件，如时间、预算和质量要求，这将为后续的进度计划制定提供重要的基础。第二，项目团队需要收集和分析与项目有关的各种信息。这包括历史项目数据、类似项目的经验教训以及当前项目的现场情况和地理环境。通过收集和分析这些数据，团队能够更好地了解项目可能面临的挑战和风险因素。例如，先前类似项目的教训可以帮助项目团队避免重复的错误，提高项目的效率和质量。同时，对现场情况和地理环境的分析有助于确定可能的施工难点和环境因素，从而为进度计划的制定提供更全面的背景信息。第三，确定项目的关键人员，包括项目经理、监理工程师、承包商、供应商以及可能的政府监管部门等，确保所有关键人员都积极参与进度计划的制定和执行对于项目的成功至关重要。有效的沟通和协作是项目成功的关键要素，因此必须建立良好的合作关系，以确保所有利益相关者都了解并支持进度计划。第四，资源的可用性和分配。这包括人力资源、材料和设备。在准备阶段，项目团队需要确定哪些资源是必需的，以及它们在项目中的可用性和优先级，有助于确保在制定进度计划时，能够充分考虑到资源的需求和分配，从而避免潜在的资源瓶颈和延误。第五，明确进度计划的制定方法和工具也是准备工作的一部分。这包括确定使用的软件、模型和技术，以便有效地制定、监控和调整进度计划。选择合适的工具和方法应当与项目的性质和规模相适应，以确保计划的可行性和准确性。在这个阶段，项目团队应当培训相关人员，以确保他们能够熟练使用所选的工具和方法。

5.1.2.2　进度计划编制的基本步骤

首先，进行项目分解，将整个工程项目分成更小的任务和阶段，以便更容易管理和监控。同时，还要进行工作量估算，确定每个任务的时间、资源和成本，以确保计划的可行性。任务之间的依赖关系确定是下一步，有助于确定哪些任务必须在其他任务之前完成，以确保项目进度不会受到阻碍。其次，任务的顺序排列是关键，以确定每个任务的开始和结束日期，资源的分配也是重要的一步，确保项目所需的资源得到合理的分配。再次，制定进度计划，将所有这些信息整合在一起，创建一个详细的项目进度表，并进行关键路径分析，找出项目中最关键的任务，这些任务对整个项目的完成日期有最大的影响。风险管理也是不可忽视的，需要考虑项目可能面临的各种风险，并采取相应的措施来减轻这些风险对项目进度的影响。最后，编制进度报告，定期监控项目的进展，并确保项目按照计划进行，进而为制定施工进度计划提供了一个清晰的框架，以确保项目能够高效地实施并在预算和时间范围内完成。

5.1.2.3　进度计划的持续更新与调整

进度计划应该持续进行更新和调整，以反映项目的实际进展情况和变化，对于确保进度计划的实用性和有效性具有十分重要的现实意义。

首先，监测和记录项目的实际进展是关键的。这包括记录实际完成的工作量、资源的使用情况以及任何延迟或变更的情况。通过与初始进度计划进行比较，可以及时发现项目是否按计划进行，以及是否存在任何偏差或延误。如果发现了偏差或延误，就需要采取纠正措施来使项目恢复正轨。这可能涉及重新分配资源、调整任务优先级或者加快工作进度等措施，以确保项目能够按时交付并达到预期的成果。其次，进度计划的持续更新也需要与项目的干系人进行有效沟通。这包括项目经理、客户、承包商、监理工程师等所有相关方。及时向他们通报项目进度的变化和调整是至关重要的，以确保所有利益相关者都了解项目的最新情况。通过有效沟通，可以避免信息不对称和误解，从而增强项目团队的合作和协调，提高项目的执行效率和成功率。最后，在更新进度计划时可能需要进行一系列计划调整。这包括重新安排任务的顺序、调整资源分配以及重新评估项目的关键路径等。这些调整应当基于可靠的数据和合理的分析，以确保计划的可行性和项目的成功。例如，如果某项任务延迟导致整个项目进度受阻，可能需要重新分配资源或者调整其他任务的优先级，以确保项目能够在规定的时间内完成。因此，持续更新和调整进度计划是项目管理中不可或缺的重要环节，对项目的实用性和有效性具有重要的现实意义。

5.1.3 进度计划的编制工具与软件

5.1.3.1 进度计划编制工具的选择

在制定施工进度计划的过程中，选择适当的进度计划编制工具是至关重要的，因为这些工具可以极大地提高计划的可行性和管理效率。在选择进度计划编制工具时，需要考虑以下多个因素：

首先，要考虑项目的规模和复杂性。大型复杂项目可能需要使用专业的项目管理软件，如 Microsoft Project、Primavera P6 等，这些软件提供了广泛的功能，包括任务分配、资源管理、关键路径分析等，可以更好地应对复杂的项目需求。而对于小型或简单项目，可以选择更简单的工具，如 Excel 等，以满足基本的计划需求。其次，要考虑项目团队的熟悉程度。选择一个团队熟悉的工具可以提高工作效率，因为团队成员可以更快地上手并有效地使用该工具。如果团队没有经验或需要培训，选择一个易于学习和使用的工具也很重要。再次，还要考虑与其他项目管理工具的兼容性。有些项目管理工具可以与其他软件集成，如财务软件、资源管理工具等，这可以帮助确保项目的各个方面都得到了妥善的管理和协调。同时，还要考虑软件的成本和许可问题。一些专业的项目管理软件需要购买许可证，并且可能需要支付额外的维护费用。因此，要在预算范围内选择适当的工具，并确保遵守软件许可协议。最后，要考虑工具的技术支持和培训。选择一个有良好技术支持和培训资源的工具可以帮助团队解决问题和提高使用效率。

5.1.3.2 进度计划软件的应用与特点

进度计划软件在建筑和工程项目管理中扮演着重要的角色，其应用与特点为项目管理提供了许多优势。

第一，进度计划软件可以帮助项目经理和团队更好地规划、安排和跟踪项目任务。它们提供了一个直观的界面，使用户能够创建任务列表、确定任务的持续时间、设置依赖关系和分配资源，这使得项目的各个方面都能够被清晰地组织和管理，有助于提高项目的整体可控性。第二，这些软件通常具有强大的计算和分析功能。它们可以自动计算关键路径、资源利用率、进度变化对项目的影响等关键性信息。这些分析结果有助于项目经理做出明智的决策，更好地应对变化和风险。第三，进度计划软件还支持多用户协作，多人可以在同一项目中共同工作。这使得团队成员能够实时共享项目信息，协调工作，减少信息传递的延误，提高工作效率。第四，这些软件通常提供了丰富的报告和可视化工具，使项目管理者能够生成各种类型的报表、图表和图形，以更好地传达项目的进度和状态，有助于与项目相关方进行沟通，包括客户、监管机构和团队成员。第五，进度计划软件通常能够适应不同类型和规模的项目。无论是小型建筑项目还是大型基础设施工程，这些软件都可以根据项目的需求进行定制和调整，以满足不同项目的管理要求。

5.1.3.3　软件培训与使用经验分享

软件培训和使用经验分享在进度计划工具和软件的应用中扮演着至关重要的角色。

首先，软件培训对于项目团队中的每个成员都是至关重要的。这些软件通常具有复杂的功能和界面，因此项目经理、工程师、项目协调员等所有涉及进度计划的人员都需要接受培训，以充分理解如何正确使用软件。培训可以通过在线课程、培训班、独立学习或公司内部培训来进行。通过培训，团队成员可以掌握创建、编辑、更新和分析进度计划的技能。其次，经验分享是提高软件使用效率和质量的关键。在项目团队中，有些成员可能已经积累了使用特定软件的丰富经验。这些经验分享包括技巧、最佳实践、问题解决方法以及如何充分利用软件功能来优化进度计划。通过团队内部的经验分享，可以加快学习曲线，减少错误，并确保项目的进度计划得到高效管理。再次，软件供应商或专业培训机构通常提供技术支持和咨询服务，以帮助用户解决软件使用中遇到的问题和挑战。这些支持服务可以包括电话支持、在线支持、常见问题解答和用户论坛。团队成员可以充分利用这些资源，及时解决问题，确保进度计划工具的顺利运作。最后，定期更新和升级软件也是保持软件性能和安全性的重要措施。软件供应商通常会发布新版本，修复已知问题并提供新功能。项目团队应密切关注软件的更新，考虑是否需要升级到最新版本，以确保在项目执行过程中始终使用最新的工具。

5.1.4　进度计划的时间和资源分配

5.1.4.1　时间分配与工程活动排列

时间分配涉及确定项目各个阶段和活动的开始时间和结束时间，以确保项目按计划进行，而工程活动排列则涉及确定各个活动之间的先后关系和依赖性，以确保项目的逻辑顺序和连贯性。

在进行时间分配时，需要考虑项目的总工期和交付日期。然后，根据项目的工程要求、施工方法和资源可用性，制定出一个时间表，明确每个工程活动的开始和结束日期。这通常需要考虑到各种因素，如季节性变化、天气条件、资源供应等。时间分配的目标是制定一个合理的时间表，使得项目能够按时完成，同时最大限度地优化资源利用。工程活动排列则涉及确定各个活动之间的逻辑关系。这包括确定哪些活动必须在其他活动之前完成，哪些活动可以并行进行，以及哪些活动具有依赖性。这通常使用网络图、甘特图或关键路径法等工具来表示和分析。通过正确的工程活动排列，可以确保项目的各个部分协调一致，避免资源浪费和时间延误。

5.1.4.2　资源分配与人力、材料、设备计划

资源分配在施工进度计划中是至关重要的一环，它涉及如何合理地分配和利用人力、材料和设备等资源，以确保项目按时完成并在预算范围内。

首先，人力资源的分配至关重要。在施工项目中，不同的工种和技能都需要合理地

安排和配备。这包括建筑工人、技术人员、监理工程师等各种专业人员。在进行人力资源分配时，需要考虑到各个工种的数量、技能水平和工作时间等因素，以确保每个任务都有足够的人力支持，并且能够按时完成。此外，人力资源的分配还需要充分考虑到工人的培训和安全培训，以确保他们能够安全地执行任务，减少工伤事故的发生。同时，还需要制定合理的排班和轮班制度，以保证工作的连续性和高效性。其次，材料资源的分配也是施工进度计划中的关键环节。在项目进行过程中，各种原材料、建筑材料和设备都需要及时供应，以支持施工任务的顺利进行。因此，需要对材料资源的需求进行充分的分析和计划，确保材料的供应与工程进度相匹配，避免因材料短缺而导致的延误。此外，还需要考虑材料的质量和存储条件，以确保项目的质量和安全。在进行材料资源分配时，通常需要与供应商建立良好的合作关系，及时沟通和协调供应计划，以确保项目的顺利进行。最后，设备资源的分配也是施工进度计划中不可或缺的一部分。各种施工设备和机械在施工过程中扮演着重要的角色，如吊车、挖掘机、混凝土搅拌机等。因此，需要对项目所需的各种设备和机械进行准确地识别和计划，以确保它们能够按时提供和维护。制定设备使用计划和维护计划是至关重要的，以确保设备的正常运行，并在需要时进行维修或更换。同时，还需要考虑到设备的适应性和灵活性，以应对项目中可能出现的变化和紧急情况。

5.1.4.3 时间与资源的优化与平衡

时间与资源的优化与平衡涉及如何在有限的时间内最大限度地利用有限的资源，以确保项目的成功完成。在进行时间与资源的优化与平衡时，需要考虑以下几个关键因素：

首先，需要对项目的时间要求进行详细的分析和评估，包括确定项目的截止日期以及各个任务的时间限制。了解项目的时间约束可以帮助确定在哪些任务上需要加大资源投入，以保证它们按时完成。同时，还需要识别哪些任务可以在时间上具有弹性，以便在需要时进行调整。其次，需要进行资源的合理分配和平衡，包括确保每个任务都有足够的人力、材料和设备资源来执行，以避免延误和瓶颈。资源的平衡也意味着避免过度分配资源，以免浪费成本。在时间和资源之间需要建立良好的平衡，以确保项目能够按计划顺利进行。再次，时间与资源的优化还需要考虑到不同任务之间的依赖关系。某些任务可能需要在其他任务完成后才能开始，因此需要确保这些依赖关系得到合理的安排。同时，还需要考虑到资源的调度，以确保它们在不同任务之间的流动是高效的。最后，时间与资源的优化也需要不断地监控和调整。一旦项目开始进行，就需要定期审查进度和资源的分配，以确保它们仍然符合项目的要求。如果出现问题或延误，需要及时采取措施进行调整和优化，以保证项目能够按计划进行。

5.1.5 关键路径法和甘特图的应用

5.1.5.1 关键路径法的原理与计算

关键路径法的核心思想是识别项目中的关键路径，这是一系列任务的组合，它们的延误会导致整个项目的延误，其计算过程如下：

首先，要列出项目的所有任务，并确定它们之间的依赖关系，包括确定哪些任务必须在其他任务之前完成，以及任务之间的时间估算。任务之间的依赖关系可以用箭头表示，箭头的方向表示任务的顺序，箭头上的数字表示任务所需的时间。其次，需要计算每个任务的最早开始时间（Early Start，ES）和最晚开始时间（Late Start，LS）。最早开始时间是指在没有延误的情况下，任务可以开始的最早时间，而最晚开始时间是指在不影响整个项目进度的前提下，任务可以延迟的最晚时间。这两个时间可以通过工作的正向和反向传播来计算。再次，需要计算每个任务的最早完成时间（Early Finish，EF）和最晚完成时间（Late Finish，LF）。最早完成时间是指任务在没有延误的情况下可以完成的最早时间，而最晚完成时间是指任务必须在不影响整个项目进度的前提下完成的最晚时间。这两个时间也可以通过工作的正向和反向传播来计算。最后，通过计算任务的最早完成时间和最晚完成时间，可以确定关键路径。关键路径是一系列任务的组合，它们的最早完成时间和最晚完成时间相等，这意味着任何任务在这条路径上的延误都会导致整个项目的延误。

5.1.5.2 甘特图的制作与解读

甘特图是一种用于可视化项目进度计划的工具，它能够清晰地展示项目中各项任务的开始时间、结束时间以及任务之间的依赖关系。制作和解读甘特图是项目管理中的重要工作，具体的制作和解读方法如下：

第一，制作甘特图需要列出项目中所有的任务或工作包，并为每项任务确定其开始日期和预计完成日期。这些信息通常以表格形式列出，表格的列包括任务名称、开始日期、结束日期、任务持续时间等。第二，根据任务之间的依赖关系，确定任务的排列顺序。在甘特图中，任务通常按照时间顺序从左到右排列，任务之间的连接线表示依赖关系。如果一个任务必须在另一个任务完成后才能开始，那么它们之间会有连接线，连接线的起点表示前置任务的结束时间，连接线的终点表示后续任务的开始时间。第三，绘制甘特图的时间轴，通常以日期为单位，横轴表示时间，纵轴表示任务。在时间轴上标注出项目的起始日期和结束日期，以便在图中清晰地显示项目的整体时间范围。第四，根据任务的开始日期和结束日期，在时间轴上绘制任务的条形图。每个任务的条形图代表了任务的持续时间，起始点对应任务的开始日期，终止点对应任务的结束日期。这样，整个甘特图就能够清晰地展示出项目中各项任务的时间安排和时间交错关系。第五，解读甘特图时，可以通过查看每项任务的条形图来了解任务的持续时间和安排，同时也可以通过任务之间的连接线来理解任务之间的依赖关系。关注甘特图上的关键路径，即具有最长持续时间的路径，可以帮助项目管理者确定项目的关键任务，确保它们按计划进行，以避免项目延误。

5.1.5.3 关键路径法和甘特图在项目管理中的实际应用

关键路径法和甘特图是在项目管理中广泛应用的工具，有着各自的实际应用场景和优势。

关键路径法主要用于确定项目中的关键路径，即项目中最长的任务序列，决定了整个项目的最短完成时间。通过计算每个任务的最早开始时间和最晚开始时间，可以确定每项任务的浮动时间（Float），从而确定哪些任务对项目的完成时间最为关键。这对于项目管理者来说非常重要，因为它们可以帮助确定项目是否能够按计划完成，以及如何优化资源分配和任务安排，以确保项目按时交付。

甘特图则以图形化的方式展示了项目进度计划，它能够直观地展示任务的时间安排和依赖关系，使项目团队和相关利益方能够更容易地理解项目的整体时间线和进展情况。甘特图也可用于与利益相关者分享项目计划，以建立透明度和共识。同时，甘特图通常更容易创建和理解，对于小型项目和较简单的任务管理来说是一种有效的工具。

在实际项目管理中，通常会综合使用关键路径法和甘特图。使用关键路径法来确定项目的关键路径和任务的时间安排，然后将这些信息可视化为甘特图，以便更好地与项目团队和利益相关者分享。这两种工具的结合使用可以提高项目管理的效率和准确性，有助于项目成功完成[9]。

5.2 施工进度监控

5.2.1 进度监控的作用

施工进度监控是项目管理中至关重要的一环，其目的在于确保项目按计划推进，达到既定的目标和时间表，具体如下所示。

首先，进度监控有助于确保项目按照预定计划和时间表进行。通过监测和跟踪项目的实际进展与计划进展的差距，可以及时发现和解决潜在的问题和延误，从而降低项目延期的风险，对于项目的成功非常关键，因为延期往往会导致额外的成本和资源浪费，影响项目的质量和可交付成果。其次，进度监控有助于资源优化和任务分配。通过实时监测项目进展，项目管理者可以及时调整资源分配，确保关键任务得到足够的资源支持，以便按计划完成，有助于提高资源利用效率，减少浪费，从而降低项目的成本和风险。最后，进度监控对于项目的整体管理和决策提供了重要的数据支持。项目管理者可以根据监控结果做出明智的决策，例如是否需要加大资源投入、是否需要调整进度计划、是否需要变更项目范围等。监控数据也可以用于与项目相关的沟通和报告，确保项目的透明度和可追溯性，增强利益相关者的信任。

5.2.2 监控进度的方法与指标

5.2.2.1 进度监控方法的分类与选择

进度监控涉及多种不同的技术和工具，可以根据项目的性质和需求进行选择和应用，常见的进度监控方法如下：

首先，基于数据收集和分析的方法，通过收集实际进度数据，如任务完成情况、资源使用情况等，然后与计划进度进行比较和分析，以确定项目的实际状态。其中包括了关键路径法、甘特图、挣值管理等技术。这些方法能够提供详细的数据和图形化展示，帮助管理者了解项目的进展情况，及时发现问题并采取措施。其次，基于报告和会议的方法，侧重于定期的进度报告和项目会议，通过团队成员的汇报和讨论来评估项目的进展。这种方法强调沟通和合作，有助于及时发现和解决问题，但对于大型复杂的项目来说，可能需要更多的时间和资源。最后，还有一些先进的监控方法，如项目管理软件的应用、智能传感器和物联网技术的利用等，这些方法能够实现实时监控和自动化数据收集，提高监控的精确性和效率。

5.2.2.2 监控指标的设定与衡量

监控进度时，设定合适的监控指标至关重要，因为这些指标可以帮助项目管理团队评估项目的进展情况并及时采取必要的措施。

首先，监控指标必须与项目的目标和计划相一致。这意味着指标应该直接反映项目的关键要求和目标，以确保监控的焦点始终与项目成功的实现相关联。例如，如果项目的关键目标是按时交付产品或服务，那么监控指标可能包括关于项目阶段完成情况、关键任务完成百分比等内容。其次，监控指标应该是可衡量的和具体的。这意味着指标必须能够以数量化的方式表示，而不是主观的描述性内容。例如，项目的进度可以用百分比完成度、工作量单位、时间单位等具体的度量来表示，这样才能更清晰地了解项目的进展情况。再次，监控指标应该是可比较的。这意味着可以将当前的进展与计划或基准进行比较，以确定是否存在偏差。这种比较有助于及时识别问题并采取纠正措施，确保项目能够按计划顺利进行。最后，监控指标应该是可操作的。这意味着项目管理团队必须能够采取行动来改善指标，如果出现问题，应该能够迅速采取措施以纠正偏差。因此，在设定监控指标时，需要确保它们不仅能够准确地反映项目的进展情况，还能够为项目管理团队提供有效的行动指导，以确保项目的顺利实施和成功完成。

5.2.2.3 进度报告与可视化工具

进度报告通常包括项目的关键信息，如计划与实际进度的比较、项目的当前状态、延迟和提前完成的任务、资源利用情况、关键路径上的任务等。进度报告可以定期生成，以便项目管理团队可以根据实际情况进行决策和调整，通常以表格、图表和图形的形式呈现，以便更直观地展示项目的情况。例如，甘特图是一种常用的可视化工具，它以时间轴的形式显示项目的任务和活动，帮助项目团队和利益相关者更好地了解项目的时间安排和进度。项目管理团队还可以使用其他可视化工具，如进度追踪图、资源分配图、进度热图等，来突出显示项目的关键信息和趋势，有助于项目管理团队更容易地发现潜在的问题和机会，以及识别项目中的重要趋势和模式。

5.2.3 风险识别与进度风险管理

5.2.3.1 进度风险的识别与分析

在项目管理中，识别和管理进度风险至关重要，因为进度延误可能对项目产生重大影响。进度风险是指可能导致项目无法按计划进行的各种因素和情况。为了有效地应对这些风险，项目管理团队需要进行进度风险的识别与分析。

首先，识别进度风险需要项目团队和利益相关者共同努力。通过头脑风暴、讨论会议、经验教训总结等方式来识别潜在的风险因素。常见的风险因素包括但不限于资源不足、技术难题、外部环境变化、供应链问题、不可控的自然灾害等。重要的是，要全面考虑项目的各个方面，以确保所有可能影响进度的风险都被充分考虑到。其次，一旦风险因素被识别出来，接下来是进行风险分析。这包括评估每个风险因素的潜在影响和可能性，通常采用定性和定量的方法来进行评估。定性分析用于确定风险的重要性和紧急性，而定量分析则用于量化可能的时间延误和成本增加。通过这个过程，项目管理团队可以建立一个进度风险清单，列出了各种风险按照其影响和可能性的优先级。这样的清单可以帮助项目团队更好地了解和管理项目进度风险，从而及时采取必要的措施来应对可能的延误和问题。这种系统性的方法有助于提高项目的成功完成率，确保项目能够按时交付，并在预算范围内完成。

5.2.3.2 风险应对策略的制定与实施

当项目团队完成了潜在进度风险的识别和分析，就需要制定相应的风险应对策略，以降低或消除这些风险对项目进展的不利影响。

首先，制定风险应对策略需要根据风险的性质和严重程度来确定适当的方法。一种常见的策略是规避，即采取措施以消除或减少风险的发生概率。例如，如果项目中存在依赖于特定供应商的风险，可以考虑寻找备用供应商或采购备用物料，以减少供应链中的单一故障点；另一种策略是减轻，即采取措施来减少风险的影响，这可能包括增加资源、加强质量控制、提前采取行动以应对潜在问题等；还可以考虑转移风险，通过购买保险或与其他项目方分享风险来降低项目的风险负担；如果风险不可避免且影响可接受，项目管理团队可能会选择接受风险，但会制定应急计划以在风险发生时迅速应对。其次，为了确保策略得到有效执行，并监督风险的变化和发展。实施风险应对策略可能需要协调不同的团队成员和利益相关者，并可能需要分配额外的资源来支持这些策略的执行。同时，项目管理团队还需要建立有效的沟通机制，以确保所有相关方都了解风险应对策略的实施情况，并在必要时进行调整和改进。

5.2.3.3 风险管理与项目调整

风险管理与项目调整在项目管理中扮演着至关重要的角色。一旦项目团队识别、分析并制定了风险应对策略，就需要密切监控项目的进展，并根据风险的演变情况进行必要的调整。

首先，项目团队需要建立有效的风险监控机制，以确保及时发现和评估风险的变化，包括定期的风险评估会议、关键绩效指标的跟踪和监测，以及与团队成员和利益相关方的定期沟通。通过这些机制，团队可以迅速识别潜在的新风险，或者监测已识别风险的演变情况，以便及时采取行动。其次，当发现风险发生了变化或已经影响了项目的进展，项目管理团队需要做出相应的项目调整，包括重新分配资源，重新安排工作任务，或者重新评估项目的时间表和预算。目的是确保项目能够适应变化的情况，并最大限度地减轻风险对项目的不利影响。最后，项目管理团队还需要与利益相关方保持密切联系，及时通报风险管理和项目调整的情况，有助于确保所有相关方都了解项目的实际进展情况，并能够配合项目的调整和改进。同时，项目管理团队还应建立明确的决策和审批流程，以便能够迅速做出必要的决策并执行项目调整。

5.2.4 数据收集与分析工具

5.2.4.1 数据收集方法与工具

在施工进度监控过程中，数据收集为项目管理团队提供了实时和准确的信息，以便监测项目的进度和风险。为了收集数据，项目管理团队需要采用多种方法和工具。

首先是通过现场观察和检查。项目管理团队可以派遣专门的人员前往施工现场，观察工作的实际进展情况，记录工人的活动，检查设备的运行状态，以及测量已完成的工作量，这种方法可以提供实地验证的数据，有助于确保数据的准确性。其次，还可以采用现代技术和工具来进行数据收集。例如，使用传感器和监控设备可以实时监测设备的运行状态和工程材料的消耗情况。同时，项目管理团队还可以使用数字相机、激光测距仪和无人机等工具来捕捉施工现场的图像和视频，以便进行后续的分析和比对。最后，项目管理软件也是数据收集的重要工具。许多项目管理软件提供了数据输入和跟踪功能，团队可以使用这些软件来记录进度、资源和成本数据，这些数据可以通过软件自动生成图表和报告，以便项目管理团队更好地理解项目的当前状况并做出决策。

5.2.4.2 数据分析与趋势分析

数据分析在施工进度监控中扮演着关键的角色，有助于项目管理团队更好地理解项目的当前状态、趋势和风险，从而能够及时采取必要的措施。趋势分析是数据分析的一个重要方面，它旨在识别和理解数据中的模式、趋势和变化，以便预测未来的发展。在施工项目中，趋势分析通常涉及时间序列数据的分析。项目管理团队可以收集历史数据，如进度、成本、资源使用等数据，然后使用统计方法和工具来分析这些数据，以发现潜在的趋势。例如，可以使用移动平均法来平滑数据，以便更容易地识别长期趋势。同时，趋势分析还可以帮助项目管理团队检测周期性的模式，如季节性变化，从而更好地规划资源和进度。趋势分析的另一个重要方面是预测未来的发展。通过分析过去的数据趋势，项目管理团队可以尝试预测未来的项目进展，包括进度完成日期、资源需求和成本预算，有助于团队提前识别潜在的问题和风险，并采取适当的措施，以确保项目按计划进行。

5.2.4.3 数据应用于决策与改进

数据在施工进度监控中的应用对于项目的决策制定和改进至关重要，通过将数据应用于决策支持，进而有助于确保项目按计划进行并做出必要的改进。

首先，数据应用于决策。通过数据分析，项目管理团队能够对项目的进度、成本、资源利用和风险等进行系统全面的了解，进而为决策的制定提供参考，例如是否需要重新安排工作，是否需要调整资源分配，或者是否需要采取措施来缩小进度偏差。数据还可以帮助团队确定是否需要应对潜在的风险和问题，以确保项目不偏离预定的轨道。其次，数据应用于项目改进。项目管理团队可以根据数据分析的结果来识别项目中的潜在问题和瓶颈，可能涉及资源不足、进度延误、成本超支等方面。通过及时的数据应用，团队可以采取纠正措施，优化项目计划和流程，以确保项目的顺利进行，措施包括改进工作流程、提高资源利用率、优化进度计划等。最后，数据应用于监控和评估项目的整体绩效。通过持续的数据收集和分析，项目管理团队可以跟踪项目的进展情况，并评估项目是否在目标时间内完成、是否在预算内、是否达到质量标准等方面，有助于团队识别长期趋势和模式，从而为未来的决策和改进提供更多的信息[10]。

5.3 施工进度调整

5.3.1 进度调整的原因

施工进度调整是项目管理中的重要环节，其涉及对项目进度计划进行修改和调整，以适应不同的情况和挑战。在项目执行过程中，可能会出现各种未预料到的情况，如资源不足、天气条件、供应链问题等，这些因素可能导致项目进度偏离最初的计划。因此，为了确保项目能够按时完成并达到预期的目标，这就需要对进度计划进行调整。同时，适时的进度调整还可以提高项目的灵活性和适应性，有助于应对不断变化的环境和市场需求，从而增加项目的成功机会。

5.3.2 调整策略的选择与实施

5.3.2.1 调整策略的分类与适用情况

在施工进度调整过程中，选择合适的调整策略是至关重要的，因为不同的情况可能需要不同的应对方法。调整策略的分类与适用情况可以帮助项目管理团队更好地应对挑战并确保项目按时完成。

调整策略可以分为时间压缩策略和资源调整策略。时间压缩策略旨在缩短项目的总工期，常见的方法包括增加工作班次、缩短任务执行时间、并行执行任务等，这种策略适用于项目必须在原定截止日期之前完成的情况，但可能会增加项目的成本和风险。另一方面，资源调整策略侧重于重新分配和管理项目所需的资源，以满足项目进度计划，包括重新安排人员、采购额外的材料、增加设备数量等。资源调整策略适用于项目在资源方面存在瓶颈或供应链问题的情况，有助于确保项目进度顺利进行。在选择调整策略时，项目管理团队需要综合考虑项目的特点、成本预算、风险承受能力等因素。有时候，也需要权衡时间和资源之间的取舍，以找到最合适的策略。

5.3.2.2 调整策略的制定与评估

在施工进度调整过程中，制定和评估调整策略非常关键，其涉及确定何时、如何以及为何进行调整，以确保项目按计划顺利进行。

首先，制定调整策略需要深入分析当前项目的情况，包括项目进度、资源可用性、成本预算、风险因素等。项目管理团队需要明确目标，例如缩短工期、降低成本、改善资源利用率等。然后，团队需要根据项目的独特需求和挑战制定具体的策略。其次，调整策略的制定还需要考虑不同策略的可行性和影响。团队必须评估每种策略的优势和劣势，包括可能的风险和不利影响，可能需要使用定量和定性的方法来比较不同策略的效果。再次，调整策略的评估还应考虑利益相关方的意见和反馈。项目管理团队应与关键利益相关方进行沟通，了解他们的需求和期望，以便在策略制定过程中综合考虑他们的意见。最后，一旦调整策略制定完成，就需要编制详细的实施计划，并确保所有相关方明确了解策略的具体内容和目标。在实施过程中，团队需要进行持续的监控和评估，以确保策略的执行进展顺利，并在需要时进行调整和修正。

5.3.2.3 实施调整策略与变更管理

当项目管理团队确定了需要进行进度调整的策略，下一步是将这些策略付诸实践，包括确保所有相关的团队成员和利益相关方都清楚了解新的计划和目标。通常，项目管理团队会制定详细的行动计划，明确每个步骤的责任人、时间表和所需资源。变更管理在这个过程中起着关键作用，任何项目变更都应该经过仔细的评估和批准程序，以确保变更不会对项目的进度、质量和成本造成不可控制的影响。这包括评估变更的影响、风险和可能的替代方案，并与项目管理人进行充分的沟通和协商。实施调整策略还需要确保项目团队和相关方明白新的目标和里程碑，并能够配合协同工作，可能涉及重新分配资源、调整工作计划、更新项目文档和沟通计划变更等。

5.3.3 变更管理与进度调整的关系

5.3.3.1 变更管理程序

变更管理是项目管理中的一个关键方面，与进度调整密切相关，涵盖了所有项目变更的识别、评估、批准、实施和监控，以确保项目能够按照计划顺利推进，变更管理程序包括以下几个关键步骤：

首先是识别变更，这是识别项目中可能发生的任何变更的过程。变更可能涉及进度、范围、成本、质量或其他方面的调整。识别变更通常需要与项目团队、利益相关方和其他相关方进行沟通，并确保变更的性质和范围清晰明确。其次是评估变更，包括确定变更对项目的影响，包括进度、成本和质量方面的影响。评估还涉及识别可能的替代方案和风险。再次是批准变更，包括项目管理团队、项目赞助人和其他关键利益相关方的批准，批准变更的过程通常需要文件化，并确保变更的性质和范围得到明确记录。最后是实施变更，一旦变更获得批准，需要将其付诸实践，需要调整项目进度计划、资源分配、工作分配和项目文档，变更的实施需要与项目团队和相关方进行充分的协调和沟通。

5.3.3.2 变更对进度的影响与控制

变更管理和进度调整之间存在密切的关系，因为项目中的变更往往会对项目的进度产生直接或间接的影响。

首先，项目中的变更可能会导致进度的延误或加快，具体影响取决于变更的性质和范围。如果一个项目中的变更涉及新增的工作或任务，那么它可能会导致项目的延误，因为需要额外的时间来完成这些工作。相反，如果变更涉及取消或简化任务，可能会导致项目提前完成。因此，变更管理必须详细评估变更对进度的影响，以确保项目进度计划的准确性和可控性。其次，控制变更对进度的影响至关重要。变更通常需要额外的资源、时间和预算，因此必须确保这些资源得到合理的分配和管理，以避免进度的不稳定。项目管理团队需要仔细规划和调整项目进度计划，以适应变更，并确保项目不会超出预算或无法按时完成。再次，变更管理还需要进行风险评估，以确定变更可能引发的潜在风险。这些风险可能包括供应链问题、资源不足、技术挑战等，都可能对进度产生负面影响。因此，项目管理团队必须制定应对策略和备选方案，以应对潜在的风险，并在必要时调整进度计划。最后，变更管理需要与项目干系人进行密切的沟通和协调。项目干系人可能会对变更的影响产生关注，因此必须及时向他们提供信息，并解释变更的原因和后果。通过透明的沟通和合作，可以减少潜在的冲突和不满，有助于项目的顺利进行。

5.3.3.3 进度调整与合同管理的协调

变更管理、进度调整和合同管理在项目管理中密切协调，以确保项目的顺利进行。

首先，变更管理和合同管理之间的协调关系表现在合同文件中。合同文件通常包括了关于变更管理的条款和条件，明确了如何处理项目中的变更以及变更对进度的影响。这些条款通常规定了变更提出、评估、批准、实施和支付等流程，以确保变更按照合同规定的程序进行，避免可能的法律纠纷。其次，进度调整与合同管理协调的关键在于确保合同和进度计划的一致性。合同文件中通常规定了项目的交付期限和进度要求，因此进度调整必须与合同规定的时间框架相一致。如果项目需要调整进度，项目管理团队必须与合同管理团队协调，以确保变更后的进度计划与合同一致，并获得必要的批准。再次，合同管理还涉及支付和结算等方面的事项，因此进度调整也需要考虑合同支付的相关问题。如果项目进度发生变化，可能会影响到合同支付的时间和金额，需要与合同管理团队一起协商和调整，这确保了合同支付与项目进度保持一致，避免了不必要的纠纷。最后，进度调整和合同管理之间的协调也包括与供应商、承包商和其他合同方的沟通。项目管理团队必须及时与合同方进行沟通，解释变更的原因和影响，以便获得他们的理解和支持，有助于建立积极的合作关系，确保项目能够按照合同规定的方式进行。

5.3.4 风险应对与应急计划

5.3.4.1 风险应对策略的制定

风险应对策略的制定是项目管理中的关键环节，旨在降低或处理可能影响项目进度的各种风险。

首先，项目团队需要识别潜在的风险，这可以通过风险识别和分析的过程来实现。在这个过程中，团队会考虑项目中可能出现的各种不确定性和风险因素，例如自然灾害、供应链中断、技术问题等，通过对这些风险的认识，项目团队可以有针对性地制定应对策略。其次，当风险被识别，项目团队需要评估每个风险的潜在影响和可能性，可以通过定量或定性的方式来实现，以便确定哪些风险是最重要的，需要优先考虑。一些风险可能对项目进度具有重大影响，而另一些可能只会产生较小的影响。再次，根据风险的重要性，项目团队需要制定相应的风险应对策略。这些策略通常包括风险的避免、减轻、转移或接受。例如，对于高影响且可能性较高的风险，团队可能会制定避免风险的计划，采取措施来降低风险的发生概率。对于一些风险，团队可能会考虑购买保险或与供应商签订备用合同以减轻潜在的损失。最后，制定的风险应对策略需要在项目计划中得以体现，并进行有效的实施和监控，包括明确的责任分配、时间表和资源分配，以确保策略的执行。同时，应对策略的有效性需要不断地进行评估和调整，以应对新的风险和变化的情况。

5.3.4.2　应急计划的建立与演练

应急计划的建立与演练是项目管理中的关键步骤，旨在应对可能出现的突发事件和紧急情况，以保障项目的顺利进行。

第一，项目团队需要明确应急计划的目标和范围，明确定义什么情况被认为是应急情况，以及应急计划的具体目标是什么，这些目标可能包括保护人员安全、保护项目资产、减轻潜在的损失等。第二，项目团队需要识别可能触发应急计划的风险和事件，可以通过风险评估和分析的结果来实现，确定哪些情况可能对项目产生重大影响，并需要采取紧急措施。第三，根据风险和事件的性质，团队需要制定相应的应急措施和程序，包括人员疏散计划、紧急通信方案、设备的备份和维护、供应链的替代方案等，应急程序应该清晰明确，以确保在紧急情况下能够迅速而有效地采取行动。第四，一旦应急计划制定完成，团队需要进行演练和培训。这是为了确保项目团队和相关利益相关者了解应急程序，知道如何在紧急情况下采取适当的行动。通过模拟紧急情况并进行演练，可以发现和纠正潜在的问题，提高应急响应的效率和准确性。第五，应急计划需要定期审查和更新，以确保其与项目的变化和风险的演化保持一致，可以通过定期的风险评估和计划审查会议来实现，以便对计划进行调整和改进。

5.3.4.3　应急响应与进度调整的衔接

应急响应与进度调整的衔接在项目管理中至关重要，它涉及在面对风险和紧急情况时如何保持项目的进度和目标。

首先，项目管理团队需要确保应急计划中包含了与项目进度相关的紧急措施。这意味着在制定应急计划时，要考虑到可能对进度产生负面影响的风险和事件。例如，如果某项关键任务受到自然灾害的威胁，应急计划应该包括如何迅速恢复该任务以保持进度的具体步骤。其次，应急响应与进度调整需要密切协调和协同工作。当发生紧急情况时，项目管理团队必须迅速采取行动，以保障项目的安全性和可持续性。这可能涉及重新分配资源、调整任务优先级、延期或加快任务完成时间等。这些临时性的调整需要与项目进度计划保持一致，以确保项目的整体目标不受影响。再次，应急响应和进度调整也需要与变更管理过程相结合。当需要采取紧急措施以应对突发情况时，这些措施可能会引发变更请求。因此，项目管理团队需要迅速审查和批准这些变更，以确保它们对项目进度的影响得到妥善处理。最后，定期的项目审查和更新是确保应急响应与进度调整的有效衔接的关键。项目管理团队应该定期审查应急计划，确保其仍然与项目的目标和进度计划保持一致，并对其中的紧急措施进行测试和演练。这有助于发现潜在的问题并进行及时修正，以确保项目在面对不确定性和风险时能够做出迅速而明智的决策。

6 环境管理

6.1 施工环境保护

6.1.1 施工环境保护的背景与意义

施工环境保护涵盖了在施工项目过程中保护自然环境和周边社区免受不利影响的一系列措施，包括减少环境污染、保护生态系统、节约资源、减少废物产生等方面。施工环境保护的定义和范畴涵盖了从项目规划、设计、实施到运营和维护的全过程，旨在最大限度地降低负面环境影响。随着全球环境问题日益突出，包括气候变化、生态系统恶化和资源短缺等，各国和社会对环境保护的要求越来越高。在这个背景下，施工项目必须承担更大的环境责任，以满足法律法规和社会期望，减少对生态环境的负面影响。同时，环境友好型项目不仅能提高企业的声誉，还可以降低潜在的法律和金融风险。

6.1.2 制定施工环境保护计划的步骤

6.1.2.1 环境保护计划的制定原则与目标

首先，计划应该覆盖整个施工项目的生命周期，从规划和设计阶段到建设、运营和维护，以确保在每个阶段都采取适当的环保措施。同时，计划应涵盖各个环境方面，包括土壤、水源、大气质量、噪声、生态系统等，以综合考虑项目对环境的潜在影响。其次，环境保护计划应具有可行性和可操作性，计划应基于可行的技术和方法，考虑到实际可用的资源和预算。此外，计划必须考虑到当地法律法规和环保标准，以确保项目的合法性和合规性。再次，计划应具有灵活性，以适应可能出现的不确定性和变化。环境保护计划需要随着项目的不断发展和变化进行调整和更新，以应对新的环保挑战和问题。最后，环境保护计划的目标应明确和可测量，计划应明确规定所需的环境目标，包括降低污染、减少废物产生、保护生态系统等，并建立相应的监测和评估机制，以确保目标的实现并及时采取纠正措施。

6.1.2.2 计划制定的基本步骤与程序

制定施工环境保护计划是一个系统性的过程，需要按照一定的基本步骤和程序来进行，以确保计划的全面性和可行性。

第一，制定环境保护计划的第一步是确定计划的范围和目标。在这一阶段，需要明确定义施工项目的性质、规模和地理位置，以及计划所涵盖的环境方面，例如大气、水、土壤、噪声等。同时，制定清晰的环境保护目标，包括减少污染、节约资源、保护生态系统等方面的目标。第二，进行环境影响评价。这一步骤涉及对项目可能产生的环境影响进行评估和分析。这包括对潜在污染源、资源消耗、噪声水平、生态系统的影响等方面的研究，以便确定潜在的环境问题和风险。第三，制定具体的环境保护措施和计划。基于环境影响评价的结果，需要制定一系列环保措施，以减轻和控制潜在的环境影响。这些措施可以包括污染防控措施、废物管理计划、水资源保护措施、噪声控制计划等，还需要确定资源和预算，并分配责任，以确保措施的实施。第四，进行监测和评估。制定计划后，需要建立监测和评估机制，以跟踪项目的环境性能和目标的实现情况。这包括定期收集和分析数据，评估环保措施的有效性，并及时采取纠正措施以应对任何不利的环境影响。第五，与相关利益相关者进行沟通和合作。环境保护计划的制定和实施需要与政府部门、环保组织、当地社区和其他利益相关者进行积极的沟通和合作。这有助于确保计划的合规性，减少潜在的冲突，并提高项目的可持续性。

6.1.2.3 环境保护计划的沟通与合作

环境保护计划的制定不仅需要内部团队的合作和努力，还需要积极与外部利益相关者进行沟通和合作，以确保计划的顺利实施和达到可持续的环保目标。因此，环境保护计划的沟通与合作是制定过程中至关重要的一步。

首先，需要明确与哪些利益相关者进行沟通和合作。这些利益相关者可能包括政府监管部门、当地社区、环保组织、业主、承包商、供应商等。不同的利益相关者可能对施工项目的环境影响和保护措施有不同的关切点和期望，因此需要制定针对性的沟通和合作策略。其次，建立有效的沟通渠道和机制，包括定期举行会议、开放式座谈会、信息披露和报告等方式，以确保信息的流通和反馈机制的建立。通过透明的沟通，可以增强信任，减少误解，有效解决潜在的问题和冲突。再次，需要积极倾听和考虑利益相关者的意见和建议。他们可能提出有价值的观点和反馈，有助于改进环保计划和措施。同时，与利益相关者建立合作关系，共同制定和执行环境保护计划，有助于提高计划的可行性和可持续性。最后，要确保沟通和合作是持续的过程，随着项目的不断推进，需要根据实际情况进行调整和改进。这意味着需要建立一个反馈机制，定期评估合作的效果，并根据反馈意见和新的情况对环保计划进行修订和优化。

6.1.3 环境影响评估与风险分析

6.1.3.1 环境影响评估的概述与方法

环境影响评估（Environmental Impact Assessment，EIA）是一种系统性的方法，用于评估施工项目对自然环境和社会经济的潜在影响。其目的是在项目实施前，通过全面的分析和评估，确定潜在的环境问题，识别可能的环境风险，以及采取措施来减轻或避免不利影响。环境影响评估通常包括以下主要步骤：

首先，项目的范围和目标需要明确定义，以确保对所有可能的影响因素进行全面考虑。这包括确定项目的规模、区域范围以及项目的主要目标和预期效果。然后，通过数据收集和调查，对项目所在地的环境条件、生态系统、气候、土壤、水资源、野生动植物、社会经济状况等进行详尽的描述和分析。这个阶段的目的是全面了解项目可能对环境和社会经济产生的影响，并为后续评估提供准确的基础。其次，对可能的环境影响进行评估，包括直接影响和间接影响，短期和长期影响。这个步骤涉及对项目在施工和运营阶段可能引起的空气污染、水质污染、土壤污染、噪声、振动、生态系统破坏、资源消耗等方面的定量或定性分析。评估的结果有助于确定可能出现的环境风险和问题，为制定环境管理计划提供依据。再次，在评估完成后，需要制定环境管理计划，明确采取的环境保护措施，以减轻或避免潜在的不利影响。这可能包括改进工程设计，采用环保技术，实施废物处理和废弃物管理，制定紧急应对计划等。环境管理计划的制定需要综合考虑评估结果和相关法律法规的要求，确保项目在环境方面的合法性和可持续性。最后，环境影响评估的结果需要向相关利益相关方和监管部门进行沟通和报告，以便获得必要的许可和批准，并确保项目的合法性和可持续性。这包括向当地政府部门、环保组织、社区居民等相关方提供评估报告，解释项目的环境影响和采取的保护措施，并接受相关方的意见和建议。通过与利益相关方的有效沟通和合作，可以确保项目在环境方面的合法性和可持续性，为项目的顺利实施提供必要的支持。

6.1.3.2 风险分析与风险管理

风险分析与风险管理是施工环境保护中的关键步骤，旨在识别、评估和控制可能对环境产生不利影响的风险因素。在环境影响评估过程中，进行风险分析的主要目的是确定潜在的环境风险和可能的环境影响，以便采取适当的措施来降低这些风险。

首先，在风险分析阶段，需要对潜在的风险因素进行全面识别。这包括对施工活动、材料使用、工程设计和环境条件等方面进行审查，以确定可能导致环境问题的因素。例如，可能存在的土壤污染、水体污染、空气污染、噪声、振动以及对生态系统的破坏等。其次，评估风险的严重性和概率是风险分析的关键步骤。这一步骤涉及对每个识别出的潜在风险因素进行定量或定性的分析，以确定其可能性和影响程度。常用的方法包括使用风险矩阵、概率分析、统计方法等工具，通过这些工具可以对风险进行客观、科学地评估。再次，根据评估结果，需要制定适当的风险管理策略。这包括确定如何降低风险的具体措施，例如采取工程控制措施（如使用环保材料、安装污染防治设备）、工艺改进（如改进施工方法以减少污染）、环境监测（定期监测环境状况）、紧急应对计划等。这些措施的选择应该能够最大限度地减少风险，保护环境和公共健康。最后，实施风险管理措施并建立监测体系是确保环境保护目标实现的关键步骤。监测数据的收集和分析有助于确定是否需要调整风险管理策略，并确保计划的执行和效果的跟踪。通过及时的监测和调整，可以有效地管理和控制施工过程中可能出现的环境风险，保障环境安全和可持续发展。

6.1.3.3 环境监测与数据收集

环境监测与数据收集旨在持续跟踪和记录施工项目对环境的实际影响，以确保项目的合规性和环保目标的达成。

首先，需要建立监测方案，确定监测点位和监测频率，以覆盖项目的各个环节和潜在的影响区域。监测点位的选择应基于前期的环境影响评估结果，重点关注可能受到影响的环境因素，如空气质量、水质、土壤、噪声、振动、野生动植物等。监测频率需要根据具体情况确定，可以是持续的、定期的、季度性的或事件驱动的监测。其次，需要选择适当的监测方法和工具，以确保数据的准确性和可比性。不同的环境因素可能需要不同的监测设备，例如空气质量监测器、水质传感器、噪声计、振动仪器等。监测设备必须经过校准和维护，以确保数据的可靠性。再次，进行数据收集和记录，将监测得到的数据存档并建立相应的数据库。这些数据可以是定量的，如污染物浓度、噪声水平，也可以是定性的，如生态系统观察和社会反馈。监测数据的记录需要详细和系统，包括日期、时间、地点、监测条件等信息，以便后续分析和报告。最后，监测数据的分析和解读是关键步骤。通过比对实际监测数据与环境影响评估中的预测结果，可以确定项目是否达到了环保目标，是否需要采取进一步的措施来减轻潜在的环境风险。监测数据还可用于向监管部门和利益相关方报告，以证明项目的合规性和环保措施的有效性。

6.1.4 施工现场环境保护措施

6.1.4.1 施工现场环境管理与监督

施工现场环境保护措施是确保在施工过程中最大限度减少对环境的负面影响的重要组成部分。施工现场环境管理与监督是确保这些措施得以有效执行的关键环节。在施工现场环境管理与监督中，需要采取一系列措施和步骤来保护周围的环境，包括以下五个方面：

第一，建立明确的环境管理计划和政策是确保施工过程中环境保护的基础。这个计划应该详细描述环境保护目标、责任分配、执行策略和监督措施。环境管理计划的制定需要综合考虑当地法规、环保标准以及项目特定的环境影响。第二，进行现场环境监测和数据收集是及时了解环境状况、识别潜在问题的重要手段。这种监测通常涉及使用各种仪器设备对空气、水质、土壤、噪声等环境因素进行定期检测，并将数据记录下来进行分析和评估。通过及时的监测，可以发现环境问题，并采取相应的纠正和预防措施，确保环境质量符合法规要求。第三，执行环境保护措施是保护环境的核心。这包括采取一系列工程措施，如安装环保设备、控制污染源、降低废物排放等，以最大限度地减少对环境的负面影响。此外，还需要培训施工人员，确保他们了解并遵守环境保护政策和操作规程。第四，与监管部门和当地社区进行沟通和合作也是施工现场环境管理与监督的重要组成部分。与相关部门保持沟通，及时报告环境问题，并根据监管部门的要求进行改进，与社区合作，尊重当地居民的权益，解决可能引发的环境争议。第五，对施工现场环境保护进行定期的审计和评估是确保环保目标实现的重要手段。定期审查环境管理计划的执行情况，评估环境保护措施的有效性，并根据评估结果及时调整和改进环境管理策略和措施，以确保施工现场环境保护工作持续有效地开展。

6.1.4.2 污染防治与废物处理

污染防治与废物处理旨在减少或防止施工活动对环境造成的污染和废物产生，涉及预防措施，以最大限度地减少环境污染的发生，另一方面则包括废物的妥善处理和处置。

首先，预防污染是施工现场环境保护的首要任务之一。可以通过采用先进的工程技术和环保设备来控制污染源，包括减少化学品的使用，使用环保材料，安装适当的设备来收集和处理废气、废水和废渣等。同时，采取措施来减少施工活动对土壤、地下水和表面水体的污染风险，如采用防渗措施和水资源管理。其次，废物的妥善处理和处置是环境保护的另一个重要方面。施工过程中会产生各种类型的废物，包括建筑废弃物、危险废物、固体废物等。这些废物必须根据法律法规和环保标准进行分类、储存、运输和处理。建筑废弃物可以进行分类回收或再利用，减少对资源的浪费。对于危险废物，必须采取特殊的处理方法，确保其不会对环境和人类健康造成危害。最后，施工现场还需要建立妥善的废物管理计划，明确废物的产生、储存、处理和运输程序，确保废物不会在施工过程中造成污染或危害。应当确保废物的储存设施符合安全要求，并严格遵守废物处置的法律法规。

6.1.4.3 噪声、振动和空气质量控制

噪声、振动和空气质量控制是施工现场环境保护的关键措施，旨在减少对周围居民和自然环境的不良影响。

首先，噪声控制是重要的因素之一，因为施工活动常常伴随着噪声的产生。为减少噪声对周围社区的干扰，施工方需要采取一系列措施，如选择低噪声设备和工具、限制施工时间、设置噪声屏障和隔离带等。同时，员工需要接受噪声暴露的培训，并佩戴适当的个人防护设备，以减轻噪声对其健康的影响。其次，振动控制是另一个重要的环境保护方面，特别是在需要使用振动设备的施工项目中。振动可以对周围的建筑物和地下基础产生不利影响，因此需要采取措施来减少振动的传播，包括选择低振动设备、控制振动源的位置和方向、采用减振材料等。同时，需要进行定期的振动监测和评估，以确保振动水平在可接受范围内。最后，空气质量控制是保护施工现场环境的重要方面。施工活动可能会产生空气污染，如颗粒物、挥发性有机化合物和氮氧化物等。为减少这些污染物的排放，需要采取措施，如使用低排放设备、合理管理废气排放、进行空气质量监测等。此外，员工需要佩戴适当的呼吸防护装备，以降低吸入有害气体的风险。

6.1.5 生态保护与文化遗产保护

6.1.5.1 生态系统保护与生态恢复

生态系统保护与生态恢复是施工现场环境保护的关键组成部分，旨在减少对自然生态系统的损害并恢复受影响的生态环境。

首先，生态系统保护涉及对施工现场周围的自然生态系统进行有效的保护。这包括保护当地的植被、水体、野生动植物和土壤等生态要素，以确保它们不受到破坏或污染。为实现生态系统保护，施工方需要进行生态风险评估，确定潜在的生态敏感区域，并采取措施来限制施工活动对这些区域的影响。这可能包括设立临时栖息地、限制施工时间、使用生态友好型设备和材料等。其次，生态恢复是在施工完成后对受影响生态系统进行修复和恢复的过程。这可能包括重新植被、湿地恢复、水体净化和野生动植物保护等活动。生态恢复计划应根据先前的生态风险评估和监测结果制定，确保受影响的生态系统能够尽快恢复到健康的状态。生态恢复的成功与效率对保护自然环境、维护生态平衡和可持续发展具有重要意义。

6.1.5.2　文化遗产的保护与文化遗产管理

文化遗产的保护与文化遗产管理在施工环境保护中起着重要的作用，旨在确保文化和历史遗产的完整性和可持续性。

首先，文化遗产的保护包括对位于施工现场周边的历史建筑物、遗址、文物等文化遗产进行保护。这可能需要进行文化遗产调查和评估，以确定哪些文化遗产可能受到施工活动的威胁。一旦威胁确定，施工方需要采取措施来保护这些遗产，包括限制施工活动、建立保护区域、使用特殊保护技术等。文化遗产的保护不仅有助于保护历史和文化的传承，还可以增强项目的可持续性和社会责任感。其次，文化遗产管理涉及对文化遗产进行监测、保养和管理的过程。这包括定期检查文化遗产的状况，进行必要的维护和修复工作，确保其保持良好的状态。文化遗产管理还需要建立清晰的管理计划和政策，以确保文化遗产能够在项目完成后继续得到妥善地维护和管理，有助于传承文化遗产，同时也有益于社区的文化和旅游发展。

6.1.5.3　社会责任与环境保护

社会责任与环境保护在施工项目中密切相关，是确保生态保护与文化遗产保护成功实施的关键因素之一。

首先，社会责任意味着施工方必须认识到其在当地社区和环境中的影响，并承担相应的责任。这包括积极与当地社区居民和其他利益相关者进行沟通和合作，以了解他们的需求、期望和担忧。通过这种沟通，施工方可以更好地了解项目可能产生的影响，并采取适当的措施来减轻或消除这些影响，从而确保项目不会对当地社区和环境造成不利影响。社会责任还包括与当地社区合作，提供就业机会，开展培训和教育项目，促进社区的经济和社会发展，从而增强当地社区的可持续性和发展潜力。例如，施工方可以与当地社区合作，提供技能培训课程，帮助当地居民获得施工工作所需的技能，提高他们的就业机会和收入水平，从而提高其生活质量。施工方还可以与当地教育机构合作，开展环境教育活动，提高居民对环境保护的意识，促进环保意识的普及和传播。

其次，社会责任还涉及对环境的保护和可持续性的承诺。施工方应采取各种措施来减少项目对环境的负面影响，包括降低污染、节约资源、推动可再生能源的使用等。这也包括保护生态系统，确保野生动植物栖息地和生态平衡的完整性得到维护。例如，在施工现场，施工方可以采取措施来减少噪声和振动的产生，以减少对周围环境和居民生活的干扰。施工项目还可以采用环保材料和技术，降低能源消耗和废物排放，减少对环境的负面影响。通过积极履行社会责任，施工方可以更好地管理和平衡项目的环境和社会效益，增强项目的可持续性和社会形象，为生态保护与文化遗产保护提供关键支持，实现项目的成功实施和社区的长期可持续发展[11]。

6.2　施工环境监测

6.2.1　环境监测的目的与重要性

首先，环境监测可定义为系统地收集、记录和分析与施工活动相关的环境数据的过程。这些数据包括空气质量、水质、土壤质量、噪声水平、振动、废物处理等方面的信息。监测的范畴广泛，旨在跟踪和评估施工活动对周围环境的影响，以确保其合规性和环保性。其次，环境监测对施工项目至关重要，因为它有助于实现环境保护的目标。通过持续监测，可以及时发现潜在的环境问题和风险，以采取适当的措施来防止或减轻可能的负面影响。同时，监测还可以帮助施工方遵守法规和法律法规，确保项目的合法性和环保性。环境监测还有助于建立透明度和信任，与相关利益相关者进行有效沟通，并对施工项目的可持续性做出贡献。最后，监测与环境保护密切相关。通过定期监测，可以识别环境问题，并采取适当的措施来减轻或纠正这些问题，有助于保护周围的自然生态系统、水资源、大气质量和土壤质量，从而实现环境可持续性。同时，环境监测还有助于确保施工项目在满足经济和技术需求的同时，不会对环境造成不可逆转的损害。

6.2.2 监测计划的制定与实施

6.2.2.1 监测计划的编制原则与目标

监测计划的编制必须遵循一系列原则和目标，以确保监测的有效性和可行性。这些原则包括：综合性和系统性，即监测计划应涵盖所有可能受到影响的环境因素，并采用系统的方法进行监测；计划应具有可比性，以便不同时间点和地点的数据能够相互比较，从而评估环境影响的趋势和程度；计划还应具有可操作性，以便在实际施工中能够有效实施。

监测计划的目标包括以下几个方面：

首先，监测计划要确保施工活动的合规性，这意味着必须严格遵守所有相关的法规和法律法规，以免触犯法律或违反规定而导致可能的法律责任。合规性监测包括对施工过程中的各个环节进行审查，确保项目符合国家和地方政府的规定，以保障公共利益和社会安全。其次，监测计划还要致力于保护环境。这一目标需要通过监测项目对自然环境的影响，包括土壤、水质、空气质量等方面，及时发现并解决可能存在的环境问题，确保生态系统的完整性和资源的可持续利用。再次，监测计划也要建立透明度和信任。通过与政府监管机构、社区和其他利益相关者之间的有效沟通，监测计划可以向相关方提供项目执行情况的及时信息，促进信息共享和公开，建立起相互信任和合作关系，从而增强项目的社会接受度和可持续性。最后，监测计划要追求项目的可持续性。这意味着项目在满足经济和技术需求的同时，必须考虑环境和社会的长远利益，采取措施减少对环境的负面影响，提高资源利用效率，实现对环境的持续保护和改善，从而为未来的发展留下更好的遗产。

6.2.2.2 监测计划的制定步骤与程序

第一，明确定义监测的目标和范围至关重要。这意味着需要明确确定需要监测的环境因素，包括空气质量、水质、土壤质量、噪声水平等，以及监测的时间和地点，确定监测的频率和持续时间，以确保监测覆盖范围全面而详尽。第二，需要确定监测方法和技术，以确保能够准确地测量和记录所需的数据。这要求在科学原则和标准的指导下选择适当的监测方法，以确保数据的可靠性、准确性和可比性，例如使用标准化的监测设备和程序来测量污染物浓度或环境噪声水平。第三，需要编制监测计划的详细工作方案，包括监测任务的分工、责任人的指定、监测设备和工具的准备，以及监测数据的收集和存储方式。在编制工作方案时，还需要考虑监测数据的质量控制和质量保证措施，以确保数据的准确性和可信度。第四，一旦监测计划的工作方案确定，接下来的关键步骤是实施和监督监测任务。在这个阶段，监测任务的执行应严格按照工作方案中的指示进行，以确保监测数据的及时收集和记录。监测人员需要接受充分的培训，以确保他们能够正确操作监测设备和工具，并严格遵守监测计划的要求。这可能包括指导他们如何在现场设置监测设备、采集样品、进行数据记录和储存等操作。监测任务的实施需要高度的责任感和专业素养，以确保监测数据的准确性和可靠性，从而为后续的环境保护工作提供可靠的数据支持。第五，监测计划还需要进行定期的评估和更新，以确保其适应项目的变化和环境条件的变化。这包括对监测方法和技术的评估，以及对监测数据的分析和解释，以提供有关环境影响的信息。如果发现需要调整监测计划，例如调整监测频率或更新监测设备，应及时进行修改并重新制定工作方案，以确保监测计划的有效性和可持续性。定期的评估和更新是保证监测计划持续有效的关键步骤，有助于及时发现和解决潜在的监测问题，从而保障环境保护工作的顺利进行和监测数据的准确性。

6.2.2.3　监测设备的选择与维护

首先，在选择监测设备时，必须充分考虑监测任务的性质和要求。不同的环境监测任务可能需要不同类型的设备，例如气象站、水质分析仪器、噪声计、振动仪器等。设备的选择应基于任务的特点，确保其能够准确、可靠地测量所需的参数。设备的质量和性能也是选择的关键因素。高质量的监测设备通常能够提供更准确的数据，并具有更长的使用寿命。因此，在选择设备时，应考虑品牌信誉、性能规格、准确性和可靠性等因素。同时，还需要考虑设备的适用性和可操作性，以确保监测人员能够轻松地使用和维护设备。其次，监测设备的维护是保证监测计划顺利执行的关键。设备的定期维护和校准是必不可少的，以确保其性能始终处于最佳状态。维护工作包括清洁、校正、更换零部件等，以及记录维护和校准的日期和结果。同时，还需要建立设备故障报告和紧急维修程序，以应对可能的设备故障，确保监测工作不受影响。为了确保监测设备的准确性和可靠性，监测人员需要接受设备操作和维护的培训。培训应包括设备的正确使用方法、常见故障的识别和处理、安全操作规程等方面的内容，还需要了解设备的工作原理和性能特点，以便更好地理解监测数据和进行必要的调整。

6.2.3　监测方法与设备的选择

6.2.3.1　环境监测方法的分类与应用

环境监测方法的选择在施工环境保护中至关重要，因为不同的监测方法适用于不同类型的环境参数和污染源。监测方法可以分为定性监测和定量监测两大类，具体细分包括气象监测、水质监测、噪声监测、振动监测、土壤监测、空气质量监测等多个领域。

（1）气象监测。气象监测主要用于测量大气中的气象参数，如温度、湿度、风速、风向、降雨量等。这些参数对于评估空气质量、风险管理和天气条件的影响至关重要。

例如，通过气象监测可以确定风向，以便在施工期间采取适当的控制措施，防止空气污染物扩散到敏感区域。

（2）水质监测。水质监测用于测量水体的化学成分和物理性质，以评估水体的污染程度和适用性。这包括测量水中的溶解氧、pH 值、悬浮物、重金属、有机物质等参数。水质监测对于确保施工过程中不会对水体造成污染至关重要，尤其是在靠近水体的施工场地。

（3）噪声监测。噪声监测用于测量施工现场或周边地区的噪声水平。这有助于评估施工活动对周围居民和环境的影响，并采取噪声控制措施以符合法规和标准。噪声监测设备通常包括噪声计和声级计。

（4）振动监测。振动监测用于测量地面振动强度，特别是在施工中使用重型机械或爆破作业时。振动监测有助于评估振动对建筑物、基础设施和地下管道的影响，并采取控制措施以防止振动造成损害。

（5）土壤监测。土壤监测用于测量土壤质量、含水量、污染物浓度等参数。这对于评估施工活动对土壤的影响以及采取土壤保护措施至关重要。土壤监测还可以帮助识别潜在的土壤污染问题并采取必要的修复措施。

（6）空气质量监测。空气质量监测用于测量大气中的污染物浓度，如颗粒物、氮氧化物、二氧化硫等。这有助于评估施工活动对空气质量的影响，并采取空气污染控制措施以满足法规要求。

6.2.3.2 监测设备的种类与特点

监测设备的选择在环境监测中至关重要，因为不同类型的监测需要不同种类的设备以确保准确性和可靠性，常见的监测设备种类和其特点如下所示。

（1）传感器和探测器，用于测量各种环境参数，如温度、湿度、气体浓度、水质等。它们通常具有高精度和实时性，能够提供及时的数据反馈，有助于监测环境变化。

（2）噪声计和声级计，用于测量噪声水平的设备，通常包括话筒和声学分析器。它们能够捕捉不同频率的声音，并生成声级图表，帮助评估噪声污染水平。

（3）振动计，用于测量地面振动的振幅、频率和加速度。它们通常配备加速度计和数据记录器，用于监测施工活动或其他振动源的影响。

（4）气象站，用于测量气象参数，如温度、湿度、风速、风向、降水等。它们通常包括各种传感器和数据记录系统，用于提供气象数据。

（5）水质监测设备，用于测量水体的化学成分、悬浮物浓度和其他水质参数。它们通常包括采样器、分析仪器和数据记录系统。

（6）空气质量监测仪器，用于测量大气中的污染物浓度，如颗粒物、氮氧化物、二氧化硫等。这些仪器通常包括气体采样器、分析仪器和数据记录系统。

（7）视频监控系统，用于实时监测施工现场，以及对环境影响进行可视化记录。它们通常包括摄像头、录像设备和远程监控功能。

在选择监测设备时，需要考虑项目的具体需求、监测参数、监测频率和数据精度等因素。同时，设备的可靠性、耐用性和维护要求也是重要考虑因素。正确选择和配置监测设备可以确保环境监测工作的有效性，从而有效管理和保护施工环境。

6.2.3.3 设备选型与性能要求

在环境监测中，设备的选型和性能要求至关重要，因为其直接影响监测的准确性和有效性。

首先，选择适当的监测设备必须全面考虑监测任务中所需测量的参数和环境因素。这意味着需要明确确定监测的物理、化学和生物参数，以及涉及的环境条件，例如温度、湿度、气压等。不同的环境参数需要不同类型的设备来监测，例如空气质量监测可能需要使用气体分析仪器，水质监测可能需要使用水质分析设备，而土壤监测可能需要使用土壤采样器和测试仪器。其次，监测设备的测量范围必须能够覆盖所需监测参数的变化范围，确保数据的全面性和可比性。例如，在监测空气质量时，需要确保气体分析仪器的测量范围覆盖常见污染物的浓度范围。设备的性能指标如精度、灵敏度、采样率等也需要仔细考虑，以确保测量结果的准确性和可靠性。设备的精度和灵敏度越高，数据的质量就越可靠，但通常会带来更高的成本。同时，设备的采样率也需要根据监测任务的需要进行选择，以确保能够捕捉到变化频率较高的数据。设备的可靠性和稳定性也是至关重要的，因为它们直接关系到监测数据的可信度和连续性。在恶劣的环境条件下，设备必须能够稳定工作，并保持准确的测量结果。因此，在设备选型过程中，需要综合考虑各种因素，以确保选择到的监测设备能够最大程度地满足监测任务的需求，并在可用预算范围内实现最佳性能。最后，监测设备的适应性和维护要求也需要考虑在内。设备应该能够适应不同的环境条件，并且易于维护和校准，以确保长期稳定的监测工作。因此，在设备选型过程中需要仔细评估设备的性能、成本和维护需求，以选择到最合适的监测设备。

6.2.4 数据采集与分析

6.2.4.1 数据采集的方法与频率

数据采集在环境监测中是至关重要的环节，其用于获取各种环境参数和污染物浓度等信息，以评估施工活动对周围环境的影响。为了确保数据的准确性和可靠性，需要采用合适的方法和频率进行数据采集。

首先，选择合适的数据采集方法至关重要，其必须根据监测的参数类型和特点来确定。常见的数据采集方法包括现场实地测量、远程传感器监测和实验室分析。针对不同的环境参数，可能需要采用不同的方法来确保数据的准确性和全面性。其次，数据采集的频率应根据监测的对象和环境特点来确定。对于需要实时监测的参数，如空气质量或噪声水平，采集频率可能需要较高，以确保及时获得数据并及时采取必要的措施。而对于其他参数，如水质或土壤质量，可以采用定期取样和分析的方式，根据具体情况制定采样计划，以平衡监测成本和数据可靠性。最后，在数据采集过程中，需要严格执行数据的质量控制措施。这包括对仪器进行定期校准和维护，以确保其性能稳定和准确性。同时，对采集到的数据进行验证和核实，以排除可能的误差和异常数据，从而保证采集到的数据是可信的、准确的，并能够为环境影响评估提供可靠的依据。

6.2.4.2 数据记录与管理

数据记录与管理是环境监测中的关键环节，它涉及如何有效地保存、整理、分析和报告所采集到的数据。在施工环境保护中，数据记录与管理的重要性不言而喻，因为准确的数据是评估施工活动对环境影响的基础，也是制定有效环境保护措施和监督施工过程的依据。

首先，数据记录应以系统化和标准化的方式进行，以确保数据的一致性和可比性。每次数据采集都应包括日期、时间、地点、采样方法、采样工具、数据记录人员等信息，这些信息有助于后续的数据管理和分析。举例来说，对于水质监测，记录水样采集的具体位置、采样深度、采样方法（如抽取或定点采集）、水样保存方式等都是至关重要的。其次，数据管理涉及数据的存储、整理和归档。数据存储可以选择电子化或纸质化，取决于监测的数据量和需求。电子化管理通常更便于数据检索和分析，但需要确保数据的备份和安全性。数据整理包括数据的分类、整合和汇总，以便后续分析和报告。例如，对于大规模的环境监测项目，可以将数据按照时间、地点或监测参数等进行分类整理，以便后续分析和比较。数据归档要求数据的长期保存，以备后续审计、评估和法律需求。建议建立完善的数据归档系统，确保数据的安全可靠，并且能够方便地检索和使用。最后，数据记录与管理还需要建立合适的质量控制程序，包括数据验证、校准和质量审查等，以确保数据的准确性和可信度。例如，在采集数据之前，应对监测设备进行校准和检查，确保其工作正常。数据的质量审查应该由专业人员进行，以确保数据的准确性和可靠性。同时，数据的保密性和安全性也是需要考虑的因素，特别是涉及敏感信息或法律法规要求的数据。

6.2.4.3 数据分析与趋势分析

数据分析与趋势分析在环境监测中起着至关重要的作用，它们有助于识别环境变化、评估施工活动对环境的影响，并指导采取适当的环境保护措施。

在进行数据分析时，首先，需要将采集到的原始数据进行整理、清理和处理，以确保数据的准确性和可靠性。其次，可以采用各种统计和分析方法来探索数据中的模式和关系。趋势分析是一种常用的数据分析方法，它可以帮助识别环境参数随时间的变化趋势。通过趋势分析，可以发现是否存在季节性变化、逐渐增加或减少的趋势，以及异常事件的出现，有助于及早发现环境问题，采取相应的措施来应对和修正。再次，数据分析还可以用于评估施工活动对环境的影响。通过比较监测数据与环境标准或先前的基线数据，可以确定是否存在超标情况或环境异常。如果发现了异常情况，就需要进一步调查其原因，并采取必要的纠正措施来保护环境。最后，数据分析还可以用于制定环境保护措施的决策支持。通过分析不同措施对环境的影响，可以选择最合适的措施，以最大限度地减少环境影响并确保合规性。这有助于提高环保效益和降低环保成本。

6.2.5 污染物排放与排放标准

6.2.5.1 污染物排放的来源与类型

污染物排放是指将废气、废水、废渣等污染物物质释放到环境中的过程。在施工现场，污染物排放主要源自以下五个方面：

（1）施工机械和设备。施工机械和设备是污染物排放的重要来源之一。在施工过程中，各种机械设备通常会产生废气和噪声污染物。例如，柴油发动机在燃烧燃料时会产生废气排放，其中含有一氧化碳、氮氧化物和颗粒物等有害物质。同时，机械设备的振动也会产生噪声，对周围环境和人员造成干扰和影响。此外，机械设备的运行和磨损过程中也会释放废渣和润滑油，进一步增加了污染物的排放量。

（2）施工材料。在施工过程中，一些材料在加工、使用或处理过程中会释放有害化学物质，如挥发性有机化合物（VOCs）、粉尘和气味等。例如，沥青和涂料中的挥发性有机化合物在施工过程中会被释放到大气中，对空气质量造成影响。

（3）施工过程。施工活动本身也可能导致污染物的排放，例如在挖掘、开采、拆除建筑物或土地改造过程中产生的粉尘、废水和噪声。

（4）废物处理。施工过程中会产生大量的废弃物和污水，如建筑垃圾、化学废液等。如果这些废物没有得到妥善处理和处置，就可能会对环境造成污染。例如，未经处理的废水可能含有有害物质，如果直接排放到水体中，会对水质产生不良影响，危害水生生物和人类健康。

（5）运输活动。在施工过程中，需要运输各种施工材料、设备和工人到施工现场，这些运输活动可能会产生废气和交通噪声。特别是在城市和拥挤的道路上，大量的运输车辆通行可能会加剧空气污染和交通拥堵问题，影响周边居民的生活质量。

这些排放源涵盖了施工现场可能涉及的各种污染物类型，包括大气污染物、水污染物、噪声、振动、土壤污染物等。因此，在施工环境监测中，需要综合考虑这些排放源，采取适当的控制和管理措施，以确保施工活动对周围环境的影响得以最小化，并遵守相关的排放标准和法规。

6.2.5.2　排放标准的设定与监管

排放标准的设定与监管在环境保护领域扮演着至关重要的角色，这些标准被用来规定不同类型污染物在特定行业和活动中的排放限值，旨在减少对环境和人类健康造成的危害。

首先，排放标准的设定通常由政府环境保护部门或相关监管机构主导，他们依据科学研究、环境影响评估和国际标准，考虑了不同行业和污染源的特性，以制定针对不同污染物的标准。这些标准规定了允许的最大排放浓度、排放方式、监测方法等细节，以确保排放活动对环境和人类健康的影响得以控制和减少。其次，排放标准的监管是确保这些标准得以贯彻执行的关键环节。政府环保部门和相关机构负责监测和执法，定期对排放源进行检查和监测，确保其排放活动不超出标准规定的限值。通过监管，可以对违规者进行罚款、停产整顿等法律制裁措施，以强制执行排放标准，维护环境质量和公众健康。最后，排放许可证制度也常常用于授权和监督排放源。企业或机构需要获得排放许可证，才能进行排放活动，这有助于确保排放活动合法合规，并为监管机构提供了有效的管理手段。排放许可证制度通常包括审批、核准、监督和评估等环节，以确保排放活动符合法律法规和标准要求，从而保护环境和公众健康。

6.2.5.3　排放控制与改进措施

排放控制与改进措施是为了确保污染物排放符合规定的排放标准，减少对环境的不利影响而采取的重要举措，该措施涉及多个方面，旨在降低污染源的排放、提高排放的效率和减少对环境的危害。

首先，污染源可以采取技术措施来控制排放。例如，安装过滤器、废气处理设备和废水处理系统等可以有效降低污染物的排放浓度。这些技术措施能够捕获和处理有害物质，确保排放水平符合标准。其次，改进生产过程和管理实践也是控制排放的关键。通过改进工艺流程、优化资源利用和提高生产效率，可以降低污染物的生成，从而减少排放。例如，采用清洁生产技术、替代原料和能源、改进设备和工艺等措施可以有效地降低排放。再次，定期的监测和报告也是控制排放的重要手段。通过对排放水平进行定期监测，可以及时发现和纠正问题，确保排放符合标准要求。监测数据的收集和分析有助于评估排放控制措施的有效性，并为改进提供参考依据。此外，应该加强对环境风险的评估和预防，采取前瞻性的措施来减少污染源的产生。例如，通过环境影响评价和风险评估，可以识别潜在的排放来源和可能的影响，从而制定相应的控制策略和改进措施。最后，政府和监管机构的监督和执法起着关键作用，确保排放控制措施得以有效执行。政府部门需要建立健全的监管制度和执法机制，对排放源进行定期检查和监测，对违规行为进行处罚和惩戒，以确保排放符合标准要求，保护环境和公众健康[12]。

6.3 施工设备环保使用

6.3.1 设备环保使用的意义

设备环保使用是为了减少施工活动对环境的不利影响，确保施工过程中的可持续性发展而采取的一系列措施。

首先，设备环保使用涵盖了一系列措施和实践，旨在减少污染物的排放、降低资源消耗、优化能源利用等方面。这包括选择环保型设备和材料，采用清洁生产技术，以及优化施工流程，从而降低施工活动对环境的负面影响。例如，采用低能耗、低排放的机械设备，使用环保型建筑材料，以及实施节能减排措施等都是设备环保使用的重要内容。其次，设备环保使用对施工项目的重要性不言而喻。随着城市化进程的加快和建筑业的快速发展，施工活动对环境的影响日益显现。大量的能源消耗、废物产生和污染排放对周围的生态环境和社区造成了严重的影响。因此，通过实施设备环保使用措施，可以有效降低施工活动对环境的影响，保护生态系统的完整性，维护公共健康，实现可持续发展的目标。最后，设备环保使用必须遵守法律法规的要求。各国和地区都有相关的环保法规和标准，对施工活动中的污染物排放、废物处理、资源利用等方面做出了明确规定。施工方必须严格遵守这些法规，采用符合标准的环保设备，实施合规的环保措施。政府部门和相关监管机构会定期进行检查和监测，对违反法规的行为进行处罚和制止，以确保施工活动在环保要求下进行。

6.3.2 环保设备的选择与采购

6.3.2.1 环保设备的种类与特点

环保设备种类多样，根据具体的施工需求和环保要求，可以选择不同类型的设备来满足项目的环保需求，包括：空气净化设备、废物处理设备、废水处理设备、噪声控制设备等。

首先，空气净化设备用于控制空气中的颗粒物、有害气体和挥发性有机物的排放，常见的包括除尘器、烟气脱硫脱硝设备等，能有效降低空气污染，改善施工现场的空气质量，保护周围环境和工人的健康。其次，废物处理设备用于处理施工过程中产生的各类废弃物，包括固体废物、液体废物和危险废物，可以将废物进行分类、压缩、焚烧或处理，以减少废物对环境的不利影响。再次，废水处理设备用于处理施工现场产生的废水，通过物理、化学或生物方法将废水中的污染物去除或降低至符合排放标准的水质要求，以防止废水对水体环境造成污染。最后，噪声控制设备用于降低施工现场的噪声污染，例如，噪声屏障、隔音墙、吸声材料等，有助于保护周围居民的安宁和健康，确保施工不会对社区产生过多的噪声干扰。

6.3.2.2　设备选择的考虑因素

选择和采购环保设备是施工环境保护的重要环节，需要仔细考虑多个因素，以确保设备能够满足项目的特定需求和环保标准，设备选择的考虑因素如下所示。

（1）环保要求和标准。需要明确项目所在地的环保法规和标准，以确保选择的设备能够符合当地的环保要求，包括排放标准、噪声限制、废物处理标准等方面的要求。

（2）施工类型和规模。不同类型和规模的施工项目需要不同种类和规格的环保设备。因此，需要根据项目的性质和规模来选择适当的设备，以确保其能够有效地应对施工活动中产生的环境影响。

（3）性能指标。设备的性能指标包括处理能力、效率、能耗、排放控制效果等。这些指标直接影响设备的运行效果和环保效益，因此需要根据项目的需求选择性能合适的设备。

（4）运行和维护成本。环保设备的运行和维护成本是一个重要考虑因素。选择设备时，需要综合考虑设备的购置成本、能源消耗、维护费用等因素，以确保设备的总体经济性。

（5）可靠性和耐用性。设备的可靠性和耐用性直接关系到施工的连续性和稳定性，选择具有良好信誉的供应商和品牌，以确保设备能够长期稳定运行，减少因设备故障而引发的环境风险。

（6）适应性和灵活性。环保设备应具备适应不同施工条件和环境的灵活性。一些设备可能需要根据施工现场的特殊情况进行定制或调整，因此需要考虑设备的适应性。

（7）供应和支持服务。购置环保设备后，供应商提供的售后服务和技术支持也是关键因素，确保供应商能够提供及时的维护和保养服务，以保证设备的正常运行。

6.3.2.3　环保设备的采购与供应商评估

第一，项目团队需要明确设备的具体需求，包括性能、规格和数量等方面的要求，以便明确采购目标。第二，团队通过市场调研和咨询来寻找潜在的供应商，并对其进行初步筛选，评估其在环保设备领域的经验、声誉、产品质量和服务水平。第三，筛选后的供应商将被邀请提交详细的报价和技术规格，这些报价包括设备价格、交货时间、保修条款等信息。项目团队将对不同供应商的报价进行评估和比较，考虑因素包括价格、性能、质量、可靠性和售后服务等。第四，项目团队与选定的供应商进行谈判，以明确交货细节、付款条件和其他相关事项，并签署正式合同，以确保设备满足项目的环保要求。第五，供应商评估也非常重要。在评估供应商时，项目团队需要关注供应商的信誉、技术能力、产品质量、服务支持、成本合理性和法律合规性等因素，有助于选择可靠的供应商，并降低项目的风险，确保设备的长期运行符合环保标准和法规。通过这些采购和供应商评估步骤，项目能够获得高质量的环保设备，并建立可持续的合作关系，以支持项目的环保目标。

6.3.3 设备的维护与保养

6.3.3.1 设备维护的目的与方法

设备的维护与保养的主要目的是确保环保设备的正常运行，保持其性能稳定，并延长设备的使用寿命，从而有效降低环境污染风险。为达到这些目标，项目团队需要采取一系列的维护方法。

首先，定期的预防性维护是关键的一环，包括定期检查设备的各个部件，清除可能的污物和堵塞，更换磨损的零部件，以及校准设备的传感器和控制系统。这些预防性维护活动可以防止设备由于小问题累积导致大问题，提高了设备的稳定性和可靠性。其次，计划性维护也是必不可少的，这意味着项目团队需要制定维护计划，包括维护的时间表和具体的维护活动。这有助于确保维护工作按计划进行，减少了设备的停机时间和生产损失。再次，设备的保养也需要严格遵守制造商的建议和指南，包括按照制造商的要求更换滤芯、润滑部件、校准传感器等。制造商提供的维护手册通常包含了设备的维护细节和最佳实践，项目团队应当密切遵循这些指南。最后，设备维护还需要记录和报告。项目团队应当建立设备维护的记录，包括维护日期、维护人员、维护内容、更换的部件等信息。这些记录有助于跟踪设备的维护历史，提供了对设备性能的更全面的了解，并在需要时提供了证据来满足法规和监管要求。

6.3.3.2 预防性维护与故障处理

首先，预防性维护旨在通过定期的检查和维护活动来防止设备发生故障，从而确保设备的正常运行和性能稳定。这包括定期检查设备的各个部件、清除污物和堵塞、更换磨损的零部件、校准传感器和控制系统等。通过预防性维护，可以在问题变得严重之前识别和解决潜在的故障，降低了设备的维修成本和停机时间，提高了生产效率和设备的可靠性。其次，故障处理是在设备发生故障时采取的紧急措施，以尽快修复设备并恢复正常运行。故障处理包括确定故障的原因、定位问题、修复或更换受损部件、测试设备的性能以及验证修复后的效果。在故障处理过程中，及时响应和迅速采取行动是关键，以减少生产中断的时间和生产损失。此外，对于严重的故障，可能需要制定应急计划和调动必要的资源来解决问题。

6.3.3.3 环保设备的定期检查与测试

环保设备的定期检查与测试是保证设备正常运行、合规排放和环境保护的重要环节。这些检查和测试活动旨在监测设备的性能、排放水平和环保措施的有效性，以确保项目的环境目标得以实现。

首先，定期检查涉及对环保设备的各个关键部件和系统进行详细的视觉检查和检测，包括检查排放管道、气体净化器、废水处理设备、废物处理设备等。检查过程中，技术人员会注意设备是否存在任何磨损、腐蚀、漏损或堵塞等问题。如果发现问题，就需要采取相应的维修措施来修复设备，以确保其正常运行。其次，环保设备的定期测试是通过使用专业仪器和设备来监测和记录关键参数，以评估设备性能和排放水平，包括气体排放浓度、废水处理效率、噪声水平等。通过定期测试，可以及时发现潜在问题，确保设备达到环保标准并符合法规要求。最后，环保设备的定期检查与测试需要按照预定的计划进行，通常遵循设备制造商的建议和相关法规的要求。检查和测试结果需要记录并进行分析，以便及时采取必要的措施。同时，项目团队还应确保相关人员接受培训，具备进行检查和测试的技能和知识。

6.3.4 能源与资源的合理利用

6.3.4.1 能源消耗的监测与管理

能源消耗的监测与管理在环保施工中具有重要意义，旨在实现能源的合理利用、降低项目的能源成本，同时减少对环境的不利影响，涵盖了能源的监测、评估、计划和实施管理措施的步骤。

首先，能源消耗的监测涉及对项目中各种能源形式的使用进行跟踪和记录，包括电力、燃气、燃油等。监测的数据应包括能源消耗的数量、时间、地点以及使用方式等信息。这些数据的采集可以通过安装智能仪表、传感器和监测系统来实现，以确保数据的准确性和实时性。其次，能源管理的评估是基于监测数据对能源消耗进行分析和评估，识别出可能存在的浪费和优化机会。这包括分析能源消耗的模式、高峰期、低谷期以及浪费。通过评估，项目团队可以制定合理的能源消耗目标，并识别出改进和节约能源的措施。再次，能源管理计划的制定是根据评估结果来规划和实施能源节约和管理措施的重要步骤。这可能包括采用更节能的设备、改进工艺流程、提高能源效率、推广使用可再生能源等策略。计划的制定应考虑项目的实际情况和可行性，以确保实施的措施能够取得可观的效益。最后，能源消耗的管理涉及控制和监督计划的执行，确保所采取的措施得以贯彻和落实。这包括设立责任部门、建立监督机制、定期报告和审查，以保持能源消耗的高效管理。

6.3.4.2 资源的可持续利用与节约

资源的可持续利用与节约在环保施工中具有关键作用，旨在确保项目能够最大限度地减少资源消耗、降低浪费，并延长资源的使用寿命，需要考虑到多种资源，包括原材料、水资源、土壤、能源等。

首先，可持续资源利用的核心思想是将资源的使用与再生和恢复相结合，以确保资源不会被过度消耗和耗尽，可以通过采用循环经济的原则来实现，即减少、重复使用、回收和再生资源。项目团队可以选择使用可再生材料、采取高效能源系统、并在施工过程中最小化废弃物的产生，以降低对资源的依赖。其次，资源节约的目标是通过有效的规划和管理来减少资源的浪费。这包括制定资源管理计划，明确资源使用的标准和指南，确保材料的选择和使用符合可持续发展的原则。此外，项目团队还可以采用现代技术和工程实践，以减少资源浪费，如优化设计、精确测量和控制、最小化损耗等。最后，可持续资源利用与节约不仅有助于降低项目的成本，还有助于减少环境负担和减少对自然资源的侵蚀。这反过来有助于推动可持续发展目标，减少对生态系统的压力，保护自然环境。

6.3.4.3 环保技术的应用与改进

在施工项目中，环保技术的应用与改进是实现能源与资源合理利用的重要措施，旨在减少能源浪费、资源浪费以及对环境的负面影响，从而实现更加可持续的施工实践。

首先，环保技术的应用包括但不限于高效的节能设备和系统的采用。通过使用先进的节能技术，例如LED照明、智能控制系统、高效的供暖和冷却系统等，可以显著减少施工现场的能源消耗。同时，采用可再生能源，如太阳能和风能，也可以帮助减少对非可再生资源的依赖，降低碳排放。其次，资源的合理利用可以通过回收和再利用材料来实现。在施工过程中，可以采用可持续的建筑材料，同时在项目结束后进行拆除和清理工作时，也可以对旧材料进行回收和再利用。这不仅有助于减少资源浪费，还可以降低废弃物的排放量。再次，环保技术的改进也包括工艺和流程的优化。通过改进施工工艺，例如精细调整混凝土搅拌比例、降低化学品使用量等，可以减少对水资源和化学品的需求，从而降低对环境的负担。最后，监测和评估是环保技术应用与改进的关键部分。定期监测能源和资源的使用情况，以及环境指标的变化，有助于及时发现问题并采取纠正措施。此外，不断改进环保技术也需要不断地研究和创新，以应对不断变化的环境和可持续发展的要求。

6.3.5 环保意识的培养与员工培训

6.3.5.1 环保意识的重要性与培养

环保意识的培养在施工项目中具有至关重要的作用，它旨在引导项目团队和员工充分认识到环保的重要性，以及他们在保护环境方面的责任。环保意识的培养是环保施工的核心要素，有助于促使所有参与者更加积极地采取环保措施。

首先，环保意识的培养有助于员工理解环境问题的严重性和影响，从而提高他们的责任感和关注度。通过教育和培训，员工可以了解到施工活动可能对生态系统、水资源、空气质量等方面产生的影响，以及如何采取措施来减轻这些影响。这种认识可以鼓励员工采用更环保的工作方法，减少对环境的不利影响。其次，培养环保意识还有助于提高员工的参与度和合作精神。当员工认识到他们的工作与环境保护有关时，他们更有可能积极参与到环保举措中，愿意共同努力以达到可持续的目标，这种团队协作有助于项目的顺利实施，减少环境问题的风险，提高工程质量。最后，培养环保意识还可以帮助公司树立良好的声誉和形象。社会对环保问题的关注日益增加，公司积极参与环保活动可以增强公众对其的信任和好感，为未来的业务发展创造更多机会。

6.3.5.2 员工培训计划的制定与实施

员工培训计划的制定与实施旨在确保项目参与者，包括管理人员、工程师、技术人员和劳工，具备足够的环保意识和技能，以有效地参与并贡献于环境保护和可持续发展的目标。

首先，制定员工培训计划需要根据具体项目的要求和环保目标来设计。计划的制定阶段应考虑到项目的性质、规模、施工工艺、材料使用和环境风险等因素。这将有助于确定所需的培训内容和目标。其次，培训计划的实施需要有系统性和连续性。培训内容应涵盖各方面的环保知识，包括但不限于环境法规法律、可持续资源管理、污染防治措施、废物处理和环境监测等。培训可以通过多种方式进行，包括课堂培训、工作坊、在线培训和现场指导等。培训计划还应定期评估和更新，以确保员工的环保知识和技能与最新的法规和最佳实践保持一致。再次，员工培训计划还应注重员工的参与和反馈。员工应被鼓励提出环保改进建议，并积极参与环保实践。定期的反馈和交流机制有助于不断改进培训计划，提高员工的环保意识和责任感。最后，培训计划的成功需要高层管理支持和承诺。管理层的领导和示范作用对于员工培训的成功至关重要。高级管理人员应积极参与培训，强调环保的重要性，并提供足够的资源和支持，以确保培训计划的有效实施。

6.3.5.3 环保教育与宣传活动

环保教育与宣传活动在施工项目中起到了重要的角色，有助于培养员工的环保意识，传达环保理念，以及促使他们积极参与和支持环保措施。这些活动是推动环保文化建设、增强团队合作和提高员工责任感的有效手段。

首先，环保教育活动旨在向员工传授环保知识和意识，使他们了解环境问题的严重性以及个体行为对环境的影响，可以通过举办专题讲座、工作坊、研讨会和培训课程来实现。教育内容应包括环境法规法律、资源可持续利用、污染防治、废物管理和节能减排等方面的知识，以帮助员工理解环保的重要性。其次，环保宣传活动可以通过多种媒体渠道进行，包括内部通信、公司网站、社交媒体、海报和宣传册等。这些宣传活动旨在提高员工对环保问题的关注度，鼓励他们采取环保行动。宣传内容可以包括公司的环保政策、项目的环保成就和员工的环保倡议等。再次，环保教育与宣传活动还可以通过参与社区和公众参与活动来加强。公司可以组织或参与环保义工活动、绿色社区倡议和环保教育项目，与社区和利益相关方一起合作，推动环保意识的传播和可持续发展的推进。最后，环保教育与宣传活动需要与员工培训计划相互补充，共同推动环保文化的建设。这些活动应定期进行，并与项目的具体环保目标和计划相协调，以确保员工的环保知识与实践保持一致。

7 建筑工程造价管理概述

7.1 造价管理的重要性

7.1.1 造价管理在建筑工程中的作用

首先，造价管理是确保工程项目在预算范围内完成的关键要素，涉及全面的预算编制、成本控制、资源分配和成本分析，有助于项目团队了解项目的经济状况，有效控制项目的资金流动，避免超支或浪费，确保项目的经济可行性和可持续性。其次，造价管理在工程项目中有助于提高资源的有效利用。通过对各种资源如劳动力、材料和设备的合理配置和管理，能够最大限度地提高工程的效率和生产率，不仅有助于项目的按时交付，还可以降低成本，提高项目的竞争力。再次，造价管理还涉及风险管理方面的工作。通过对项目成本和费用的综合分析，可以识别潜在的风险和不确定性，并采取相应的措施进行管理和应对，有助于降低项目风险，提高项目成功的可能性。最后，造价管理与项目管理密切相关，二者相互支持。项目管理涵盖了工程项目的各个方面，包括进度、质量、范围和成本等，而造价管理则聚焦于成本方面。两者之间的紧密协作可以确保项目的整体目标得以实现，同时保持项目的经济可行性。

7.1.2 造价管理对项目成功的影响

首先，成本控制与项目成功密切相关。通过有效的成本管理，项目团队可以确保项目在预算范围内完成，避免了不必要的资金浪费和超支情况。这有助于项目的财务可行性，维护了投资者和股东的信心，同时也有利于项目的长期可持续发展。其次，造价管理在质量和进度管理方面发挥了支持作用。在建筑工程中，质量和进度是项目成功的关键要素之一。通过合理的成本预算和资源分配，团队能够更好地规划和控制工程进度，确保工程按时交付。同时，合理的成本管理还有助于确保使用高质量的材料和工程方法，从而提高项目的质量水平。最后，造价管理与客户满意度和业绩表现之间存在紧密的联系。客户通常关注项目是否按时完成、是否在预算内，以及项目的质量如何。通过精细的造价管理，项目团队可以满足客户的期望，提高客户满意度，增强客户忠诚度，有助于未来业务的发展。同时，对项目成本和资源的合理管理也可以提高公司的业绩表现，增强竞争力，吸引更多的客户和合作伙伴。

7.1.3 造价管理与利润最大化

造价管理在建筑工程中与利润最大化息息相关，因为它直接涉及项目的成本和资源管理，以及企业的长期发展策略。

首先，利润最大化是企业的首要目标之一，但在实践中面临着众多挑战，如竞争激烈、市场不稳定等。造价管理通过成本的精确估算、控制和优化，为企业创造了实现利润最大化的机会。通过合理的成本控制和资源管理，企业可以降低生产成本，提高产品或服务的价格竞争力，从而增加利润。其次，造价管理对成本优化做出了重要的贡献。通过精细的成本估算和预算制定，企业能够更好地了解项目的资源需求，有效分配资金和人力资源，降低浪费，提高效率。此外，造价管理还有助于识别项目中的风险和机会，通过风险管理和机会利用，进一步优化项目的成本结构，最大化利润。最后，利润管理与长期发展策略密切相关。通过造价管理，企业能够更好地管理项目的成本，确保项目按预算完成，从而增强企业的财务稳定性和可持续性。稳健的财务表现有助于企业吸引投资、获得融资，并支持长期发展计划的实施。同时，通过利润最大化，企业还可以积累资金用于研发创新、扩大市场份额、开拓新业务领域，为长期发展创造更多机会[13]。

7.2 造价管理的目标和原则

7.2.1 造价管理的目标

首先，成本控制与管理。在项目管理中，有效的成本控制至关重要，因为其直接影响着项目的盈亏和企业的利润。造价管理的首要目标是确保项目在预算范围内完成，避免不必要的成本超支，这要求建立合理的成本估算和预算制定，以及持续的成本监控和分析，以便及时采取纠正措施，保持项目的经济性。其次，质量与安全的平衡追求也是造价管理的目标之一。虽然成本控制非常重要，但不能以牺牲质量和安全为代价。造价管理需要在确保成本可控的前提下，保障项目的质量和工程安全，涉及选择高质量的材料和施工方法，进行质量控制和监督，以及制定和遵守相关的安全标准和规定。最后，客户满意度与项目成功的目标也是造价管理所追求的。客户满意度不仅仅体现在项目的成本控制和质量管理上，还包括与客户的有效沟通、需求的满足以及项目交付的及时性。客户满意度的提高有助于建立企业的良好声誉，吸引更多的业务机会，并为长期的业务合作打下坚实的基础。

7.2.2 造价管理的原则与价值观

7.2.2.1 透明度与诚信原则

造价管理的原则与价值观中，透明度与诚信原则占据着重要地位。

透明度是造价管理中的关键原则之一，意味着在整个项目周期内提供充分的信息，以确保相关各方能够清晰了解项目的成本情况、决策的基础以及可能的风险。这种透明度要求详细的成本估算和预算，确保在项目启动阶段就有清晰的目标和框架。此外，透明度还要求对成本的追踪和报告，以便在项目执行过程中及时发现偏差并采取纠正措施。而对于变更和调整，透明度要求明确记录，包括变更的原因、影响以及相关的成本调整，从而保持决策的透明和合理性。透明的成本信息不仅有助于防止不当的成本增加，减少争议和纠纷的发生，还增强了项目管理的透明度，提高了利益相关者对项目的信任和支持。

诚信原则在造价管理中具有至关重要的地位，强调了在处理造价管理信息时必须遵守高标准的职业道德和诚实原则。这意味着提供的成本信息必须准确可靠，不得故意误导相关各方或操纵成本数据以牟取私利。同时，诚信原则还要求遵守相关的法律法规，确保所有的行为都在合法的范围内进行。遵循诚信原则有助于建立信任和合作关系，维护企业的声誉，使企业在市场竞争中保持优势地位。此外，诚信原则还为企业营造了公平竞争的环境，促进了产业的健康发展，为可持续发展奠定了良好的基础。

7.2.2.2 持续改进与创新精神

持续改进与创新精神强调在建筑工程项目中不断寻求改进和创新的机会，以提高效率、降低成本、提高质量，实现更好的项目管理与业绩表现。

首先，持续改进意味着建立一个紧密的反馈与学习机制，使团队能够在项目执行过程中不断审查、评估和反思过去的做法。这包括对项目中出现的问题、挑战和机会进行全面的分析，以了解其根本原因，并从中吸取教训。通过持续的反馈和学习，团队能够及时调整和改进管理策略，提高项目执行的效率和质量，实现更好的业绩表现。其次，创新精神在项目管理中的应用则强调了寻找新的方法和工具来应对问题和挑战。这可能涉及采用新的技术、工程方法、管理软件或其他创新性解决方案。通过鼓励团队积极探索新的可能性，项目团队可以不断地改进和创新项目管理的实践。创新不仅可以提高项目执行的效率，还可以降低成本、提高质量和减少风险，为项目的成功实施提供了更广阔的空间和更强大的支持。最后，持续改进和创新精神也与项目的可持续发展密切相关。在考虑项目的可持续性时，团队需要不断寻求更环保、更社会负责、更经济高效的解决方案。这意味着在项目设计、施工和运营过程中，需要考虑到环境、社会和经济方面的可持续性因素，并积极采取措施来减少资源消耗、减少污染排放和提高社会效益。通过持续改进和创新，项目团队可以为实现可持续发展目标做出更积极的贡献，同时也为自身带来更多的竞争优势和商业机会。

7.2.2.3 可持续发展与社会责任

在造价管理的原则与价值观中，可持续发展与社会责任是至关重要的方面。可持续发展原则要求在项目的成本管理中不仅要考虑短期利益，还要注重对环境、社会和经济的长期影响，以确保项目在未来能够持续发展而不会对资源造成不可逆的损害。

首先，可持续发展的核心理念包括降低环境影响、提高资源利用效率、支持社会公平和满足未来世代的需求。在造价管理中，这意味着需要在成本与效益之间寻找平衡，寻找具有更低环境影响的材料和技术，并采用可再生能源和节能措施来降低项目的碳足迹，从而实现环境可持续性和资源的有效利用。其次，社会责任在造价管理中也至关重要。这包括与当地社区的合作、员工的福祉和安全，以及对社会的贡献。项目的成功不仅仅是财务绩效的问题，还包括对社会的积极影响和与当地社区建立良好关系的责任。因此，尊重当地文化和价值观，创造就业机会和培训计划，确保项目的安全性，以保护员工和其他相关各方的权益，都是项目在社会责任方面需要考虑的重要因素。

7.2.3 预算控制与成本优化

7.2.3.1 预算编制与成本计划

预算编制是指在项目启动阶段制定预期的成本预算，明确项目所需资源和资金，并为项目管理和执行提供指导。预算编制需要考虑项目的所有方面，包括劳动力、材料、设备、时间和其他资源，以确保项目在预定的预算范围内完成。成本计划是在预算编制的基础上进一步细化和优化成本管理的过程，其涉及制定详细的成本估算，将预算分配到不同的项目阶段和任务上，以及建立成本控制的机制。成本计划帮助项目团队更好地理解项目的成本结构，识别潜在的成本风险，并制定相应的应对策略。

通过预算编制和成本计划，项目团队可以更好地掌握项目的财务状况，预测和监控成本的变化，及时采取措施来保持成本在可控范围内，不仅有助于确保项目按计划完成，还有助于提高项目的经济效益，最大化利润，并在项目成功中发挥关键作用。因此，预算控制与成本优化是造价管理的重要原则，它们有助于项目在有限的资源和资金下取得最佳的经济效益。

7.2.3.2 预算控制方法与工具

在造价管理中，预算控制是确保项目成本保持在可控范围内的关键，而为了有效地进行预算控制，需要采用各种方法与工具，进而有助于监测项目的实际成本与预算之间的差距，识别成本超支或潜在的风险，并采取适当的措施来优化成本，常用的预算控制方法与工具如下所示。

（1）成本绩效分析（CPI 和 SPI）。成本性能指数（CPI）和进度性能指数（SPI）是用于衡量项目成本和进度绩效的指标。CPI 小于 1 表示成本超支，SPI 小于 1 表示进度滞后，这些指标可帮助项目团队及时发现问题并采取纠正措施。

（2）成本估算的反馈。成本估算的反馈也是一种重要的预算控制方法。定期审查实际成本与预算之间的差异，并将这些差异反馈给相关团队，有助于团队了解哪些活动或领域的成本超支，以便及时调整计划。通过持续的成本估算反馈，项目团队可以及时调整预算和资源分配，以确保项目的成本控制在可控范围内。

（3）风险管理。通过风险管理工具，项目团队可以识别并评估潜在的成本风险，并制定相应的风险应对计划。这些计划可以减少不必要的成本增加，并提高成本控制的效率。

（4）挣值管理（EVM）。挣值管理是一种综合考虑项目成本和进度的方法，通过分析挣值数据，可以帮助团队识别项目的综合绩效，包括成本和进度方面的问题。通过挣值管理，项目团队可以及时发现项目的成本偏差和进度滞后情况，从而采取相应的纠正措施，确保项目的成本控制在可控范围内。

（5）变更管理。变更管理也是预算控制的重要手段。在项目执行过程中，变更是不可避免的，而有效的变更管理过程可以帮助团队识别和评估项目中的变更，确保这些变更不会对预算造成不可控的冲击。通过严格控制变更的范围、影响和成本，以及及时更新预算和资源分配，可以有效地避免成本超支和项目风险的增加。

（6）项目报告与仪表板。项目报告与仪表板也是预算控制的重要工具，定期生成项目报告和仪表板，以可视化方式展示项目的成本情况，有助于项目团队和利益相关者更好地理解项目的财务状况，及时发现问题并采取相应的措施。

7.2.3.3 成本优化策略与效益评估

在项目管理中，成本通常是有限资源之一，因此需要确保最大限度地优化和控制成本，以实现项目的成功和可持续发展。

首先，成本优化策略的制定是为了寻求在资源有限的情况下实现最大化的效益。这需要项目管理团队认真分析和评估各个成本要素，以确定哪些方面可以进行优化和改进，以降低成本。成本优化策略可以包括多个方面，如采用更有效率的工程方法、寻找更便宜的供应商、优化资源利用、减少废料和损耗等。通过制定明确的策略，项目管理团队可以有针对性地降低成本，提高效益。其次，效益评估是成本优化策略的关键部分。在实施成本优化策略之前，需要对潜在的效益进行评估，包括确定潜在的成本节省、资源利用效率提高以及其他可能的益处。效益评估可以帮助项目管理团队了解采取特定策略或措施的潜在影响，以便在决策过程中进行权衡和优先考虑，有助于确保成本优化策略是明智的、可行的，并且确实能够为项目带来积极的效益。最后，成本优化策略和效益评估需要在整个项目生命周期中持续进行监测和调整。项目管理团队应定期审查成本控制和效益评估的结果，以确保策略的实施是否按计划进行，是否达到了预期的效益。如果出现偏差或问题，项目管理团队应及时采取纠正措施，以确保项目继续朝着成本控制和效益最大化的目标前进。

7.3 造价管理的主要内容

7.3.1 造价管理的主要工作流程

7.3.1.1 项目前期工作与可行性分析

在项目前期工作与可行性分析阶段，项目团队需要进行详细的项目规划和分析，以确保项目的可行性和可持续性。

首先，项目前期工作的关键步骤之一是明确定义项目的目标和范围。这意味着项目团队必须清楚地了解项目的愿景和期望结果，并确立项目的范围边界，明确项目所包含的工作内容和排除的范围，以便有效地规划和执行项目。确定项目的基本要求和需求也是项目前期工作的重要组成部分。通过与项目相关方的沟通和协商，项目团队需要确保对项目的基本要求和需求达成共识，以便满足项目的核心目标和利益相关者的期望。此外，编制项目计划和时间表也是项目前期工作的关键任务之一。项目团队需要根据项目的范围、要求和资源可用性，编制详细的项目计划和时间表，明确项目的各项活动、里程碑和交付物，并合理安排项目的执行顺序和时间节点，以确保项目按时交付并达到预期目标。

其次，可行性分析在项目前期工作中扮演着至关重要的角色。在进行可行性分析时，项目团队需要对项目的各个方面进行全面评估，以确定项目是否值得投资和实施。首先是技术可行性分析，即评估项目所需技术方案的可行性和可靠性，确保项目的技术路径和解决方案能够实现项目目标。其次是经济可行性分析，包括对项目投资回报率、成本估算、资金来源和资金回收周期等方面进行综合评估，以确定项目的经济可行性和投资吸引力。此外，还需要进行法律法规可行性分析，即评估项目在法律法规和政策方面的遵从性和合规性，确保项目在法律环境下的合法性和稳健性。综合考虑技术、经济和法律等方面的因素，可行性分析能够为项目决策提供可靠的依据和指导，帮助项目团队做出明智的决策。

最后，项目前期工作还需要进行初步的资源调查和采购计划。这包括确定项目所需的人力、材料、设备等资源，并制定采购和供应链战略，以确保项目在后续阶段能够顺利进行。资源调查和采购计划的目的是为项目提供必要的资源支持，确保项目能够按计划进行，并避免由于资源短缺或浪费而导致的延误或额外成本。通过以上详细的项目规划和分析工作，项目团队能够全面了解项目的需求和挑战，为项目的成功实施奠定坚实的基础，并为后续的项目执行和控制提供有效的指导和支持。

7.3.1.2 预算编制与控制流程

预算编制与控制流程是造价管理的关键环节，涵盖了整个项目的成本计划、预算编制、预算控制和成本分析等方面的工作。

首先，预算编制与控制流程的第一步是确定项目的成本计划。在这一阶段，项目管理团队需要详细了解项目的范围、目标和要求，以便确定所有可能涉及的成本项目和预算项目。这可能包括劳动力成本、材料成本、设备成本、分包成本等。通过仔细地分析和估算，团队可以制定一个全面的成本计划，为项目的后续阶段提供支持。其次，预算编制流程涉及将成本计划转化为具体的预算。这需要将每个成本项目的估算成本细化，并将其分配到项目的不同阶段和工作包中。这个过程需要综合考虑项目的时间表、质量要求和资源可用性等因素，以确保预算的准确性和可行性。一旦预算编制完成，就可以将其用作项目的基准，为后续的成本控制提供依据。再次，预算控制是预算编制与控制流程的核心，其涉及监测项目的实际成本与预算之间的差距，并采取必要的措施来管理和控制成本。这包括跟踪项目的进度，确保资源的有效利用，及时识别和应对成本偏差，并采取纠正措施以保持项目的成本在可接受范围内。预算控制还包括定期生成成本报告，向项目相关方提供有关项目成本状况的透明信息。最后，成本分析是预算编制与控制流程的重要环节之一。通过对项目的实际成本数据进行分析，可以识别出造成成本偏差的原因，并提出改进建议，以便在未来的项目中更好地控制成本。成本分析还可以用于评估项目的绩效，确定哪些方面需要改进，以及如何更好地规划和执行项目的预算。

7.3.1.3 合同管理与支付管理流程

在合同管理与支付管理过程中，造价管理团队负责管理与承包商和供应商之间的合同，以确保合同的履行和付款的合理性。

首先，合同管理涉及合同的起草、审查和签订。在这一过程中，造价管理团队需要确保合同条款的明确性和完整性。这包括确保合同中包含了工作范围的详细描述、工程期限、质量要求、支付条款等方面的内容，以及对风险分担和变更管理的规定。同时，造价管理团队还需要与承包商协商并达成一致，以确保双方都了解和接受合同的内容，从而建立良好的合作关系和沟通基础。其次，一旦合同签订完成，支付管理成为关键任务。在项目的不同阶段，承包商和供应商需要根据合同条款提交支付申请，而造价管理团队则需要仔细审查这些申请。审查过程包括核实工作的实际完成情况、与合同约定的进度和质量要求的符合性，以及支付金额的合理性。如果发现任何争议或变更，造价管理团队需要及时与相关方协商并解决问题，以避免支付纠纷和项目进度的延误。最后，合同管理与支付管理流程对于项目的成功和成本控制至关重要。通过有效的合同管理，可以确保各方履行其责任，避免合同纠纷和法律问题的发生。支付管理则有助于确保合同金额的准确支付，并监控项目的预算执行情况。因此，造价管理团队需要具备高度的专业知识和谨慎的操作，以确保项目顺利进行并达到预期的成本和质量目标。

7.3.1.4　变更管理与成本管理流程

变更管理与成本管理流程在项目执行阶段起到关键作用，旨在管理和控制项目范围内的任何变更，并确保这些变更对项目成本的影响得到适当的管理。

首先，变更管理涉及对项目范围的变更请求进行收集、评估和记录。变更请求可能来自于项目团队、业主、承包商或其他相关方，可以涉及工程范围、设计修改、额外工作、时间表变更等方面。造价管理团队需要仔细审查这些变更请求，评估其对项目成本和进度的影响，并决定是否批准或拒绝它们。其次，一旦变更被批准，成本管理就成为一个关键环节。造价管理团队需要估算和记录变更对项目造价的影响，并确保这些成本变化得到适当的控制和报告，包括更新项目的预算和成本估算，以反映变更所带来的影响，并确保项目仍然在预算范围内。最后，变更管理与成本管理流程还需要与其他项目管理过程密切协调，以确保变更的实施不会影响项目的质量、进度和安全。同时，透明度和沟通也是关键，以确保所有相关方都清楚了解项目的变更和成本情况，避免潜在的争议和纠纷。

7.3.1.5　项目结束与成本核算

项目结束与成本核算流程在项目接近尾声时至关重要，其涉及对整个项目的成本进行最终核算和评估，以确保项目的财务控制和报告完整和准确。

首先，在项目结束阶段，造价管理团队需要收集和整理所有与项目成本相关的信息和数据，包括所有支出、支付、合同变更、额外工作、材料采购、劳动力成本等方面的记录，这些数据需要进行仔细地审查和核实，以确保其准确性和完整性。其次，成本核算的目标是将项目的实际成本与最初的预算进行比较，并确定是否存在超支或节省的情况。如果发现了超支，造价管理团队需要深入分析超支的原因，以确定是由于变更、不可预见的问题还是其他因素引起的，有助于提取宝贵的教训，以改进未来项目的成本管理。再次，在成本核算过程中，还需要考虑与项目质量、安全和进度等其他因素的关联，有助于综合评估项目的整体绩效，并为未来的项目提供有关如何更好地管理成本的见解。最后，项目结束与成本核算流程还包括准备最终的财务报告和文件，以便与项目团队、业主和其他相关方共享。这些报告和文件对于项目的结算和结尾至关重要，并确保了解项目的全部成本和财务状况。

7.3.2 预算编制与控制

7.3.2.1 预算编制的步骤与方法

预算编制与控制旨在确保项目在财务方面的可控性和合理性，预算编制的步骤与方法如下所示。

第一，预算编制的第一步是确定项目的范围和目标，这就需要明确项目的规模、要求、质量标准和交付期限等方面的细节，进而为后续的预算编制提供基础。第二，需要收集和分析有关项目的各种成本要素的数据，包括劳动力成本、材料成本、设备租赁费、合同成本、管理费用等，可以通过历史项目数据、市场调研和供应商报价等渠道获取。第三，一旦数据收集完毕，就可以开始编制项目的预算。在这一步骤中，需要将各项成本按照各自的分类进行整理，并制定一个详细的成本计划，包括每个成本要素的金额和时间分配，有助于建立一个全面的项目预算。第四，预算编制需要进行核查和审批。项目团队和相关利益相关者需要对预算进行审查，并确保其合理性和准确性，一旦获得批准，预算就可以作为项目的财务基准进行使用。第五，一旦项目开始进行，预算控制成为至关重要的一环，包括监测项目的实际成本与预算之间的差距，并采取必要的措施来纠正任何潜在的超支或成本增加，这可以通过定期的财务报告和成本分析来实现。

7.3.2.2 预算控制与成本预测

预算控制与成本预测有助于确保项目的财务稳定和成本的可控性。在预算控制的过程中，项目团队会密切监测项目的实际支出，并将其与预算进行比较。这种比较有助于及时发现是否存在成本超支的情况，一旦发现实际支出超出了预算，就需要采取纠正措施以防止进一步的成本增加。常用的纠正措施包括重新评估供应商合同，以确保合同价格符合市场水平并具有竞争性；调整项目进度，可能需要调整工期或优化工序安排以减少额外成本；优化资源利用，通过合理安排人力、材料和设备的使用，降低成本支出。而成本预测则是对未来项目成本的估计，旨在帮助项目团队在项目进行过程中提前识别潜在的成本增加或风险。成本预测通常基于当前的项目进展和实际支出数据进行，采用各种技术和方法，如趋势分析、风险评估和模拟建模等。通过成本预测，项目团队可以更好地规划项目的财务资源，并及时采取行动以应对可能的挑战，例如调整预算分配、制定应对措施或调整项目策略。

7.3.2.3 预算与实际成本的对比分析

预算与实际成本的对比分析是造价管理中的关键步骤，其有助于评估项目的财务绩效和成本控制情况。在这一过程中，项目团队将实际发生的成本与预算进行比较，以确定是否存在偏差并分析其原因，对比分析可以通过不同的方式来进行，包括比较实际支出与预算的具体数字、计算成本偏差的百分比，或制作图表来可视化成本的变化趋势。通过预算与实际成本的对比分析，项目团队可以识别出哪些成本项超出了预算、哪些成本项保持在预算范围内，以及哪些成本项可能需要额外的控制或优化。这种分析也有助于提前发现潜在的问题，并及时采取纠正措施，以确保项目的财务可持续性和成功完成。

7.3.3 合同管理与支付管理

7.3.3.1 合同签订与履行

合同签订与履行是造价管理中的重要环节，其涉及项目的法律和经济层面，对于确保项目的财务和法律合规性至关重要。在这一阶段，项目团队首先需要进行合同的签订，确保合同条款清晰明了、合法合规，明确各方的权利和责任。合同中通常包括工程范围、工程期限、支付方式、质量要求、变更管理等重要内容，以确保项目的顺利实施。一旦合同签订完成，合同的履行阶段开始，包括监督和管理承包商的工作，确保他们按照合同的要求和时间表履行合同，还包括对工程进度和质量进行监督，以确保项目按照预算和质量标准进行。同时，支付管理也是合同履行的一部分，确保承包商按合同约定及时支付，并根据实际工作完成情况进行支付，有助于确保项目的资金流动和财务可持续性。

7.3.3.2 支付管理程序与流程

支付管理程序与流程不仅有助于确保合同按照预期执行，还能有效管理项目的资金流动，确保财务可持续性。

第一，支付管理程序的建立涉及多个方面。项目团队需要明确定义和制定支付政策，确保合同的各项支付按照一致的标准和规定进行，包括支付的时间表、审批流程、付款方式和金额限制等方面的规定。同时，还需要明确每个相关方的责任，包括项目管理团队、财务部门、合同管理员和承包商等，以确保每个环节的协同合作。第二，支付管理程序通常始于承包商提交付款申请。承包商需要详细列出他们已经完成的工作、所使用的材料和相关费用，并提交给项目管理团队。这些付款申请需要经过严格的审核和核实，以确保申请的金额和内容都符合合同的约定。审核过程可能涉及技术验收、材料检验和质量控制等方面，以确保工作的合格性。第三，经过审核的付款申请会被提交给项目管理团队的审批程序。这个审批过程通常需要多个层面的审批，包括项目经理、合同管理员和财务主管等，以确保支付的准确性和合法性。审批过程还需要考虑项目的预算和可用资金，以确保支付不会超出预算范围。第四，一旦付款申请得到批准，财务部门会根据合同约定的支付方式，将款项支付给承包商。这可能包括直接银行转账、支票支付或其他支付方式。财务部门需要确保支付的准确性，以避免任何潜在的纠纷或争议。第五，支付管理程序还包括记录和跟踪所有支付的细节。这些记录包括付款申请的日期、金额、付款方式和接收方等信息，有助于日后的审计和财务分析，确保项目的财务可持续性和合规性。

7.3.3.3 合同权益保护与索赔处理

合同权益保护与索赔处理涵盖了一系列措施和程序，旨在确保合同各方的权益得到充分保护，并处理可能涉及索赔的情况。

首先，合同权益保护涉及在合同签订阶段明确双方的权利和责任，包括明确工程范围、质量标准、工程进度、付款条款等关键合同条款。合同应该清晰明了，避免歧义，以防止后期产生争议。同时，确保合同的签订是在双方自愿的情况下进行的，合同不应受到任何形式的压力或不正当手段的影响。其次，索赔处理是在工程项目中几乎不可避免的一部分。当发生合同违规、变更、延误或其他引起争议的情况时，索赔是合同各方解决争议的手段之一。在索赔处理中，需要依据合同约定和相关法律法规，详细记录索赔事件，包括索赔的原因、影响、成本等信息。再次，合同各方可以通过协商、调解或仲裁等方式解决索赔争议，确保权益得到公正保护。最后，合同权益保护与索赔处理还需要建立有效的合同管理体系，包括合同文件的妥善存档、合同履行过程的监督与记录、索赔事件的及时跟踪与处理等。合同管理团队需要具备专业知识和技能，以确保合同权益的全面保护和索赔事件的合理解决。

7.3.4 变更管理与成本管理

7.3.4.1 变更管理的程序与流程

变更管理是造价管理中的重要环节，涉及对工程项目计划、范围、进度或成本的任何变更的识别、评估、批准和控制，其程序与流程如下所示。

第一，变更的识别和提出阶段。在项目执行过程中，可能会出现许多因素导致计划、范围、进度或成本需要进行调整，变更可能由项目团队、业主、监理单位或其他相关方提出。在此阶段，需要识别和记录变更请求，并详细描述变更的性质和影响。第二，变更的评估和分析。一旦变更请求被提出，就需要对其进行评估，包括对变更的合理性、可行性和风险进行分析，需要考虑变更对项目进度、成本、质量和风险的影响，评估结果将用于决定是否批准变更。第三，变更的批准和控制。经过评估后，变更请求可能被批准或拒绝。如果变更被批准，需要更新项目文件，包括合同文件、工程计划、成本估算等，以反映变更后的情况。第四，需要确保变更得到有效的控制和实施，以防止对项目造成不必要的风险和影响。第五，变更的沟通和记录。在整个变更管理过程中，需要保持全面的沟通，确保各方都明确变更的情况、原因和影响。同时，要详细记录变更的所有细节，以便将来的审计和核算。

7.3.4.2 变更成本估算与核算

变更成本估算与核算是变更管理与成本管理的重要组成部分，能够帮助项目团队评估和跟踪由于变更而引起的成本变化。

首先，变更成本估算。一旦变更请求被批准，项目团队需要对变更的成本进行估算，包括评估变更所涉及的材料、劳工、设备和其他资源的成本，以及可能引起的额外费用，如管理和监督费用。变更成本估算需要考虑变更的性质和复杂性，以确保成本估算的准确性。其次，变更核算。在变更执行过程中，需要不断跟踪和核算实际发生的成本，以确保它们与估算的成本一致，包括监测变更所涉及的各项费用，包括材料、劳动力、设备和其他支出。如果发现实际成本超出了估算的成本，就需要采取措施来调整预算或采取其他措施来管理成本。同时，变更成本估算与核算也需要与合同管理紧密结合。变更的批准和执行可能需要合同的修改或补充协议，因此需要确保合同文件与成本估算和核算保持一致。最后，透明的沟通和记录对于变更成本估算与核算至关重要。项目团队需要与业主和其他相关方保持清晰的沟通，确保他们了解变更的成本和影响。同时，还需要详细记录所有的变更成本估算和核算信息，以备将来的审计和核查。

7.3.4.3 成本管理与控制方法

成本管理与控制方法在项目管理中起着至关重要的作用，特别是在处理变更管理和成本管理方面。

第一，预算设定和监控是成本管理的核心。在项目启动阶段，需要建立详细的项目预算，包括各项成本的估算和分配，不仅包括项目的基本成本，还包括预留用于应对不可预见变更的储备金。一旦项目开始，就需要不断监控实际成本与预算之间的差异，并采取适当的措施来控制成本，确保项目仍然在预算范围内。第二，变更管理是成本控制的关键。项目中经常会出现变更，无论是由于技术要求的变更、设计变更还是其他原因，都可能导致成本的增加。因此，需要建立有效的变更管理程序，确保所有变更都经过审查、批准并纳入预算。同时，变更的执行也需要严格控制，以防止产生额外成本。第三，资源管理和优化是成本控制的重要组成部分。项目中的资源，包括劳工、材料和设备，都需要有效地管理和优化，包括合理安排资源的使用，确保资源得到充分利用，并减少资源浪费。通过精确的资源管理，可以降低成本并提高效率。第四，技术工具和软件在成本管理中也扮演着重要的角色。项目管理软件可以帮助项目团队跟踪成本、预算和变更，并生成报告以支持决策制定，这些工具能够提供实时的数据和分析，有助于更好地控制项目成本。第五，有效的沟通和团队协作对于成本管理至关重要。项目团队的各个成员需要密切合作，共享信息，并及时报告潜在的成本问题，透明的沟通有助于及早识别和解决问题，确保项目顺利进行。

7.3.5 造价管理软件与工具的应用

在现代建筑工程中，造价管理软件与工具的应用已经成为不可或缺的一部分，有助于提高效率、准确性和数据分析的能力。

首先，造价管理软件的种类与选择至关重要。市场上存在各种不同类型的造价管理软件，包括预算编制软件、成本控制软件、变更管理软件等。选择适合项目需求的软件至关重要，因为不同的软件具有不同的功能和特点。例如，某些软件可能更适合大型工程项目，而其他软件可能更适合小型项目。因此，在选择软件时，需要仔细考虑项目的规模、复杂性和特殊要求。其次，数据分析工具与技术支持也是造价管理中的关键因素。现代软件和工具通常具有强大的数据分析功能，可以帮助项目团队更好地理解成本数据、趋势和潜在的问题。这些工具可以生成各种报告和图表，用于可视化数据并支持决策制定。同时，技术支持也非常重要，因为在使用软件时可能会出现问题或需要培训。因此，选择提供良好技术支持的软件供应商是明智的选择。最后，自动化与数字化的趋势在造价管理中日益明显。现代造价管理软件通常具有自动化的功能，可以自动收集、处理和分析成本数据，减少手动操作和错误的风险。数字化工具也使得数据更容易存储、检索和分享，提高了信息的可用性和可访问性。这些趋势有助于提高工作效率，并使造价管理更加精确和可靠[14]。

8　预算编制

8.1　预算编制的意义

8.1.1　预算编制在建筑工程中的作用

首先，预算编制的目的是确保项目在合理的成本范围内完成，从而保持项目的经济可行性，其是一个系统性的过程，旨在估算和规划项目所需的资源、材料、劳动力和其他成本要素，以及管理项目资金流动和支出。其次，预算在项目管理中占据着核心的地位，因为其不仅为项目的资金控制和资源分配提供了基础，还为项目的决策制定和进度控制提供了重要的依据。通过合理的预算编制，项目管理团队能够明确项目的成本结构、预期支出和资金需求，从而更好地规划和管理项目的各个阶段。最后，预算编制对项目的成功实施至关重要，因为其直接影响项目的财务健康和可持续性。科学合理编制的预算可以帮助项目团队避免超支和资金短缺，确保项目按时按预算交付，提高客户满意度，并为未来的项目成功奠定基础。

8.1.2　预算与成本控制的关系

8.1.2.1　预算与成本控制的基本联系

预算与成本控制之间存在着密切的关系，其是建筑工程管理中不可分割的两个方面。

首先，预算与成本控制的基本联系在于，预算编制是成本控制的起点和基础。通过预算编制，项目管理团队可以详细估算项目的各个成本要素，包括劳动力、材料、设备、运输等，制定一个合理的项目成本计划，包括总体预算，还包括各个工程阶段的子预算，以及对不同资源和成本要素的分配。这为项目的成本控制提供了具体的依据和目标，使管理团队能够在项目执行过程中与实际成本进行比较和对比，及时发现和解决潜在的成本超支或费用节省问题。其次，预算也在项目的成本控制中发挥着指导和监督的作用。一旦项目进入执行阶段，预算成为了一个衡量项目绩效的标准，项目团队可以将实际发生的成本与预算进行对比，从而评估项目的财务状况和成本控制情况。如果实际成本偏离了预算，管理团队可以采取相应的措施来纠正偏差，确保项目在预定的成本范围内完成。这种实际与预算的对比也有助于提高资源利用效率，避免浪费，从而最大限度地降低项目的成本，提高项目的盈利能力。

8.1.2.2　预算对成本控制的指导作用

预算在成本控制中具有重要的指导作用。通过预算，项目管理团队能够制定详细的成本计划，明确项目各个方面的成本要素和分配情况，为项目的成本控制提供了具体的方向和目标。

首先，预算为项目的成本控制提供了基准。其明确规定了项目在不同阶段和领域的成本预期，包括人工、材料、设备、运输、管理费用等各项成本。预算数据不仅包括了总体项目预算，还可以细分为子预算，比如施工阶段、采购阶段、设备租赁等各个方面的预算，从而使项目管理团队能够清晰了解到每个部分的成本预期。其次，预算作为一个明确的目标，可以用来与实际成本进行对比。在项目执行过程中，项目管理团队可以随时与预算进行比较，以评估项目的财务状况和成本控制情况。如果实际成本偏离了预算，管理团队可以采取相应的措施来纠正偏差，确保项目在预定的成本范围内完成，还有助于及时发现和解决潜在的成本超支或费用节省问题，确保项目的财务健康。最后，预算的制定过程本身也有助于优化资源分配和成本管理。在编制预算的过程中，项目管理团队需要详细考虑各项成本要素，评估各种资源的需求和成本，从而更好地规划项目的资源利用和成本分配，有助于提高资源利用效率。

8.1.2.3 预算与成本控制的协同效应

预算与成本控制之间存在着协同效应，这种协同效应是建筑工程项目管理中非常重要的因素。具体来说，预算与成本控制之间的协同效应表现在以下几个方面：

首先，预算为成本控制提供了明确的目标和基准。预算是在项目启动阶段根据项目的需求和资源分配制定的，其为项目提供了一个预期的成本框架。这个预期成本框架对于项目的整体成本控制至关重要，因为其为项目管理团队提供了一个目标，使他们能够明确了解项目的经济可行性，并在项目执行过程中跟踪和控制成本的实际情况。其次，预算与成本控制之间的协同效应在于预算可以用作成本控制的基准。项目管理团队可以通过将实际成本与预算进行比较来评估项目的成本绩效。如果实际成本低于预算，那么项目可能在成本控制方面表现出色，反之亦然。这种基准对于及时发现和解决潜在的成本问题非常重要，有助于确保项目按计划进行，并在预算范围内完成。再次，预算还促使项目管理团队采取积极的成本控制措施。因为预算提供了一个明确的目标，所以项目管理团队会更有动力采取必要的措施来确保项目的成本不会超出预算，包括更有效的资源管理、供应商谈判、成本节约措施等。预算的存在鼓励了成本控制的积极性。最后，预算与成本控制的协同效应还在于它们共同有助于项目的成功。通过将成本控制与预算相结合，项目管理团队能够更好地确保项目的财务健康，确保项目按计划进行，同时保持成本在可接受的范围内，有助于提高项目的成功机会，满足客户需求，并确保项目的可持续性。

8.1.3 预算对项目管理的影响

8.1.3.1 预算对项目进度管理的支持

预算对项目管理的影响之一是在项目进度管理方面提供了重要的支持，具体而言，预算通过以下方式对项目进度管理产生影响：

首先，预算确保资源的合理分配和利用。在项目进行过程中，各种资源，包括人力、物资、设备等，都需要有效地分配和利用，以确保项目按计划进行。预算为每个资源分配了相应的成本，并明确了资源的需求和时间表。项目管理团队可以根据预算中的资源分配情况，合理安排资源的使用，确保资源的充分供应，从而避免了资源短缺或浪费，有助于项目进度的顺利推进。其次，预算为项目进度提供了时间和成本的关联性。在项目管理中，时间和成本通常是密切相关的。通过预算，项目管理团队可以清楚地了解每项工作任务所需的成本，从而确定项目的预计成本与时间关系。这使得项目管理团队能够更好地掌握项目的进度情况，及时发现可能影响进度的成本问题，并采取相应的措施来保持项目进度在可接受的范围内。再次，预算为项目管理团队提供了一个早期警示系统。通过与实际成本的对比，项目管理团队可以及早识别潜在的问题或风险，例如成本超支或资源不足，这使得他们能够迅速采取措施来纠正问题，防止进度延误，确保项目按计划推进。最后，预算促使项目管理团队对项目进度进行更加细致的计划和监控。在编制预算的过程中，项目管理团队需要详细考虑项目的各个方面，包括工作任务、资源需求、时间表等，这使得他们更加了解项目的复杂性和挑战，有助于制定更为严谨的进度计划，并定期监测和更新进度。预算的存在激励项目管理团队更加专注于项目进度管理，以确保项目的顺利完成。

8.1.3.2 预算对质量管理的影响

预算对项目管理的影响还体现在质量管理方面，其在以下几个方面对质量管理产生重要影响：

首先，预算明确了质量管理所需的资源投入。质量管理需要合适的人力、物资和设备来确保工程质量达到标准和要求。通过预算，项目管理团队可以准确估算质量管理活动所需的成本，并确保足够的资源用于质量控制、检验和测试等方面。这有助于确保质量管理活动得到充分支持，从而提高工程的质量水平。其次，预算为质量控制提供了经费支持。在项目执行过程中，需要进行质量控制活动，包括检验、测试、验证和纠正措施等。这些活动需要资金来支持，包括购买检测设备、聘请质量检验员等。预算中明确的质量管理成本确保了这些活动能够顺利进行，以防止质量问题的发生，并及时纠正已发现的问题。再次，预算强调了质量管理与成本之间的平衡。在项目管理中，质量管理通常会增加一定的成本，例如提高材料质量、增加检测频率、加强培训等。然而，通过预算，项目管理团队可以明智地权衡质量和成本之间的关系，确保质量管理活动既能够满足质量要求，又不会导致成本超支。这有助于保持质量管理的有效性和经济性。最后，预算对于质量管理的影响还在于它提供了一种评估和监控质量绩效的手段。项目管理团队可以通过比较预算中的质量管理成本与实际支出的情况，来评估项目的质量管理绩效。如果发现质量问题导致成本增加，可以采取纠正措施。这种监控机制有助于持续改进质量管理实践，提高项目的整体质量水平。

8.1.3.3 预算对风险管理的重要性

预算在项目管理中的影响还体现在风险管理方面，具体表现为以下几个方面：

首先，预算帮助项目管理团队识别和评估风险。在预算编制过程中，项目管理团队需要仔细分析项目的各个方面，包括成本、资源、进度、质量等，以确保项目能够按计划顺利进行。这个过程中，团队会识别潜在的风险因素，例如成本超支、资源不足、进度延误等，并评估这些风险对项目的影响程度。通过预算，团队能够更好地了解项目的风险情况，从而采取相应的风险管理措施。其次，预算为风险应对提供了资金支持。在项目执行过程中，可能会出现各种风险事件，例如突发问题、变更请求、自然灾害等，这些事件可能导致成本增加或进度延误。通过预算，项目管理团队可以预留一定的资金用于应对这些风险事件，例如建立风险储备金或预留变更管理的经费。这样可以确保在面临风险时有足够的资金来应对，不至于影响项目的进展和质量。再次，预算有助于风险管理的优先级排序。在项目中，可能会同时面临多个风险因素，而资源是有限的。通过预算，项目管理团队可以根据预算分配情况来确定应对风险的优先级，即哪些风险最需要关注和处理。这样可以更有效地管理和应对项目中的各种风险，提高项目的成功概率。最后，预算还为风险管理提供了监控和控制的依据。项目管理团队可以通过比较实际支出与预算的情况，来监控项目的风险管理绩效。如果发现某个风险导致成本增加或进度延误，可以及时采取纠正措施，以减小风险的影响，这种监控和控制机制有助于项目在风险管理方面的持续改进[15]。

8.2 预算编制的基本步骤

8.2.1 预算编制前的准备工作

8.2.1.1 预算编制的前期调研与数据收集

预算编制的前期准备工作至关重要，其中包括预算编制的前期调研与数据收集，这一阶段的目标是收集和整理与项目相关的各种信息和数据，为后续的预算编制提供必要的基础。

首先，前期调研是确保项目管理团队充分了解项目的关键特点和要求的关键步骤，包括对项目的整体目标和范围的理解，项目的技术要求和质量标准，以及项目所在地区的法律法规和环境因素。通过调研，团队可以明确项目的需求和限制，为后续的预算编制提供准确的方向。其次，数据收集是预算编制的基础。项目管理团队需要收集有关项目各个方面的数据，包括但不限于以下内容：项目的施工图纸和设计文件，相关的工程量清单，材料和劳动力的价格信息，以及项目执行过程中可能产生的变更请求和风险因素。这些数据将成为预算编制的依据，用于估算项目的成本。最后，前期调研与数据收集还包括对市场和行业的分析，以了解当前的市场趋势和价格变动情况，有助于项目管理团队更准确地估算项目的成本，并在预算中考虑可能的不确定性因素。

8.2.1.2 预算编制团队的组建与培训

首先，预算编制团队的组建是一个关键步骤，团队成员的选择需要根据其专业背景、技能和经验来确定，以确保他们具备适当的知识和能力来处理各种预算编制相关的任务。团队成员主要包括建筑工程师、财务专家、成本工程师、项目经理等不同领域的专业人员，他们将共同协作，为预算编制提供必要的支持。其次，对预算编制团队的培训至关重要。培训可以帮助团队成员了解最新的预算编制方法、工具和技术，使他们能够更好地应对项目的需求。培训内容通常包括成本估算技巧、成本数据的收集和分析、预算软件的使用等。培训还可以促进团队成员之间的协作和沟通，提高他们的团队合作能力，以更好地协同完成预算编制任务。最后，团队成员还需要了解项目的特点和目标，以便根据项目的具体要求来进行预算编制。这包括对项目的范围、质量要求、时间表和风险因素的深入了解。团队成员还需要与项目的相关方进行密切合作，包括业主、设计师、施工承包商等，以确保他们充分了解项目的要求和期望。

8.2.1.3 预算编制计划的制定与审核

预算编制前的准备工作在项目管理中起着至关重要的作用，其中预算编制计划的制定与审核是确保整个预算过程能够顺利进行的关键环节。详细的计划和审核过程有助于项目团队明晰工作目标，规划资源，减少错误和延误，提高整体效率。

首先，预算编制计划的制定需要从项目的角度出发，考虑项目的性质和规模。这意味着在计划中要充分了解项目的具体要求，包括材料、劳工、设备等资源的需求，以及项目的时间表和里程碑。这一步骤通常需要与项目团队的各个成员密切合作，以确保各方对项目的需求和目标达成一致。其次，预算编制计划应包括任务分配和责任人员的明确指定。每个任务的执行者需要清楚了解他们的职责和时间要求，以确保任务能够按时完成。这需要综合考虑项目团队成员的专业知识和技能，以分配合适的任务给合适的人员，以最大限度地提高工作效率。再次，计划中还应考虑到可能的风险因素，以及应对这些风险的策略和预案。这有助于项目团队在预算编制过程中及时应对潜在的问题，减少不确定性对项目造成的影响。同时，在预算编制计划的审核过程中，需要与项目团队、财务部门和其他相关部门进行充分的沟通和协商。这可以确保计划的合理性和可行性，吸收不同部门的意见和建议，以更好地满足项目的需求。审核还有助于发现和解决可能存在的矛盾或冲突，以确保计划的一致性和协调性。最后，预算编制计划还应包括相关的文档和模板，以确保团队成员按照统一的标准和方法进行工作，可以降低误解和错误的风险，提高工作的质量和效率。

8.2.2 工程量清单的制定与计价

8.2.2.1 工程量清单的定义和作用

工程量清单是建筑工程管理中的重要文档，其是一份详细列出工程项目中各项工程量的清单，包括材料、人工、设备和其他资源的数量、规格、计量单位等信息。工程量清单在建筑工程的各个阶段，从设计、招标、施工到竣工验收，都具有重要的作用。

首先，工程量清单在设计阶段起到了明确工程项目需求的作用。在设计阶段，工程师和设计师通过编制工程量清单，可以详细了解项目所需的材料、工程量和资源，有助于明确工程的技术要求和质量标准。工程量清单还为后续的预算估算和成本控制提供了依据，有助于确保项目在预算范围内完成。其次，工程量清单在招标阶段用于制定招标文件和评审投标。在招标阶段，业主可以根据工程量清单编制招标文件，明确工程项目的技术要求和施工范围，从而吸引合适的承包商参与竞标。投标承包商则可以根据工程量清单准确估算项目成本，制定合理的报价。工程量清单也为评标委员会评审投标文件提供了依据，确保了招标过程的公平和透明。再次，工程量清单在施工阶段用于指导施工和监督工程进展。一旦工程项目开始施工，工程量清单成为了施工的基础文档。承包商可以根据工程量清单的内容和要求进行施工计划和资源调度，确保施工进度和质量符合预期。监理单位和业主代表可以通过检查工程量清单，确保施工过程的合规性和质量标准的达标。最后，工程量清单在竣工验收和结算阶段用于项目的验收和结算。在竣工验收阶段，工程量清单用于核对项目的实际完成情况和合同约定，从而决定是否符合验收标准。在结算阶段，工程量清单作为计价依据，用于确定最终的工程成本，并进行结算付款。

8.2.2.2 工程量清单的编制原则与规范

工程量清单的编制原则与规范是建筑工程造价管理的关键，其确保了工程量清单的准确性、一致性和可比性，从而为项目的成本估算和控制提供了可靠的依据。

首先，工程量清单的编制原则包括准确性原则、完整性原则、一致性原则和规范性原则。准确性原则要求工程量清单中的每一项都必须准确无误地反映出工程项目的实际需求，包括数量、单位、规格、材料等信息，以确保成本估算的准确性。完整性原则要求工程量清单必须包含项目所有相关的工程量项，不能有遗漏，以避免后期补充和修改，从而影响工程的顺利进行。一致性原则要求工程量清单中的项目命名、计量单位、分类等信息要保持一致，以便于数据的统一管理和分析。规范性原则要求工程量清单的编制必须遵循相关的国家和地方标准、规范和法律法规，以确保工程的合法合规性。

其次，工程量清单的编制需要遵循一定的规范和标准，这些规范和标准通常由建筑行业协会、国家标准化机构或政府部门发布。在中国，工程量清单的编制通常遵循《建设工程工程量清单计价规范》（GB 50500—2013）等国家标准。这些规范和标准规定了工程量清单的格式、内容、计价方法、编制程序等方面的要求。例如，工程量清单应按照建筑结构、建筑设施、装饰装修、给排水、电气、暖通等专业进行分类，并按照一定的编码体系进行命名和编号，以确保清单的结构清晰和可读性。同时，规范还要求工程量清单中的数量计算必须按照工程量的实际情况进行，包括长度、面积、体积、质量等的测量和计算，计价方法必须符合国家的计价规范。

最后，工程量清单的编制还需要考虑项目的特殊性和复杂性。不同类型的工程项目可能有不同的编制要求，例如住宅建筑、商业建筑、工业建筑等，其工程量清单的内容和格式可能会有所不同。因此，在编制工程量清单时，必须充分了解项目的特点和需求，根据项目的实际情况进行调整和定制。同时，还需要考虑项目的施工工艺、材料供应、环境因素等因素，以确保工程量清单的准确性和可操作性。

8.2.2.3 工程量的计价与定额的应用

工程量的计价与定额的应用是预算编制过程中的重要环节，其直接关系到项目的成本估算和预算控制。

首先，工程量的计价是指根据工程量清单中的各项工程量和相应的计价单位，结合市场行情和成本数据，计算出每一项工程量的具体成本。这个过程需要考虑到材料、人工、机械设备等多个方面的成本因素，以确保计价的准确性。计价过程中通常会使用到工程造价定额，这是一种将工程量与成本联系起来的标准化方法，它包括了每项工程量的计价单位和相应的成本，可以大大简化计价的工作。其次，定额的应用是指根据工程造价定额，将工程量的计价与成本数据进行匹配，从而得出每项工程量的具体成本。工程造价定额通常包括了各种工程项目的标准工艺、材料、人工和机械设备的消耗量和成本，它们是根据行业标准和经验积累而制定的。通过将工程量清单中的工程量与相应的定额进行匹配，可以快速而准确地计算出每一项工程量的成本，从而形成预算的基础数据。

8.2.2.4 工程量清单编制的步骤与方法

工程量清单的编制是建筑工程造价管理中至关重要的一环，其为工程项目的成本核算提供了基础数据，工程量清单编制的步骤与方法如下所示。

第一，需要进行工程项目的文件收集与准备。在这一阶段，项目团队需要收集相关的设计图纸、施工文件和规范等文件，以了解项目的范围和要求。这些文件包括建筑平面图、立面图、结构图、设备清单、技术规范等，它们将为工程量清单的编制提供基本数据。同时，还需要了解项目的特殊要求和约束条件，如环保要求、安全标准等。第二，是清单项的识别和提取，这一步需要更多的细节考虑。在这个阶段，工程师和项目团队需要仔细研究项目文件，识别和提取出所有需要计量和估算的工程项目，这包括各种建筑构件、设备、材料以及工程施工活动等。这个步骤需要精确、详细地记录每一项工程量，包括工程构件的型号、规格、材质等信息。第三，是工程量的计算和估算，这一步需要更多的数学和技术细节。一旦清单项被识别和提取，就需要进行工程量的计算和估算。这通常涉及使用标准的计算方法和公式，以确定每一项工程量的数量，如长度、面积、体积、质量等。计算结果需要精确，并符合相关的行业标准和规范。此外，还需要考虑到各种因素，如浪损、损耗、安全储备等，以确保工程量的准确性和完整性。第四，是工程量清单的格式和结构的确定，这涉及更多的文档管理和数据整理。工程量清单通常需要按照一定的格式和结构来组织和呈现。这包括清单项的编号、名称、单位、数量、单价、合计等信息的排列和组织方式。清单的格式和结构应该清晰明了，便于后续的管理和使用。同时，还需要考虑到清单的更新和变更，以及与其他项目文件的关联性。第五，是工程量清单的审查和验证，这需要更多的质量控制和质量保证措施。一旦工程量清单编制完成，需要进行审查和验证，以确保其准确性和完整性。这包括与设计师、工程师和其他相关方的沟通和确认，以确保工程量清单与项目文件一致，并满足项目的要求。同时，还需要进行内部审核和质量检查，以发现和纠正可能存在的错误和不一致之处。

8.2.2.5 软件辅助工程量清单编制

软件辅助工程量清单编制是一种现代化的方法，其利用计算机软件和技术工具来辅助和简化工程量清单的编制过程。这种方法在建筑工程管理中越来越普遍，因为它可以提高效率、减少错误，并提供更多的灵活性。

首先，软件辅助工程量清单编制的重要性。在现代建筑项目中，工程量清单往往非常庞大复杂，包含大量的构件和材料。传统的手工编制方法可能耗费大量时间和人力，并容易出现错误。而利用专业的建筑工程量清单软件，可以自动化地完成数量计算、单位换算、价格调整等烦琐的工作，大大提高了编制效率，减少了错误的发生。同时，软件还可以提供实时的更新和版本控制，确保工程量清单与项目的实际情况保持一致。其次，软件辅助工程量清单编制的步骤和方法。在使用工程量清单软件时，需要导入项目的设计文件和相关数据，这可以通过扫描或导入电子文档的方式进行。工程师和项目团队可以根据项目的具体要求和标准，在软件中创建工程量清单模板，并定义每个清单项的属性，如名称、单位、数量、单价等。接下来，可以通过软件的自动计算功能，快速生成工程量清单，并进行价格汇总和合计计算。在此过程中，软件会自动执行公式计算、单位换算和价格调整等操作，极大地减轻了工作负担。再次，软件还支持清单项的分类和分组，可以根据需要创建子清单和总清单，便于组织和管理工程量数据。同时，软件还提供了灵活的报表生成功能，可以根据项目的需要生成各种格式的报表和文档，如清单报价单、工程量汇总表、变更清单等。软件还支持多用户协作和数据共享，团队成员可以同时访问和编辑工程量清单，实现了信息的实时共享和协同工作。最后，软件辅助工程量清单编制的优点。使用工程量清单软件可以提高工作效率，减少错误，确保数据的准确性和一致性。同时，软件还可以更好地支持项目管理，包括成本估算、预算编制、进度控制等方面的工作。它还提供了灵活性，可以根据不同项目的需求进行定制和调整，适应各种复杂的工程项目。另外，软件还有利于数据的存档和备份，确保了数据的安全性和可追溯性。

8.2.3　材料与设备的估算与采购

8.2.3.1　材料估算与供应商选择

材料估算与供应商选择在建筑工程预算编制中具有至关重要的地位。

首先，材料估算涉及对项目所需材料的详细计算和估算，需要仔细研究工程设计图纸和规格要求，以确定每种材料的种类、数量、规格和质量要求。这一过程需要考虑到市场行情、材料价格波动、季节性变化等因素，以确保估算的准确性和可靠性。精确的材料估算是项目预算的基础，它直接影响到项目的成本控制和管理。其次，供应商选择是确保项目材料供应的关键环节。在选择供应商时，需要综合考虑多个因素，包括供应商的信誉、产品质量、交货能力、价格竞争力等。信誉良好的供应商通常能够提供高质量的材料并按时交货，从而有助于项目的顺利进行。此外，供应商的价格竞争力也直接影响到项目的成本控制，因此需要与多家供应商进行比较和谈判，以获取最有利的价格和交货条件。最后，在实际操作中，项目管理团队需要与供应商建立良好的合作关系，并进行有效的供应链管理，以确保材料的供应能够满足项目的需求。同时，还需要建立供应商绩效评估体系，定期评估供应商的表现，并根据评估结果进行调整和改进。

8.2.3.2　设备估算与采购流程

在项目预算中，设备的估算与采购同样需要经过一系列详细的步骤和程序，以确保设备的供应和采购能够满足项目的需求，同时也要保证成本的控制和预算的准确性。

首先，设备估算的过程类似于材料估算，需要对项目所需的各种设备进行详细地计算和估算，包括设备的种类、规格、数量、性能要求等方面的考虑。与材料估算不同的是，设备估算通常涉及更多的技术和工程参数，需要与设备供应商或制造商进行详细的沟通和确认，以确定设备的性能和价格。其次，设备采购流程涉及供应商的选择和合同的签订。与材料供应商选择类似，选择合适的设备供应商也需要考虑供应商的信誉、产品质量、价格、交货时间等因素。在确定供应商后，需要与供应商签订合同，明确设备的型号、规格、价格、交货时间、付款方式等重要条款，以确保供应过程的顺利进行。最后，在设备采购流程中，还需要建立设备验收和测试的程序，以确保采购的设备能够满足项目的性能要求。这包括设备的安装、调试、试运行等环节，需要与供应商和项目团队进行密切合作，确保设备能够正常投入使用。

8.2.3.3 供应链管理与供货计划

供应链管理与供货计划在材料与设备的估算与采购中起着至关重要的作用。建筑工程的顺利进行和预算控制都依赖于供应链的有效管理和供货计划的合理制定。

首先，供应链管理涉及从供应商到施工现场的所有流程和环节，包括供应商的选择、订单的生成、库存管理、运输和物流等各个方面。供应链管理的目标是确保所需的材料和设备能够按时交付到施工现场，以满足项目的需求。为了实现这一目标，需要建立健全的供应链体系，与供应商建立紧密的合作关系，确保供应链的高效运作。其次，供货计划是在项目预算过程中的关键步骤之一。通过合理的供货计划，可以确定材料和设备的采购时间表，以确保它们在需要的时候可以按时到达施工现场。供货计划需要考虑项目的进度安排、施工工序的要求、材料和设备的交货时间等因素，以确保供应与需求的匹配。最后，供应链管理和供货计划也需要灵活应对可能出现的变化和风险。在建筑工程中，项目进度可能会受到各种因素的影响，如天气、工程问题等。因此，供应链管理和供货计划需要具备应变能力，能够及时调整计划，以应对不可预测的情况。

8.2.4 人工成本与薪资计算

8.2.4.1 人工成本的构成与计算

人工成本在预算编制中扮演着至关重要的角色，其构成和计算是一个复杂而精细的过程。

第一，需要考虑不同工种和岗位的员工，每个员工的工资水平和工作时数都可能不同。这涉及对工程项目中各种职业的薪资标准和工资体系的了解和应用。第二，人工成本还包括了各种社会保险费用，如养老保险、医疗保险、失业保险等，这些费用通常是按一定的比例来计算的，需要根据相关法规和政策进行精确地计算。同时，还需要考虑员工的福利费用，如住房补贴、餐饮补贴等，这些费用也会影响到人工成本的总体水平。第三，培训费用也是人工成本的一部分，特别是对于新员工或需要接受特殊培训的员工。培训费用包括了培训课程的费用、培训师的费用以及培训期间员工的工资。第四，项目中的奖金和激励机制也需要考虑在内。奖金通常是根据员工的绩效和工作表现来发放的，可以鼓励员工更加积极地参与工程项目，但同时也需要在预算中有所准备。第五，人工成本的计算还需要考虑通货膨胀和劳动力市场的波动。通货膨胀会导致薪资水平上升，劳动力市场的供需关系也会对人工成本产生影响。因此，在预算编制过程中，需要对这些因素进行综合考虑，以确保人工成本的准确性和合理性。

8.2.4.2 薪资管理与劳工成本控制

薪资管理和劳工成本控制是预算编制中的关键要素，其直接影响着项目的成本控制和管理。

首先，薪资管理涉及薪资的结构设计和薪资政策的制定。在项目预算中，需要明确不同岗位和工种的薪资水平，这需要考虑到员工的工作经验、技能水平以及市场薪资水平等因素。薪资政策的制定也包括了员工的晋升机制、奖金制度、福利待遇等，这些都需要在预算中有所体现。其次，劳工成本控制涉及工作时间的合理安排和工作效率的提高。通过合理的工作安排和人员配置，可以降低加班费用和劳工成本，从而降低项目的总体成本。此外，培训和技能提升也可以提高员工的工作效率，减少不必要的成本。再次，薪资管理和劳工成本控制还需要考虑到劳动法律法规的遵守。不同地区和国家有不同的劳动法规，项目需要确保在法律允许的范围内进行薪资支付和劳工管理，以避免法律风险和处罚。最后，薪资管理和劳工成本控制需要与项目进度管理和质量管理相协调。合理的薪资政策和劳工成本控制可以提高员工的工作积极性和质量意识，从而对项目进展和质量产生积极影响。

8.2.4.3 劳工合同与工时管理

劳动合同和工时管理是与人工成本和薪资计算密切相关的方面，对于预算编制和成本控制起着关键作用。

首先，劳动合同的制定是确保员工和雇主之间权益和责任明确的关键步骤。在项目预算中，需要考虑不同类型的劳动合同，如全职员工、临时工、合同工等，每种类型的合同都会影响到薪资计算和成本预测。劳动合同还需要明确工作内容、工资结构、工时安排、加班政策等细节，以便准确计算人工成本。其次，工时管理涉及员工的工作时间记录、考勤管理和加班管理。通过有效的工时管理，可以确保员工的工时合法合规，避免超时工作和违法加班的发生，从而降低加班费用和劳工成本。同时，工时管理还涉及排班和休假管理，合理的工时安排可以提高员工的工作效率，减少不必要的加班成本。最后，劳动合同和工时管理需要与项目进度管理和质量管理相协调。合理的工时安排和人员配置可以确保项目按计划进行，提高工作效率，从而对项目进度产生积极影响。此外，员工的工作满意度和工作环境也会影响到项目的质量和员工的绩效，因此需要综合考虑。

8.2.5 制定总预算与分项预算

8.2.5.1 总预算的制定与审核

总预算的制定与审核是预算编制过程中的关键环节，其直接关系到项目的财务健康和成功实施。在制定总预算时，需要进行详尽的前期准备工作，包括收集和整理项目所需的各项费用数据、确定各个预算项目的计算方法和数据来源，建立详细的成本估算模型，以确保预算的准确性和全面性。这一阶段还需要确定项目的财务目标和约束条件，明确各个费用项目的责任人和时间表，确保总预算的制定符合项目的整体规划和目标。审核阶段是总预算制定的重要保障，其涉及对预算数据的仔细审查和验证。在审核过程中，需要核实各个预算项目的数据准确性和合理性，排除潜在的错误或不合理的数据，确保总预算的质量和可行性。审核的目的不仅是发现和纠正问题，还包括对预算数据的合理性和可行性进行评估，以确保项目的财务状况始终处于可控范围内。

8.2.5.2 分项预算的编制与监控

分项预算的编制与监控是预算管理中的重要环节，其有助于将总预算分解为具体的项目或活动，并对这些项目或活动的费用进行详细规划和控制。在编制分项预算时，需要确定项目的各个成本项目，包括材料、人工、设备、管理费用等，然后对每个成本项目进行估算和计划。这涉及对每个项目的需求量、单价和总费用进行评估，以确保每个项目的成本是合理的，并且能够满足项目的要求。一旦分项预算编制完成，就需要进行监控和管理，以确保预算的执行和控制。监控分项预算涉及实际费用的跟踪和对比分析，将实际费用与预算进行比较，及时发现和解决超支或不足的问题。如果发现实际费用与预算存在偏差，就需要采取相应的措施进行调整和管理，以确保项目的财务状况始终处于可控范围内。分项预算的编制与监控需要与项目管理团队的协作，确保各个成本项目与项目目标和进度保持一致。同时，分项预算也需要根据项目的进展和变化进行调整和更新，以应对可能出现的风险和挑战。

8.2.5.3 预算控制与调整策略

预算控制与调整策略旨在确保项目的预算得以有效控制和管理，以及在面临变化和风险时能够做出适时的调整。

首先，预算控制需要通过监控实际费用和进度与预算的对比来实施，包括持续跟踪各个成本项目的支出情况，确保它们不超出预算限额。如果发现预算超支或费用偏差，就需要采取纠正措施，可能包括调整资源分配、采取成本削减措施或重新评估项目的进度计划。其次，预算调整策略是在项目执行过程中根据实际情况和需求做出的改变预算的决策。这些调整可能涉及增加或减少某些成本项目的预算，或者重新分配资源以更好地满足项目的要求。预算调整策略需要与项目管理团队密切合作，以确保项目的目标和进度不受负面影响。最后，预算控制与调整策略还需要灵活性，因为项目执行过程中可能会出现各种不可预测的情况和挑战。因此，项目管理团队需要不断监测项目的进展，并根据需要做出调整，以确保项目能够按计划进行并在预算范围内完成。

8.3 预算编制的相关法规和标准

8.3.1 国家与地区的造价法规与政策

预算编制的相关法规和标准是确保项目预算管理合规和规范的重要依据。

首先，国家与地区的造价法规与政策对预算编制有着直接的影响。国家造价管理法规主要包括《建设工程造价管理办法》《建设工程造价计价规范》等，这些法规规定了项目预算编制的基本要求、程序和标准。同时，不同地区也可能制定了地方性的造价政策与法规，根据当地的实际情况对项目预算管理进行具体的规范与要求。项目预算编制需要严格遵循这些法规和政策，以确保合法合规地实施。其次，造价管理的国际趋势与对比也对项目预算编制产生了影响。随着全球化的发展，国际上对于项目预算管理的标准和实践不断演进。了解国际上的最新趋势和标准，可以帮助项目管理团队更好地提高预算编制的水平，提升国际竞争力。与国际上的预算管理标准进行对比和学习，有助于发现改进的空间和机会，推动国内的预算编制工作不断提升。

8.3.2 预算编制所涉及的标准与规范

预算编制所涉及的标准与规范是项目预算管理的重要支持和依据。

首先，预算编制需要依据国家标准，这些标准包括了建设工程相关的计价、计量、计价法规等方面的规定。国家标准为预算编制提供了基本的方法和原则，确保了项目预算的准确性和可比性。例如，在中国，国家标准《建设工程工程量清单计价规范》（GB 50500—2013）就是指导项目预算编制的重要标准之一。其次，行业标准与技术规范在预算编制中也起到了重要的作用。不同行业的项目可能涉及不同的工程特点和要求，因此，行业标准和技术规范可以提供更为具体和专业的指导，以适应特定领域的项目。这些标准和规范通常由相关行业协会或机构制定，具有权威性和专业性。项目预算编制团队需要了解并遵守适用于其项目领域的相关行业标准和技术规范，以确保预算的科学性和可行性。最后，国际预算编制标准与趋势也需要引起关注。随着全球化的发展，国际上的预算管理标准不断趋于一致，这有助于提高项目的国际竞争力。国际预算编制标准的了解和应用，可以使项目管理团队更好地与国际接轨，吸收国际经验，提高预算编制的水平。同时，关注国际趋势也有助于及时应对预算管理领域的新兴技术和方法，为项目的可持续发展提供支持。

8.3.3 预算编制的合规性与审核

预算编制的合规性与审核是确保预算制定过程合法、合规和符合相关规范的重要环节。

首先，预算编制的合规性要求项目预算必须遵循国家法律法规、国家标准以及地方性规定。这包括了采购政策、税收政策、劳动法规等方面的合规性要求。项目管理团队需要确保预算编制过程中的各项活动和决策都符合相关法规，以防止法律风险和合规性问题的发生。其次，预算编制需要进行内部审核与审查。这一过程旨在确保预算的科学性和可行性，以及内部流程的透明和合理。内部审核通常由项目管理团队内部的专业人员或部门进行，包括财务、采购、工程管理等相关部门。他们会对预算的各个方面进行审核，包括工程量清单的准确性、费用估算的合理性、成本控制策略的有效性等。这有助于发现和纠正预算中的错误和不合理之处，确保预算的质量和可执行性。最后，外部审计与合规性认证是预算编制过程的最终审查环节。这一过程由独立的审计机构或专业认证机构进行，其会对项目的预算编制过程和结果进行全面审计和认证。外部审计和认证的目的是验证项目预算的合法性、准确性和合规性，以向各方证明预算的可信度和可靠性。合格的外部审计和认证有助于增加项目的信誉和可持续性，吸引投资者和合作伙伴的信任[16]。

9　合同管理

9.1　合同管理的重要性

9.1.1　合同管理在建筑工程中的关键作用

合同管理在建筑工程中具有至关重要的作用，其不仅涵盖了合同的签订和履行，还涉及合同的监管、控制和纠纷解决等方面，对于项目的成功实施和工程进度的合理掌控起到关键性的作用。

首先，合同管理的定义与范围涵盖了合同的全过程管理，从合同的招标和签订，到履行和结算，再到合同变更和索赔处理等各个环节都需要合同管理的支持与监管。合同管理的核心在于确保各方在项目中遵守合同规定，合同的权益得以保护，从而减少争议和风险。其次，合同管理在项目生命周期中扮演了多重角色，从项目启动阶段一直延续到项目结束。在项目启动阶段，合同管理有助于招标和选择合适的承包商或供应商，确保合同的签订和谈判符合法律法规和项目要求。在项目执行阶段，合同管理通过监督和控制合同的履行，确保工程按计划进行、质量合格，并在合同约定的时间内完成。在项目结束和结算阶段，合同管理起到了确保合同支付和结算的公平性和准确性的作用，有助于项目的顺利交付和结算。最后，合同管理对工程进度的影响是显著的。通过合同管理，项目团队可以更好地理解合同的要求和限制，从而制定合理的工程进度计划和制定资源分配策略。同时，合同管理还有助于及时发现和解决合同履行中的问题和挑战，防止合同纠纷和项目延期。因此，合同管理不仅对于合同的有效履行至关重要，还对整个工程项目的进度和成功有着深远的影响。

9.1.2　合同管理对项目成功的影响

合同管理对项目成功具有重要的影响，其影响体现在项目目标的一致性、成本控制以及质量与安全的保障方面。

首先，合同管理有助于确保项目目标的一致性。通过仔细规划和明确合同中的项目要求、工程范围和目标，合同管理能够使所有项目参与者都在同一方向上努力，减少了误解和分歧，有助于项目团队达成共识并实现项目的一致性目标。其次，合同管理对成本控制提供了重要的贡献。通过合同管理的监督和控制，可以及时发现并解决与成本相关的问题，确保项目在预算范围内进行。合同管理还可以协调合同各方之间的资源和资金流动，避免浪费和额外成本。因此，合同管理是实现成本控制的重要手段，有助于项目保持财务可行性。最后，合同管理对质量与安全的保障至关重要。合同中通常包含了对质量标准和安全要求的明确规定，合同管理通过监督和审核合同的履行，确保工程按照规定的质量标准和安全措施进行。这有助于降低工程风险，减少事故发生的可能性，确保项目的质量和安全，提高了项目的可持续性和可信度。

9.1.3　合同管理与风险控制

合同管理在风险控制方面具有重要作用，其作用主要体现在风险管理、变更管理和纠纷解决方面。

首先，合同管理在风险管理中起到关键作用。通过仔细审查和明确合同中的条款、条件和风险分担责任，合同管理有助于识别和评估潜在风险，并制定相应的风险应对策略，有助于降低风险的发生概率，减轻风险的影响，从而提高项目的可控性和稳定性。其次，合同管理对变更管理产生重要影响。项目在执行过程中往往会面临变更，合同管理可以通过监控和管理变更请求的流程，确保变更按照合同规定的程序进行。同时，合同管理还可以评估变更对项目进度、成本和资源的影响，帮助项目团队更好地决策和协调，以确保项目的变更管理得以控制，不影响项目的成功和可行性。最后，合同管理为纠纷解决提供支持。合同中的条款和条件往往是解决争端和纠纷的法律依据，合同管理通过记录和维护合同执行的相关信息，为纠纷解决提供了有力的证据和依据。同时，合同管理也可以通过协调各方的沟通和解决方案，促进纠纷的早期解决，避免长时间的法律诉讼，降低了纠纷解决的成本和风险[17]。

9.2　合同签订

9.2.1　合同签订前的准备工作

在合同签订前的准备工作中，有三个关键方面需要考虑和处理，包括项目准备、合同管理团队的组建与培训以及风险评估与合同准备工作。

首先，项目准备是合同签订前不可或缺的步骤。在这个阶段，项目团队需要对项目的范围、目标、需求以及约束进行全面的了解和分析，包括明确项目的技术要求、质量标准、安全要求等，以确保合同的内容和条款能够满足项目的实际需求。同时，项目准备还包括确定项目的预算和时间表，以便在合同中明确这些关键参数。其次，合同管理团队的组建与培训也是合同签订前的重要准备工作。合同管理团队的组建涉及确定合同管理员、合同专家、法务顾问等相关角色，并确保他们具备合同管理所需的技能和知识。培训是确保团队熟悉合同管理流程、工具和法规的关键步骤，这有助于提高合同管理的效率和质量。最后，风险评估与合同准备工作是合同签订前的关键步骤。在这个阶段，合同管理团队需要对项目中可能出现的风险进行评估和分析，包括合同条款、法律法规、市场情况等方面的风险。然后，根据风险评估的结果，合同需要进行精心准备，包括明确的约束条件、风险分担条款、履约保证金等，有助于降低项目执行过程中可能出现的争议和风险，确保合同的有效履行。

9.2.2　合同的基本要素与条款

9.2.2.1　合同基本要素的定义与作用

合同的基本要素是构成一个合同文件的关键组成部分，其在合同签订和履行过程中起着至关重要的作用，包括合同的当事方、合同的目的、合同的条款和条件、合同的履行期限和地点、合同的价格和付款方式等。每个基本要素都对合同的有效性和可执行性产生重大影响，因此需要在合同签订前进行详细的准备工作。

第一，合同的当事方是指参与合同签订的各方，包括发包方和承包方。在合同签订前，双方需要明确定义其身份、联系信息以及代表人员，有助于确保在合同履行过程中能够迅速联系到对方，并能够顺利地解决问题和争议，从而保障双方的权益。第二，合同的目的是指合同的主要目标和任务，即合同的目的是什么，要实现什么样的工程项目或交付成果。在合同签订前，各方需要明确定义合同的目的，包括工程项目的范围、规模、质量要求等方面的具体内容。这有助于双方在合同履行过程中保持一致，避免产生歧义或争议，确保合同能够顺利执行。第三，合同的条款和条件是合同文件的核心内容，包括合同的权利和义务、责任和风险分担、违约和解决争议的方式等。在合同签订前，各方需要仔细研究和协商这些条款和条件，确保它们清晰、具体地表述，以确保合同的有效执行和履行。双方需要充分了解自己的权利和义务，以及在合同履行中可能面临的风险和责任，从而能够做好充分的准备。第四，合同还需要明确规定合同的履行期限和地点，以确保合同工作按时按地完成。在合同签订前，双方需要商定合同工作的开始和结束日期，以及合同工作的具体地点，以确保工程项目能够按计划进行，不会出现延误或混淆。第五，价格和付款方式也是合同的重要要素，需要在合同中详细说明。这包括合同价格的计算方法、支付的时间表和方式等。在合同签订前，双方需要商定合同的价格和付款方式，以确保合同工作的费用和支付安排能够得到明确的规定，避免后续出现纠纷或争议。

9.2.2.2 合同条款的重要性与分类

合同条款在合同管理中具有非常重要的地位，其是合同文件的核心内容，规定了各方在合同履行过程中的权利、义务、责任、约束和规则，因此合同条款的明确定义和合理安排对于确保合同的有效执行和双方的合法权益至关重要。合同条款通常有以下几个重要的分类：

第一，合同的基本条款包括合同的当事方、合同的目的、合同的履行期限和地点等核心要素，为合同的有效性提供了基础，明确了合同的基本框架和背景信息，使各方都能够清楚地了解合同的基本情况。第二，合同的权利和义务条款规定了各方在合同履行中的权利和义务，包括合同工作的范围、质量要求、进度要求等方面的内容，明确了各方的责任和义务，有助于确保合同工作按照计划和要求进行，避免了不必要的争议和纠纷。第三，合同的价格和支付条款规定了合同的价格计算方法、支付时间表和方式等方面的内容，确保了合同工作的费用和支付安排得以明确规定，避免了费用争议和支付延误。第四，合同的风险管理和争议解决条款也属于重要的分类之一，规定了在合同履行过程中可能出现的风险和争议的处理方式，包括变更管理、索赔处理、争议解决渠道等内容。这有助于双方在合同履行中能够有效地解决问题，保障各自的权益。第五，合同的终止和解除条款规定了合同的终止条件和程序，以及各方在终止或解除合同时的权利和义务，确保了合同在必要时能够有序地终止或解除，而不会造成不必要的损失和法律争议。

9.2.2.3 合同标的物与交付要求

在建筑工程合同中，合同标的物与交付要求是合同的重要组成部分，其定义了工程项目的范围、性质和交付条件，对于确保工程的顺利进行和合同的履行具有关键作用。

首先，合同标的物是指合同中明确定义的工程项目的具体内容和范围，包括了工程的位置、规模、功能、技术要求等。这些信息需要在合同中清晰详细地描述，以避免后期的争议和误解。合同标的物的明确定义有助于建立共识，确保各方对工程的期望一致，同时也为监督和验收工程提供了依据。其次，交付要求是合同中规定的工程项目交付的条件和标准，包括工程的交付时间、交付地点、验收标准、质量要求等方面的规定。交付要求的明确性和合理性对于项目的成功交付至关重要。它们可以确保工程按照合同约定的时间和质量要求完成，同时也为工程验收和支付款项提供了依据。最后，在建筑工程中，合同标的物与交付要求的具体内容通常由建设业主和承包商共同商定，并在合同中进行明确规定。这需要充分考虑工程的特性、风险、技术难度等因素，以确保合同的公平性和合理性。同时，合同标的物与交付要求也需要与其他合同条款协调一致，以确保合同的整体一致性。

9.2.3 合同的类型与选择

9.2.3.1 建筑工程合同的常见类型

建筑工程合同的类型多种多样，根据项目的性质和合同的特点，选择合适的合同类型至关重要，常见的建筑工程合同类型如下所示。

（1）总承包合同。总承包合同也被称为总包合同，通常由业主与总承包商签订。在这种合同中，总承包商负责整个项目的设计、施工和管理。这种合同类型适用于业主希望将项目的全部责任委托给一个单一的承包商，并且希望降低项目管理的复杂性。

（2）分包合同。在总承包合同的基础上，总承包商可能会与各种分包商签订分包合同，将项目的不同部分分包出去，以便更好地管理和协调工程。分包合同通常涵盖特定的工程范围，例如机电工程、土建工程等。

（3）设计—建造合同。设计—建造合同通常由一个承包商或团队负责项目的设计和施工。这种合同类型有助于减少设计与施工之间的不一致性，加快项目的完成时间，但也需要确保设计和施工团队之间的协作。

（4）施工管理合同。在施工管理合同中，业主雇佣一个施工管理团队来协助管理和监督工程。这种类型的合同适用于复杂的项目，其中需要专业的施工管理知识和技能。

（5）成本加成合同。在成本加成合同中，承包商会承担项目的实际成本，然后再加上一定的利润或管理费用。这种合同类型通常用于项目的范围和要求不确定或难以确定的情况下。

（6）固定总价合同。在固定总价合同中，承包商同意以固定的总价来完成项目，无论最终的成本如何。这种类型的合同通常要求承包商对项目的风险承担较大。

选择合适的建筑工程合同类型取决于项目的具体需求、预算、时间和风险等因素。在选择合同类型时，业主和承包商需要仔细评估各种合同的优缺点，以确保合同能够满足项目的要求并最大程度地降低潜在的风险。同时，在签订合同之前，也需要充分了解和协商合同中的条款和条件，以确保双方的权益得到保障。

9.2.3.2 合同类型的选择依据

选择合适的合同类型是建筑工程项目中的关键决策，其直接影响着项目的管理、风险分担和最终成功交付。在确定合同类型时，需要考虑以下几个关键因素。

首先，项目的性质和复杂程度。不同类型的项目可能涉及不同的风险和不确定性。对于复杂性较低、工作内容相对明确的项目，固定总价合同可能更为适合，因为它可以明确规定工程范围和总成本，减少了风险和不确定性。而对于复杂性高、工作内容难以明确定义的项目，成本加费用合同或成本加利润合同可能更具灵活性，能够适应变化和未知因素的出现。其次，项目的时间要求和紧急程度。如果项目需要尽快完成或具有紧迫的交付日期，那么固定总价合同可能更适合，因为它有助于确保工程按时交付。但如果项目的时间要求较为宽松，那么其他类型的合同也可以考虑，以更好地应对可能出现的变更和调整。再次，风险分担和责任分配。合同类型的选择应考虑业主和承包商之间的风险分担和责任分配，不同类型的合同对风险的分担方式不同，业主和承包商需要在合同中明确规定各自的权利和义务，以降低潜在的争议和纠纷。最后，项目预算和资金可用性。项目的预算和可用资金也是选择合同类型的重要依据。不同类型的合同可能对项目预算和资金流动产生不同的影响，因此需要根据项目的财务状况来进行选择。

9.2.3.3 合同管理与承包商选择

合同管理和承包商选择是建筑工程项目中的两个紧密相关的方面，直接影响项目的执行和成功。在选择合同类型和承包商时，需要综合考虑多个因素以确保项目的顺利进行和达到预期目标。

首先，合同管理涉及确保合同的执行按照约定的条款和条件进行，以满足项目目标。合同管理团队负责监督合同的履行、变更管理、进度控制、质量保障和风险管理等方面的工作。需要与业主、设计团队和承包商密切合作，以确保项目按照计划进行，并应对可能的变更和风险做出及时的调整和决策。合同管理的有效实施有助于减少纠纷和争议，确保项目的顺利进行。其次，承包商选择是一个关键的决策，直接影响着项目的质量、进度和成本。选择合适的承包商需要考虑承包商的资质、经验、技术能力、信誉度和财务状况等因素。业主通常会进行招标或邀请合格的承包商参与竞争，然后评估他们的报价和能力，最终选择最合适的承包商与之合作。承包商的选择也应考虑与合同类型的匹配，以确保他们能够有效地执行合同，并按照约定的方式完成工程。最后，合同管理和承包商选择也需要遵守法律法规。合同必须符合当地和国家的法律要求，包括劳动法、环境法和建筑法等。同时，合同管理团队和承包商都需要遵循诚实、公平和道德的原则，建立互信关系，以实现项目的共同目标。

9.2.4 合同谈判与签署

9.2.4.1 合同谈判的过程与原则

合同谈判作为合同签署的重要组成部分，其目标是确保各方都理解并同意合同的各项条款和条件，以满足项目的需求并减少潜在的风险和纠纷。合同谈判的过程需要遵循一些基本原则和步骤，以确保合同的公平性和合法性。

首先，合同谈判应该明确各方的权利和义务，包括确定项目的范围、质量要求、时间表、支付条款、变更管理、风险分担和争议解决机制等方面的内容。合同谈判的过程需要透明和公开，各方应该充分交流和协商，以确保各自的利益得到充分保护。其次，合同谈判需要考虑风险和不确定性因素。各方应该识别潜在的风险并制定相应的风险管理策略，包括可能的变更、延迟、质量问题和成本增加等方面的风险。合同中应该明确各方对这些风险的责任和义务，以确保在发生问题时能够及时应对和解决。再次，合同谈判还需要考虑法律和法规的遵守。合同必须符合当地和国家的法律要求，包括劳动法、环境法和建筑法等。各方应该确保合同的内容不会违反法律法规，否则可能会导致合同无效或引发法律诉讼。最后，合同谈判需要进行书面记录。一旦各方就合同的各项条款达成一致，应该将协议内容书面化并签署合同文件，这些文件应该明确列出合同的各项条款和条件，以防止后续的歧义和争议。

9.2.4.2　合同谈判的关键问题

在合同谈判中，有一系列关键问题需要在合同中明确规定，以确保项目的顺利进行和各方的权益得到保障。

第一，项目范围非常重要，其涉及明确项目的具体需求、目标和交付物，以及各方的责任和义务。任何不明确或模糊的规定都可能导致后期的争议和误解，因此需要确保项目的范围和规格在合同中得到清晰明确的定义。第二，工程时间表也是合同谈判中的一个关键问题。确定项目的工程时间表对于各方来说都非常重要，因为它直接影响到项目的完成时间和交付日期。合同中需要明确规定工程时间表、里程碑和交付时间，以确保项目按计划进行，避免不必要的延误和成本增加。第三，支付条款也是合同谈判的重要议题之一。合同中需要明确规定支付的方式、时间表和金额，以及任何相关的保证金或支付保障。这有助于确保合同各方之间的财务责任和义务明确清晰，减少支付方面的不确定性。第四，变更管理也是一个关键问题，因为在项目进行过程中，可能会出现需要修改合同的情况。合同中需要包含关于如何处理变更请求、变更审批程序以及与变更相关的费用和时间表的规定，可以帮助各方有效地应对变更，确保项目的灵活性和适应性。第五，风险分担和责任也需要在合同中明确定义，包括确定项目中的各方在不同情况下的责任和义务，以及确定风险的分担方式，以便在项目发生问题时有明确的解决方案。合同中的风险管理条款可以帮助各方共同应对潜在的风险和挑战。第六，合同中还需要包含关于质量要求、争议解决、保险和担保等方面的规定。这些问题都直接影响到项目的成功执行和各方的利益保障，因此需要在合同中详细定义和规定，以防止后期出现问题。

9.2.4.3　合同签署与合同生效

合同谈判与签署是合同管理中至关重要的一环，它标志着各方就项目的各项条件和条款达成一致，并正式承担起各自的责任和义务。在合同签署与生效过程中，需要重点考虑以下问题。

首先，一旦各方就合同的条款达成一致，需要制定正式的合同文件，并确保所有相关方对其内容进行全面审阅和确认，包括合同的具体条款、付款方式、工程时间表、变更管理程序、风险分担和责任等。合同文件必须清晰明确，不留歧义，以便在项目执行过程中减少潜在的争议和纠纷。其次，合同的签署是合同正式生效的关键一步。在签署之前，各方需要确保他们完全了解并同意了合同的内容，包括各自的权利和义务。签署合同的过程通常需要在各方的代表或授权人面前进行，并且需要遵循法律法规和合同法规定的程序。最后，一旦合同签署完成，合同就正式生效。这意味着各方必须按照合同的规定履行各自的责任，包括按时付款、按计划执行工程、处理变更请求和风险管理等。合同的生效也意味着各方有了法律上的约束，必须遵守合同的规定，否则可能会面临法律后果。同时，合同签署后通常需要进行合同存档和备份，以确保合同文件的安全保存和易于查阅，可以防止合同文件丢失或损坏，从而有助于后续的合同管理和执行[18]。

9.3 合同履行与管理

9.3.1 合同履行的主要步骤与义务

9.3.1.1 合同履行的基本流程

合同履行的基本流程是建筑工程项目中的核心部分，它包括多个主要步骤和各方的具体义务。

首先，在合同签署之后，各方需要按照合同约定的条款和条件进行履行。通常从项目的启动和准备阶段开始，其中业主需要提供详细的工程信息，如设计图纸、规格说明、计划进度等，以确保承包商了解工程的要求和范围。承包商则需要准备好施工队伍、采购所需的材料和设备，并制定详细的工程计划，确保工程按时开始。其次，一旦施工开始，各方需要履行各自的责任。业主需要监督和审查工程的进展，确保工程按照合同规定的质量标准进行，并确保施工安全。承包商负责实际的施工工作，包括工人的管理和培训、材料的采购和设备的安装。同时，监理单位或工程管理团队需要履行监督和管理的职责，确保工程质量、安全和进度符合要求。再次，在合同履行的过程中，各方还需要按照合同规定的支付时间表进行支付款项，以确保承包商能够按计划进行工程。同时，合同的变更管理也是合同履行中的重要环节，当工程需要调整或变更时，各方需要及时通知并协商解决，以确保工程不受不必要的干扰。最后，合同履行还包括合同的解决争议的义务。如果在项目实施过程中出现争议，各方需要根据合同规定的解决争议的程序进行处理，可以通过谈判、调解或仲裁等方式解决分歧，以维护项目的正常进行。

9.3.1.2 合同履行中的各方责任与义务

首先，业主需要在合同签署后提供详细的工程信息，包括工程的设计图纸、规格说明、计划进度等，以便承包商能够充分了解工程的要求和范围。同时，业主还需要确保工地的准备工作得以顺利进行，包括土地清理、必要的基础设施建设等，以便施工可以按计划开始。业主还有责任提供必要的支持和监督，确保工程按照合同规定进行，包括监督施工质量、工程安全和合同的各项要求的实施。同时，业主也需要按照合同规定的付款时间表，及时支付款项，以确保承包商能够按计划进行工程。其次，承包商方面，除了负责实际的施工工作外，还需要负责工人的管理与培训，以确保工程的安全和质量。承包商还需要采购材料和设备，并确保其符合合同规定的要求。承包商还需要根据工程进度计划，按照合同规定的时间节点完成工程，并对工程质量进行有效控制，以确保工程成功完成。再次，监理单位或工程管理团队也有重要的责任，他们需要履行监督和管理的职责，确保工程质量符合要求，项目进度得以控制，合同的各项约定得以实施。监理单位还需要定期向业主报告工程进展情况，包括工程质量、安全和进度等方面的信息。最后，合同履行还包括合同的变更管理和解决争议的义务。当项目发生变化时，各方需要及时通知并协商解决，以确保工程不受不必要的干扰。如果在项目实施过程中出现争议，各方也需要根据合同规定的解决争议的程序进行处理，可以通过谈判、调解或仲裁等方式解决分歧，以维护项目的正常进行。

9.3.1.3 合同变更与变更管理

合同变更指的是在合同签订后，由于各种原因需要对合同条款或工程范围进行调整或修改。变更可能包括工程范围的扩大或缩小、设计图纸的修改、材料和设备的更换等，合同变更管理是确保这些变更得以有效控制和管理的过程。在合同履行中，各方需要遵循合同中规定的变更管理程序。通常，变更管理程序包括提出变更请求、审查变更请求、评估变更的影响、协商变更的成本和时间调整、达成一致并书面确认变更。业主、承包商和监理单位或工程管理团队需要共同参与变更管理过程，并严格按照合同规定的程序进行操作。合同变更的审批和实施需要谨慎处理，因为不合理或不当的变更可能会导致项目成本增加、工程延期或质量问题。因此，在变更管理中需要考虑各方的权益和合同的公平性。同时，变更管理也需要充分记录，包括变更请求、审批文件、变更协议和变更的实际执行情况，以备将来的审计和争议解决。

9.3.2 合同履行过程中的风险管理

9.3.2.1 风险识别与评估

首先，风险识别是指在合同履行过程中识别潜在的风险因素，这些因素可能对项目进展、成本或质量产生不利影响。风险可以来自多个方面，包括技术、合同条款、供应链、市场变化、自然灾害等。通过认真审查合同条款、项目计划、供应商和承包商的能力以及外部因素，可以帮助识别可能的风险。其次，风险评估是对已识别的风险进行定性和定量的分析，以确定其潜在影响和发生可能性。通常涉及对风险的分类、优先级排序和风险事件的可能后果进行评估。评估的结果通常以风险矩阵或风险登记表的形式记录，以帮助项目团队识别重点风险和制定相应的风险应对策略。最后，风险识别与评估的目的是帮助项目团队预测可能的问题，并采取措施来减轻或应对这些风险，包括制定风险应对计划、建立风险储备、制定应急计划等。通过风险管理，项目团队可以更好地掌控项目的进展，减少潜在的不确定性，确保项目能够按照合同要求成功交付。

9.3.2.2 风险应对策略与计划

在合同履行过程中，制定有效的风险应对策略以及制定相应计划至关重要，因为这有助于项目团队更好地应对已识别的风险并降低其潜在的影响。

首先，项目团队需要进行风险识别与评估的详细过程，包括对每个已识别的潜在风险事件进行更深入的分析，以确定其性质、影响程度以及发生可能性。这可能需要利用各种工具和技术，如定性风险分析和定量风险分析，以更全面地了解风险的本质。其次，一旦风险事件的本质被明确，项目团队需要制定具体的风险应对策略。这些策略需要根据风险的性质来选择，例如，对于高影响和低概率的风险，团队可能会选择风险的接受策略，而对于高影响和高概率的风险，可能需要采取更积极的应对措施。再次，项目团队需要详细制定风险应对计划，明确每个策略的实施步骤、责任人员和时间表。这个计划应该是具体的、可衡量的，以确保风险应对措施能够按计划执行，并在需要时及时调整。最后，风险应对策略与计划需要与项目计划和预算相一致。项目团队必须确保有足够的资源和时间来执行这些措施，并且它们不会影响项目的主要目标和交付时间。

9.3.2.3 风险监控与控制

风险监控与控制是合同履行过程中的关键环节，其旨在确保项目团队能够有效地应对已识别的风险，并在必要时采取措施来控制和减轻这些风险的影响。

第一，风险监控需要定期收集和更新风险信息，包括监测已识别的风险事件的状态和进展，以及收集新的风险信息。项目团队通常会使用风险登记表或类似的工具来记录和跟踪风险。第二，一旦获得风险信息，项目团队需要进行风险分析，以确定是否需要采取措施来应对这些风险，包括重新评估风险的潜在影响和可能性，以确定是否需要调整风险应对策略和计划。第三，项目团队需要制定和执行风险控制措施，包括采取行动来减轻风险的影响，如改进工程流程或增加资源投入，以及采取措施来应对风险事件的发生，如备用计划或应急预案的制定。第四，风险监控还需要确保风险信息的及时传达给项目相关方，以便他们能够了解项目的风险状况并参与风险管理决策。这种透明度和沟通对于合同管理的成功非常重要。第五，风险监控与控制是一个持续的过程，需要在项目的整个生命周期中进行。项目团队需要定期审查和更新风险信息，以确保风险管理措施的有效性，并根据需要进行调整。

9.3.3 合同履行的监督与验收

9.3.3.1 合同履行的监督与管理机制

合同履行的监督与管理机制旨在确保合同各方按照合同约定履行其责任，保证项目按计划顺利进行，并达到预期的目标和质量标准。

第一，监督与管理机制通常包括建立合同管理团队，该团队负责监督合同的履行情况。该团队由合同管理员、质量管理人员、工程师和其他相关人员组成，他们负责跟踪合同条款和项目进度，并确保各方按照合同要求执行。第二，监督与管理机制需要建立合同履行的监测和报告机制，包括编制监测计划和报告要求，以便及时发现和解决问题。监测可以涵盖进度、质量、成本和风险等方面，确保项目在整个生命周期中受到有效的管理和监督。第三，监督与管理机制还需要建立合同履行的沟通渠道，包括确保各方之间的沟通畅通，及时传达信息和解决问题。沟通渠道可以包括定期会议、报告、电子邮件和电话等方式，以确保信息的流通和共享。第四，监督与管理机制需要建立问题解决和纠纷处理的程序。在项目执行过程中，可能会出现各种问题和纠纷，这需要有明确的解决途径和程序，以便及时处理并维护合同的和谐与稳定。第五，监督与管理机制需要定期进行回顾和改进。项目团队应该定期评估合同管理的效果，识别问题并采取措施进行改进。这有助于不断提高合同管理的质量和效率。

9.3.3.2　验收标准与程序

合同履行的监督与验收中，验收标准与程序起着至关重要的作用。验收是确保合同工作按照合同要求和标准完成的关键步骤，以下是关于验收标准与程序的详细阐述。

首先，验收标准是根据合同约定和项目要求制定的具体标准和规范，用于衡量工作的合格性，包括了工作质量、规范符合性、安全性、可持续性等方面的要求。验收标准的制定必须明确、具体且合理，以便在验收过程中能够明确判断工作是否符合要求。

其次，验收程序是一系列的步骤和流程，用于执行验收工作。验收程序通常包括以下几个关键步骤：

（1）验收前准备。在正式进行验收之前，需要进行充分的准备工作，包括确定验收时间、地点和参与方，确保验收所需的文件和资料齐全，以及分配验收人员的职责和任务。

（2）实地检查和测试。验收过程中，通常需要进行实地检查和测试，以验证工作的质量和符合性。这可能涉及测量、检测、样品采集等操作，以确保工作的技术要求得以满足。

（3）文件和记录的审核。验收也包括对相关文件和记录的审核，以确保工作的文件记录完备和符合要求。这可能包括设计文件、施工计划、工程量清单、质量检验报告等。

（4）验收报告的编制。在完成验收后，验收人员通常需要编制验收报告，详细记录验收的结果、问题和建议。验收报告是正式的文件，用于确认工作的合格性。

（5）验收的确认和批准。验收报告的结果通常需要提交给相关方进行确认和批准。一旦验收结果得到确认，工作可以继续进行或交付。

最后，需要强调的是，验收标准与程序必须严格执行，确保工作的质量和合规性。任何不符合标准的问题都需要及时纠正和处理，以免对项目产生负面影响。验收的目的是确保合同的顺利履行，达到质量和安全的要求，保护各方的权益，以及减少后续问题和争议的发生。

9.3.3.3　合同履行的验收与支付

合同履行的验收与支付是合同管理过程中的关键步骤，涉及确保工程符合合同要求，并按照合同约定进行支付的重要工作。

首先，验收是确认工程的质量、符合性和合格性的过程。在合同履行的最后阶段，需要进行验收以确保工程按照合同约定的技术规范、质量标准和设计要求完成。验收通常由项目团队和业主或委托方的代表共同进行。验收的内容包括对工程的各个方面进行检查、测试和评估，以确保其达到合同要求。如果发现任何不符合要求的问题，需要提出整改要求，并等待问题得到解决后进行重新验收。

其次，支付是根据合同约定向承包商或供应商支付合同款项的过程。支付通常依据工程进展和完成情况进行，以确保承包商或供应商按照合同的约定履行了其义务。支付程序通常包括以下步骤：

（1）发票提交。承包商或供应商会提交发票，其中详细列出了已完成的工作或提供的材料和设备，发票需要经过审核，确保其准确反映了实际完成情况。

（2）验收确认。验收的结果会影响支付的进行，只有在工程或供应物品经过验收后，相关款项才能支付给承包商或供应商。

（3）合同款项释放。一旦验收确认并且相关文件齐全，合同款项会被释放并支付给承包商或供应商，支付方式、周期和金额通常在合同中有明确规定。

（4）支付记录和报告。支付过程需要进行详细的记录和报告，以便追踪和审计，有助于确保款项的合规支付，避免潜在的争议和纠纷。

9.3.4 合同履行记录与文档管理

首先，合同履行记录的重要性不可忽视，其是在合同执行过程中所产生的关键信息，包括合同文件、变更请求、发票、验收报告、通信记录等。记录了项目的进展、问题的解决、变更的审批以及与承包商的沟通，为合同履行提供了有力的证据和依据。合同履行记录的完整性和准确性对于项目的成功和合同各方的权益保护至关重要。其次，合同履行文档的管理和存档是确保这些记录安全可靠的重要措施，这些文档需要妥善保存，以便在需要时能够方便地查阅和检索。合同履行记录的管理应遵循一定的规范和标准，确保文件的整齐有序，易于管理和使用。存档的安全性和可访问性是保障合同履行记录不丢失、不被篡改的关键因素。最后，合同履行记录中包含了合同履行的经验和教训。通过总结和应用这些经验教训，可以不断提高合同管理的效率和质量。合同管理团队可以借助过去的案例和数据，改进合同签署和履行的流程，防止重复的错误和纠纷的发生。这种经验教训的总结和应用有助于不断提升项目管理水平，提高合同管理的专业化和成熟度。

9.4 合同权益保护

9.4.1 合同权益保护的必要性

首先，合同是各方之间明确定义了权益和责任的法律文书。在建筑工程中，合同规定了工程的范围、成本、进度、质量等各个方面的细节，因此，合同权益保护是确保各方权益得到充分尊重和保护的重要手段。其次，风险与合同权益保护密切相关。建筑工程涉及众多的风险因素，如设计变更、材料供应问题、工程延期等。如果没有合同权益保护措施，当风险发生时，各方可能会陷入争端和纠纷之中，对项目的进展和各方的利益都带来负面影响。因此，合同权益保护通过明确各方的权益和责任，有助于规避和应对风险，减少潜在的争议和纠纷。最后，合同权益保护的长期影响体现在建设行业的可持续发展上。通过有效的合同权益保护，可以建立起合作伙伴关系，提高项目的信誉度和成功率，吸引更多的投资和业务机会。同时，长期合同权益保护也有助于建设行业的规范化和专业化发展，提高整个行业的竞争力和可持续性。

9.4.2 合同变更管理与索赔处理

9.4.2.1 合同变更管理的原则与流程

合同变更管理的原则包括变更必须合法、合理、公平和双方共识。这意味着任何合同变更都必须基于法律依据，合理合法地产生，双方必须以公平的方式参与，并且必须达成一致的共识。合同变更管理的流程通常包括几个关键步骤。首先是变更的发起，可以由任何一方提出变更请求。其次是变更的评估，需要对变更的影响进行详细评估，包括成本、进度、质量等各个方面。再次是变更的协商，各方需要在变更的具体内容、影响和补偿等方面进行协商，达成一致意见。最后是变更的批准和实施，变更需要得到相关权威部门或人员的批准，并在项目中得以实施。

9.4.2.2 合同变更的分类与影响

合同变更通常可以根据其性质和影响程度进行分类。首先，变更可以分为两大类：正式变更和非正式变更。正式变更是指经过正式的合同程序和书面文件记录的变更，需要经过双方的同意和批准。非正式变更则是指在口头或非正式的情况下达成的变更协议，通常在紧急情况下采用，但也可能会引发后续的纠纷和争议。合同变更还可以根据其影响程度进行分类，有些变更可能只对项目的某个方面产生轻微影响，例如进度或质量，而另一些变更可能对多个方面产生较大影响，例如成本、资源分配等。因此，变更可以分为重大变更和次要变更。重大变更通常需要更严格的程序和审批，因为它们可能会对项目的整体目标产生重大影响，而次要变更则相对较小，可能只需要项目管理团队的批准即可实施。

合同变更的分类有助于项目管理团队更好地理解和处理不同类型的变更，根据其性质和影响采取适当的措施。同时，合同变更的影响也需要在变更管理过程中充分评估和记录，以确保合同的公平性和项目的可执行性。

9.4.2.3 合同索赔的定义与处理程序

合同索赔通常指的是承包商或供应商提出的一种要求，要求额外的时间、成本或资源以满足合同约定之外的要求。索赔处理程序至关重要，因为它有助于确保合同权益的保护，防止不必要的法律纠纷，同时也有助于项目的顺利进行。

在索赔处理的过程中，首先是识别潜在的索赔事件，这需要项目管理团队密切监测工程进展，审查合同文件，与承包商和其他相关方保持有效的沟通。一旦潜在索赔事件被发现，就需要收集相关证据来支持索赔的合理性。这些证据可能包括合同文件的复查，工程记录的检查，成本数据的收集等。其次，对索赔事件进行评估，确定索赔的金额，并核实索赔是否与合同约定一致。这是一个复杂的过程，通常需要深入的技术和法律知识。再次，尝试通过协商解决索赔是一个常见的做法，涉及与承包商或其他相关方进行谈判，以达成一致的解决方案。协商解决索赔通常更加高效，可以减少法律程序的时间和成本。然而，如果无法通过协商解决，可能需要采取法律程序，包括仲裁或诉讼，以解决争议。在这种情况下，需要寻求法律专业人士的帮助，以确保索赔的合法性和合理性。同时，整个索赔处理过程需要详细地记录和监督，以确保合同权益得到充分保护。记录包括索赔事件的起始日期、相关沟通的记录、证据的保留和备份等。监督过程确保索赔处理按照规定程序进行，以减少潜在的错误或违规行为。

9.4.3 不履行合同义务的应对措施

9.4.3.1 不履行合同义务的类型与原因

不履行合同义务是建筑工程合同管理中可能会出现的问题，其类型和原因多种多样。

不履行合同义务可以分为几种主要类型，其中之一是质量不符合要求，这可能包括建筑材料或施工工艺的不合格，导致工程质量低于合同规定的标准，另一种类型是工程进度延误，可能由于施工延误、物资供应问题或天气等不可控因素引起，还有一种类型是费用超支，可能由于未能按合同约定的预算控制开支而引发。造成不履行合同义务的原因也多种多样。质量问题可能是由于施工过程中的技术错误、监管不力或材料质量问题引起的。工程进度延误可能是由于计划不当、资源不足或天气不佳等原因造成的。费用超支可能是由于不合理的预算编制、未能有效管理项目成本或未能控制变更引起的。此外，合同各方之间的沟通不畅、争议和纠纷也可能导致不履行合同义务的情况。

9.4.3.2 应对不履行合同义务的策略

（1）合同的明确性和详细性。合同应当清晰地规定各方的权利和义务，包括质量标准、工程进度、费用预算等方面的具体要求。合同的明确性可以降低不履行义务的风险，因为各方都清楚自己的责任和义务。（2）及时的监督和沟通也是重要的策略。项目管理团队应该定期检查工程进展情况，确保工程按计划进行。如果发现问题或潜在的不履行合同义务的情况，应该立即采取纠正措施，并与相关方进行沟通，寻求解决方案。及时的沟通可以帮助避免问题的进一步扩大，减少纠纷的发生。（3）建立合同管理团队，负责合同的管理和监督。这个团队应该由具有合同管理经验的专业人员组成，他们可以帮助识别潜在的问题，制定应对策略，并监督合同的履行。同时，建立有效的变更管理流程也是重要的策略，因为变更可能是导致不履行合同义务的一个常见原因。通过建立明确的变更管理程序，可以确保任何变更都经过合法程序并得到批准，从而减少纠纷的发生。（4）如果不履行合同义务的问题仍然存在，那么采取法律行动可能是必要的策略，包括向法院提起诉讼或寻求仲裁解决纠纷。法律程序可以帮助确保合同的执行，保护各方的权利和利益。然而，法律程序通常会耗费时间和资源，因此最好的策略是在合同签订前尽可能减少不履行合同义务的风险，并在问题出现时迅速采取行动以解决问题。

9.4.3.3 法律诉讼与法律救济

法律诉讼与法律救济是在不履行合同义务的情况下采取的重要应对措施。当一方违反了合同条款，导致严重的不履行合同义务情况时，另一方可以考虑通过法律手段来维护其权益。

诉讼程序通常包括以下步骤：起诉、答辩、证据收集、庭审和判决。在起诉阶段，受害方向法院提起诉讼，详细陈述违约方的不履行合同义务的情况，并提出索赔请求。违约方会在答辩中反驳或辩解，法院随后会进行证据的审查和庭审，最终作出判决。法律诉讼可以确保合同的执行，并为受害方提供一种通过司法途径来解决争议的方式。在法律救济方面，受害方可以要求法院发出相关法律救济的决定，例如要求违约方履行合同、支付赔偿金、修复损害等。法律救济可以根据合同的具体情况和违约的性质来确定，以维护受害方的权益。同时，法律救济还可以包括强制执行措施，如查封、扣押财产等，以确保判决得到执行。

9.4.4 合同纠纷解决与仲裁

9.4.4.1 合同纠纷解决的方式与选择

合同纠纷解决是合同管理过程中的重要环节，可以采用多种方式来解决合同争议。

首先是协商解决纠纷，在协商过程中，各方可以通过对话、谈判和妥协来达成一致，通常能够在较短的时间内解决争议，并保持双方的合作关系。另一种方式是通过调解解决争议，调解员作为中立的第三方协助各方达成和解。调解通常更加正式，但仍然注重各方的协作。其次是仲裁，这是一种非诉讼的争议解决机制，各方会协议选定一个仲裁庭或仲裁员来听取案件，最终作出裁决。仲裁通常较为迅速，并且决定是有法律约束力的。相对于传统的法律诉讼，仲裁通常更加高效和经济。最后，如果合同中包含了相关条款，各方也可以选择诉讼来解决争议，但这通常是最后的手段，因为诉讼会伴随着更高的成本和时间投入。

9.4.4.2 仲裁在合同纠纷中的应用

仲裁在合同纠纷中具有广泛的应用，它作为一种非诉讼的争议解决机制，有着许多优势和适用情境。

首先，仲裁通常更加迅速和高效。与传统的法律诉讼相比，仲裁过程更简化，时间更短，因为它不受法院法庭排期的限制，且仲裁庭可以更灵活地安排听证和裁决。这有助于快速解决合同纠纷，避免了漫长的法律诉讼过程。其次，仲裁通常更经济。法律诉讼可能涉及昂贵的律师费、法庭费用和长时间的法律程序，而仲裁的费用通常较低，因为它更加专注和高效。这对各方来说是一种节省成本的选择。再次，仲裁是一种私密的过程，通常不会像法院诉讼一样公开审理。这意味着合同纠纷的细节可以得到保护，不会成为公共领域的信息。这对于一些商业合同来说尤为重要，因为各方可能希望保持商业机密和竞争优势。最后，仲裁裁决是有法律约束力的，各方必须遵守。这意味着一旦仲裁庭作出裁决，它具有法律效力，各方必须按照裁决执行。这为合同纠纷的解决提供了明确的法律依据，有助于确保争议得到妥善解决。

9.4.4.3 仲裁程序与仲裁结果的执行

仲裁程序的执行是合同纠纷解决过程中的关键环节，确保仲裁结果能够得到有效的执行和落实。一旦仲裁庭做出裁决，各方都有责任履行裁决，并确保其执行。

首先，一方面，仲裁程序通常包括一项关于裁决的执行方式的规定。仲裁庭可能会就如何执行裁决，以及需要支付的赔偿金额等问题作出具体的裁决。这些规定通常会在仲裁协议中或仲裁程序中明确列出，各方应严格遵守这些规定。其次，如果一方拒绝执行仲裁裁决，另一方可以采取法律措施来强制执行。这可能涉及将仲裁裁决提交给相关法院，并获得法院的判决以强制执行裁决。这通常是一个独立的法律程序，各方必须遵守法院的决定。再次，国际仲裁程序可能涉及多个国家的法律体系，因此跨境仲裁的执行可能更加复杂。在这种情况下，国际仲裁公约的适用可能会对裁决的执行提供指导，并促使各国法院承认和执行仲裁裁决。最后，执行仲裁结果可能需要合同管理团队与法律专业人士的密切合作，其可以协助各方遵循适用的法律程序，并确保仲裁结果得到有效执行。

10 支付管理

10.1 支付管理的意义

10.1.1 支付管理在建筑工程中的作用与重要性

支付管理在建筑工程中扮演着至关重要的角色，对项目的进度、质量和成本控制都有着深远的影响。

首先，支付管理对项目进度的影响显而易见。通过合理的支付安排，可以确保承包商和供应商按计划按时完成工作，并保持工程进度的稳定性。及时的支付可以激励承包商和供应商提高工作效率，避免因资金问题而导致工程延误。其次，支付管理与工程质量密切相关。合同中通常规定了支付与质量的关联，包括验收标准和支付的关键里程碑。通过适时的支付，可以确保工程质量符合合同要求，因为合同中的验收程序通常需要支付达到一定的工程进展才能进行。这有助于监督和控制工程的质量，确保其符合规范和标准。最后，支付管理与成本控制紧密相连。合理的支付管理可以帮助项目团队掌握项目的成本状况，确保预算得到有效控制。通过仔细监督支付流程，可以防止额外成本，如滞后支付可能导致的违约金或利息费用。

10.1.2 支付管理对项目成本控制的影响

10.1.2.1 成本控制与支付计划的制定

首先，成本控制与支付计划的制定之间存在密切的关系。支付计划是一个明确的时间表，规定了在工程进展的不同阶段应支付的款项和金额。通过精心制定支付计划，项目管理团队能够在整个项目周期内更好地掌握和规划资金流动，确保项目不会出现因资金短缺而导致的延误或质量问题。其次，支付计划的制定需要考虑到项目的具体特点和需求。不同项目可能具有不同的支付要求，例如，一个长期工程可能需要分阶段支付，而另一个短期工程可能需要一次性支付。因此，支付计划的制定需要充分考虑项目的性质、工程进度、供应链管理等因素，以确保支付与项目的实际需要相匹配。最后，支付计划的制定还需要与合同条款和法律法规保持一致，确保所有支付合法合规。合同中通常规定了支付的时间表和条件，支付计划必须严格遵循这些规定，以避免潜在的纠纷和法律问题。

10.1.2.2 支付管理对工程费用的控制

支付管理在项目成本控制方面发挥着至关重要的作用，其中之一是对工程费用的控制。工程费用是项目的重要组成部分，包括了人工成本、材料成本、设备成本等多个方面。通过有效的支付管理，项目管理团队可以实现对这些费用的精确控制。

首先，支付管理可以确保合同条款中的费用支付条件得到严格遵守。合同通常规定了款项支付的时间和金额，以及与支付相关的具体条款。通过遵循这些合同条款，支付管理有助于确保费用的准确支付，避免了因合同违规而引发的法律问题和额外费用。其次，支付管理可以帮助项目管理团队监测和审查工程费用的发生情况。通过及时记录和跟踪各项费用的支出，项目管理团队可以及早发现和纠正潜在的费用超支问题，有助于避免项目在后期因费用超支而不得不采取紧急措施，影响工程质量和进度。最后，支付管理还可以通过优化供应链和材料采购，实现工程费用的节约和控制。通过合理的供应商选择、采购计划和库存管理，项目管理团队可以降低材料和设备的采购成本，并确保它们及时交付，从而减少不必要的费用支出。

10.1.2.3　支付管理与成本预测

成本预测对于项目的整体规划和财务管理至关重要，而支付管理为成本预测提供了必要的数据和依据。

首先，支付管理通过及时记录和汇总各项费用的支付情况，提供了项目管理团队所需的实际支出数据。这些数据可以用于与预算进行比较，帮助项目管理团队了解项目当前的财务状况。通过对实际支付数据与预算进行对比，可以快速识别出潜在的费用超支或节约的机会，从而调整项目的成本预测和财务计划。其次，支付管理还可以帮助项目管理团队更准确地估计未来的费用支出。通过分析历史支付数据和当前进展，可以制定更精确的成本预测模型，有助于项目管理团队在项目进行过程中根据实际情况进行适时的调整和决策，以确保项目的财务目标得以实现。最后，支付管理还能够识别出与费用支付相关的潜在风险因素，例如供应链问题、材料价格波动等，这些因素可能对成本预测产生影响。通过及早识别这些风险并采取相应的措施，可以降低不确定性，提高成本预测的准确性。

10.1.3　支付管理与供应商关系的维护

10.1.3.1　供应商支付与合同履行

供应商支付与合同履行是支付管理中的关键方面，它涉及与供应商之间的金融交易和合同义务的履行。

首先，在支付管理中，确保按合同约定及时支付供应商是至关重要的，包括按照合同规定的付款方式和时间表，将合同金额支付给供应商。及时支付有助于维护供应商的信誉，建立良好的合作关系，并确保供应商按时交付所需的材料、设备或服务，有利于项目的顺利进行。其次，供应商支付也需要严格遵守合同条款和相关法律法规，确保支付的准确性和合法性。支付管理团队需要仔细核对供应商提交的发票和付款要求，与合同条款进行比对，以防止错误或过度支付。同时，支付过程也需要确保合同履行的质量和数量与合同要求一致，以保障项目的质量和安全。最后，供应商支付与合同履行也需要建立适当的支付记录和文档管理系统，以便随时审查和核实支付历史和合同履行情况。这有助于追踪项目的成本，及时发现并解决潜在的问题，同时也是合同纠纷解决和审计的重要依据。

10.1.3.2　供应商付款的时机与方式

供应商付款的时机与方式在支付管理中是非常重要的方面，直接影响到项目的资金流动和供应商关系的维护。

首先，关于付款的时机，通常是根据合同中的约定来确定的。合同会明确规定供应商可以提交发票或付款申请的时间点，以及支付应在多长时间内完成。严格按照合同约定的时间进行付款，有助于维护供应商的信任和合作关系，避免延误或滞留款项，确保供应商按时提供所需的材料、设备或服务，保障项目进度。其次，支付方式也是重要的考虑因素。支付方式可能包括电汇、支票、银行转账、在线支付等多种方式。选择适当的支付方式需要综合考虑多个因素，包括合同约定、供应商的要求、项目的实际情况等。在选择支付方式时，需要确保安全、高效、成本合理，并符合法律法规的要求。同时，支付方式的选择也可能受到项目所在地区的金融和银行体系的影响，需要充分考虑当地的金融环境。最后，对于大型项目或长期合同，分阶段支付或进度支付也是一种常见的方式。这种方式可以根据项目的进度和合同完成情况来划分付款阶段，确保供应商在不同阶段都能获得相应的资金支持，同时也有助于项目的资金流动和成本控制。

10.1.3.3　供应商沟通与合作

供应商沟通与合作在支付管理中扮演着至关重要的角色，对于维护供应商关系以及项目的成功完成至关重要。有效的供应商沟通和合作可以确保双方在合同履行过程中能够顺畅地协作，解决潜在的问题，并最大限度地提高效率。

首先，供应商沟通应该是持续的过程。在合同签订后，建立起与供应商的有效沟通渠道非常重要，包括定期的会议、电话沟通、电子邮件等方式，以确保双方了解项目的进展情况、需求变化以及可能的挑战。及时的沟通可以帮助双方更好地规划和协调，减少潜在的问题和误解。其次，合作精神也是供应商关系的关键。建立合作伙伴关系而不仅仅是交易关系是非常重要的，双方应该共同努力，互相支持，共享风险和奖励。建立良好的工作关系有助于解决问题、提高质量，同时也有助于减少争端和纠纷。再次，供应商的反馈也应该得到充分的重视。供应商通常会提供关于项目进展、质量问题、交付延迟等方面的反馈，项目管理团队应该认真听取并采取适当的措施来解决问题，这种开放的反馈机制有助于改进项目管理和维护供应商的满意度。最后，建立互信和尊重的文化是供应商关系维护的关键。双方应该秉持诚实、公平和透明的原则，遵守合同约定，互相尊重对方的权益和利益，有助于建立长期的供应商关系，为未来的合作打下坚实的基础[19]。

10.2　支付管理的程序与制度

10.2.1　支付管理流程与程序的建立

10.2.1.1　支付管理流程的设计与制定

在建筑工程中，支付管理涉及合同款项的划拨、审批、付款等环节，因此需要一个明确的流程和程序来确保这些步骤按照规定的方式进行。

首先，设计和制定支付管理流程是为了确保每一笔款项的划拨和支付都能够符合合同约定和法规要求，应该明确规定每个环节的责任人、审批程序、付款方式以及必要的文件和记录。流程的设计需要充分考虑项目的特点、合同类型、资金来源等因素，以确保流程的灵活性和适用性。其次，支付管理流程应该强调内部控制和审批机制，包括确保每一笔付款都经过合适的审批程序，审批人员具有必要的授权和资格，并且审批过程应该有适当的文件和记录，有助于防止错误和滥用资金的情况发生。再次，支付管理流程还需要与项目进度和工程质量相协调，付款应该与工程进展相匹配，确保合同款项按照工程的实际完成情况进行支付。同时，需要对工程质量进行审查，确保支付不会对工程质量产生负面影响。最后，支付管理流程应该包括对供应商和承包商的合同履行情况的监督和评估机制，有助于确保合同的各项义务得到履行，同时也有助于及时发现和解决潜在的问题和纠纷。

10.2.1.2 支付管理程序的详细规划

支付管理程序的详细规划是建立在支付管理流程的基础上，为确保项目的资金使用合理和高效而制定的具体操作计划。

第一，确定付款的时机和频率。在项目进行过程中，需要明确每一笔付款的计划时间和频率。根据合同约定来制定，但也需要根据项目的实际进展进行灵活调整。例如，可以按照工程进度和完成里程碑来制定付款计划，确保付款与工程进展相匹配。第二，明确付款的方式和渠道。支付管理程序需要规定付款的方式，包括电汇、支票、转账等不同的支付方式，以及付款的渠道，如银行、财务部门等。这有助于确保资金的安全和合规性。第三，制定审批程序和责任人。支付管理程序需要明确每一笔付款的审批程序，包括审批人员的身份和权限。这可以防止滥用资金和不合规的付款行为，审批程序应该清晰简洁，确保及时地审批和付款。第四，需要规定付款的相关文件和记录。支付管理程序应该要求必要的文件和记录，如发票、合同、验收报告等，以便审批和付款时进行核对和备查，有助于审计和追溯支付的合规性和准确性。第五，支付管理程序应该包括异常情况的处理和纠正措施。如果出现付款异常或错误，程序应该明确如何处理和纠正，以避免对项目产生不良影响，包括支付冻结、返工、调查等措施，以及相关的责任追究。

10.2.1.3 支付管理流程的持续改进与优化

支付管理流程的持续改进与优化是确保支付管理程序能够不断适应项目需求和提高效率的关键步骤。在建立初始的支付管理流程后，项目团队应该持续关注和评估其运行情况，以识别可能存在的问题和改进机会。

首先，项目团队应该建立一个有效的反馈机制，以收集相关利益相关者的反馈意见和建议，包括供应商、合同方、项目管理团队以及财务团队等各方的意见。通过定期与这些相关方进行沟通，了解他们的需求和关切，可以及时发现潜在问题并进行改进。其次，项目团队应该进行内部审查和自我评估，包括对支付管理流程的内部审核，以确认程序的合规性和准确性。同时，还可以进行效率评估，寻找可以提高支付流程效率的方式，减少不必要的延误和浪费。再次，项目团队应该关注技术和工具的发展，以寻找可以优化支付管理的新技术和工具。现代支付管理系统和软件可以提供自动化的支付流程，减少手工操作和错误的风险，同时提高数据的准确性和实时性。最后，项目团队应该建立一个改进计划，并持续追踪和评估其实施效果，包括制定具体的改进目标和时间表，明确责任人和监测指标。通过定期的评估和反馈，项目团队可以不断优化支付管理流程，提高效率，降低风险，确保项目的资金使用得以合理控制和优化利用。

10.2.2　付款条件的明确定义

10.2.2.1　付款条件的合同约定与协商

付款条件的明确定义在支付管理中起着至关重要的作用。这涉及合同双方对于款项支付的具体要求和约定，通常在合同中进行详细的规定和协商。首先，付款条件的合同约定与协商需要明确规定款项支付的时间、方式以及相关的支付条款。具体来说，合同中应包括款项支付的计划和时间表，明确每次支付的截止日期和付款周期，以确保款项按时支付。其次，还需要规定款项支付的方式，包括支票、电汇、银行汇款等具体的支付方式，以及款项支付的接收方信息。支付条件还应包括与款项支付相关的各种条款，如付款的货币单位、汇率、逾期支付的罚金和违约金等，这些条款有助于明确双方的权利和义务，降低潜在的纠纷风险。最后，合同中还应明确审计和验证支付的程序，确保支付的准确性和合规性。总之，付款条件的明确定义需要在合同中详细规定，以确保款项支付的透明度、合法性和准确性，保障合同双方的权益，降低潜在的支付管理风险。

10.2.2.2　付款条件的明确与清晰

付款条件的明确定义需要在合同中做到明确与清晰，这一点至关重要。明确与清晰的付款条件可以避免后续的歧义和争议，有助于确保支付管理的顺利进行。首先，明确的付款条件意味着在合同中对每一项款项支付都要有明确的规定，包括支付的金额、支付的时间点、支付的方式和支付的接收方等关键要素。这些信息应该以具体的数字和日期进行规定，避免使用模糊不清的描述或术语，以免引发争议。其次，付款条件的清晰性要求合同文本表述要简洁明了，避免使用复杂难懂的法律术语，确保双方都能容易理解和遵守合同规定。此外，清晰的付款条件也需要考虑到可能出现的特殊情况和变更，如何处理变更或额外费用的支付问题也应在合同中有明确规定。最后，付款条件的明确与清晰还需要确保审计和核查的程序能够顺畅进行，以验证款项支付的准确性和合规性。总之，付款条件的明确与清晰是支付管理的基础，有助于双方建立信任，降低风险，并确保项目的顺利进行。

10.2.2.3　付款条件的合规性与法律规定

合同中规定的付款条件必须符合当地法律法规和国家政策，以确保支付的合法性和合规性。在制定付款条件时，合同方需要仔细研究相关法律法规，了解与支付管理相关的法律要求，如税务法规、合同法、劳动法等。这些法律规定可能会影响到支付的方式、税收规定、合同终止等方面，因此需要在合同中进行明确的规定。付款条件的合规性还包括确保合同的签订和执行不违反反垄断法、反腐败法等反不正当竞争和反贪污的法律规定。合同方在制定和执行付款条件时，需要确保不参与任何违法行为，避免不正当手段来获取支付或影响支付的合法性。在制定付款条件时，还需要特别注意跨境交易的法律规定，包括外汇管理、出口控制、海关规定等。如果项目涉及跨境交易，合同中的付款条件需要遵守相关国际贸易法规和国际支付标准，以确保合规性。

10.2.3 支付文件的准备与审批

10.2.3.1 支付文件的种类与要求

支付管理的有效实施依赖于支付文件的准备与审批。支付文件是用于记录和证明支付交易的重要文件，其种类与要求需要明确定义。

首先，支付文件的种类多种多样，包括但不限于发票、付款申请、合同、收据、银行对账单、支票、电汇凭证等。这些文件在支付管理中都具有特定的角色和用途。发票用于记录商品或服务的销售情况，付款申请则是申请支付款项的文件，合同是约定双方权利义务的文件，收据用于确认收款，银行对账单和支票是金融交易的记录和凭证，电汇凭证用于确认电汇款项的到账等。合同中通常也包含了支付管理的相关条款和规定，需要与其他支付文件相互关联。其次，支付文件的要求需要清晰明确。每种支付文件都应该包含必要的信息，如交易金额、交易日期、交易对象、付款方式、付款方和收款方的信息等。这些信息应该准确无误地记录在文件中，以确保支付的准确性和合法性。同时，支付文件的填写和审批程序也需要规范，确保相关人员都按照规定的流程进行操作和审批，避免错误和滥用。最后，支付文件的种类和要求会因不同的支付管理流程和组织而有所不同，但在所有情况下，明确定义支付文件的种类和要求是确保支付管理有效和合规的关键步骤。合同管理团队需要与财务部门和法务部门紧密合作，制定清晰的文件管理政策，确保支付文件的准备、审批和存档都符合法律法规和内部政策，以降低支付管理中的风险并确保支付的准确性和合法性。

10.2.3.2 支付文件的编制与审核

支付文件的编制与审核是支付管理中至关重要的环节，其确保了支付交易的准确性、合法性和合规性。在这个过程中，需要遵循一定的程序和原则，以确保支付文件的质量和可靠性。

首先，支付文件的编制是指将支付相关信息填写到相应的文档中，这需要详细记录有关交易的信息，包括但不限于交易金额、交易日期、付款方和收款方的信息、付款方式、发票号码等。编制支付文件的过程需要严格遵循内部制度和相关法规，确保信息的准确性和合法性。其次，支付文件的审核是为了核实支付文件的准确性和合规性。审核过程通常由内部审计部门或财务团队负责，他们会仔细检查支付文件的内容，确保各项信息一致并符合内部政策和法律法规。审核过程还包括对支付文件的合同约定和付款条件的核实，以确保支付符合合同约定和付款条件的要求。最后，支付文件的编制和审核需要严格的流程和程序，以防止错误和滥用。通常，支付文件的编制由支付请求人或财务人员完成，而审核由独立的审核人员或部门进行，确保内部控制的有效性和完整性。审核人员需要对支付文件的每个细节进行仔细检查，确保支付交易的合法性和合规性，防止潜在的风险和纠纷。

10.2.3.3 支付文件的审批流程与授权

支付文件的审批流程与授权是支付管理中的关键步骤，旨在确保支付交易的合规性和控制支付风险。这一过程通常涉及多个层级和部门，以保证支付的准确性和合规性。

首先，审批流程的设计需要明确定义各个层级和部门的审批权限和责任。通常，支付文件的审批流程是分层次的，具体流程可能因组织而异。一般情况下，先由支付请求人或财务人员提交支付文件，然后经过内部审计部门或财务团队的审核，随后进入高层管理层的审批。在审批流程中，各个层级和部门需要核实支付文件的准确性、合规性和合同约定的一致性。其次，支付文件的审批需要严格的授权程序。每个审批人员必须具备相应的审批权限，并按照内部规定来执行审批，这就需要相关人员在内部系统中进行授权，以确保只有经过授权的人员才能参与审批流程。授权程序还可以包括双重审批、电子签名等安全措施，以提高支付审批的安全性。最后，审批流程和授权程序的建立旨在降低支付风险、防止滥用和错误，并确保支付交易的合规性，有助于维护供应商关系、确保付款准确无误，并提高财务管理的效率。因此，组织需要建立清晰的审批流程和授权程序，并进行定期的审查和更新，以适应不断变化的业务需求和法规要求。

10.2.4 付款方式与工程进度的关联

10.2.4.1 不同付款方式的选择与管理

合同中的付款方式通常由双方在合同签订阶段协商确定，并在工程项目的整个周期中起着关键作用。

首先，不同的工程项目可能适用不同的付款方式，这取决于项目的性质、规模、风险等因素。常见的付款方式包括按进度支付、按阶段支付、按工程量支付、固定总价支付等。每种付款方式都有其特点和适用范围。例如，按进度支付适用于长周期的大型工程，能够根据工程进展情况进行分期付款，有利于平衡供应商的现金流；而按工程量支付适用于对工程的具体量化有明确要求的情况，能够更精确地控制支付。其次，付款方式的管理涉及付款的时机、金额和条件等方面的控制。合同中通常会规定付款的触发条件、支付期限和付款金额。在工程进度方面，付款方式可以根据项目进展情况进行灵活调整，以激励承包商按时完成工作。例如，可以设置里程碑付款，要求在完成特定工程阶段后支付一定比例的款项，以激励工程的快速进展。最后，付款方式的选择与管理也需要考虑风险因素。某些付款方式可能涉及更高的支付风险，因此需要更严格的管理和控制措施，以防止支付风险的发生。同时，合同中的付款方式也应考虑到供应商的财务状况和可信度，以确保支付的安全性。

10.2.4.2 工程进度与付款的关联性

付款通常是基于工程项目的实际进展来确定的，这种关联性在建筑工程中至关重要，对于项目的成功实施和合同方的满意度都起着关键作用。

首先，工程进度影响着付款的时机。合同中通常规定了付款的触发条件和时间表，这些条件和时间表通常与工程进度的特定阶段或完成的工程量相关联。例如，根据合同规定，某项工程完成后，才能进行相应比例的付款。这就要求项目管理团队密切关注工程进度，确保及时完成工作，以便按时获得付款。其次，工程进度也影响着付款的金额。付款通常是按照工程完成的百分比或特定阶段的付款比例来确定的。因此，工程进度的延误或提前完成都会直接影响到付款的金额。工程进度的准确监控和管理可以确保合同中规定的付款比例与实际工作进展相符，避免了不必要的争议和纠纷。最后，工程进度还与供应商的现金流和资金需求密切相关。供应商通常需要通过付款来维持项目的正常运行，并满足其自身的资金需求。如果工程进度出现延误，供应商可能会面临资金周转的问题，可能导致项目的停滞或质量问题。因此，项目管理团队需要与供应商密切合作，确保付款与工程进度相匹配，以维护供应商关系和项目的顺利进行。

10.2.4.3 进度支付的监控与调整

进度支付在建筑工程中是一种常见的付款方式，其与工程进度的监控和调整密切相关，旨在确保合同中规定的付款进展与实际工程进度相符，同时保障合同双方的权益。

首先，进度支付要求项目管理团队密切关注工程的实际进展情况，包括对工程量、完成情况以及工程进度的定期监测和评估。通过与合同中规定的进度要求进行比较，可以确保付款的时机和金额与工程的实际状态相符。如果发现工程进度有滞后或提前的情况，需要及时调整付款计划，以反映实际情况，并避免不必要的延误或纠纷。其次，进度支付还涉及相关文件和证明的提交与审核。通常，承包商需要提交工程完成报告、验收证明以及其他必要的文件，以证明工作已按合同要求完成。项目管理团队需要仔细审查这些文件，并确保它们的真实性和合规性，有助于防止不当地付款，同时也为合同双方提供了透明和可追溯的付款过程。最后，进度支付还需要合同方之间的沟通和协作。项目管理团队与承包商之间需要建立有效的沟通渠道，及时解决任何可能影响工程进度和付款的问题。这种积极的合作关系有助于确保工程进展顺利，付款按照合同规定进行。

10.2.5 支付管理的电子化与自动化

10.2.5.1 支付管理软件与工具的应用

支付管理软件与工具的应用在现代建筑工程中扮演着重要的角色，有助于提高支付管理的效率、准确性和可追溯性，同时简化了复杂的支付流程。

首先，支付管理软件和工具能够帮助项目管理团队更好地跟踪和记录付款信息。通过电子化的方式，所有付款相关的数据和文件都可以集中存储和管理，而无须依赖烦琐的纸质文件。这使得付款记录更加准确，同时也提高了信息的可访问性和可搜索性，有助于快速解决潜在的支付问题。其次，这些工具通常具有自动化的功能，可以根据合同规定的付款条件和进度要求自动生成付款通知和付款文件。这减少了手动处理的工作量，降低了错误发生的风险，确保了付款的及时性和准确性。自动化还可以提醒项目管理团队有关付款截止日期和进度变化，有助于更好地管理工程进展。同时，支付管理软件和工具也支持电子签名和审批流程，简化了付款文件的审核和批准过程。这可以加快付款的审批速度，减少了延误，提高了整个支付管理流程的效率。最后，这些工具通常具有安全性和权限控制的功能，确保只有授权人员可以访问和修改支付相关信息，从而保护了敏感数据的安全性。

10.2.5.2 自动化支付流程的建立

通过建立自动化支付流程，可以进一步提高支付管理的效率、准确性和可追溯性，降低了人工处理错误的风险，加快了资金流动速度。

首先，建立自动化支付流程需要将合同中的付款条件和进度要求与支付管理软件或系统进行集成。这意味着系统可以根据合同约定自动识别何时以及如何进行付款。例如，如果合同规定在完成特定阶段的工程后支付一定款项，系统将自动生成相应的付款通知和文件。其次，自动化支付流程还可以与项目进度管理系统相结合，实现进度与支付的实时关联。这意味着只有在确保工程达到了约定的进度要求后，支付才会自动触发，从而降低了支付与工程进展不符的风险。再次，自动化支付流程通常支持多级审批和授权，确保付款文件经过必要的审核程序。这可以通过设置系统中的审批工作流来实现，从而加强了内部控制和合规性。最后，自动化支付流程还提供了可追溯性，记录了每一笔付款的详细信息，包括付款日期、金额、付款方和接收方等，这为日后的审计和合规性检查提供了便利。

10.2.5.3 数据安全与隐私保护

支付管理的电子化与自动化在现代业务环境中变得越来越重要，但与之相关的数据安全与隐私保护同样至关重要。在建立电子化和自动化支付管理系统时，必须采取一系列措施来确保数据的安全性和保护用户的隐私。

第一，数据加密是确保支付数据安全的关键步骤。所有敏感数据，如银行账号、信用卡信息和个人身份信息，都应在传输和存储过程中进行加密，这可以通过使用安全的传输协议和数据加密算法来实现，以防止第三方未经授权地访问或窃取数据。第二，访问控制是保护支付管理系统的重要措施。只有经过授权的用户才能访问系统，并且他们的权限应根据其角色和职责进行精确定义，有助于减少内部威胁和不当访问。第三，定期的安全审计和监测是必不可少的。系统管理员应监测支付管理系统的活动，以检测任何异常或可疑的活动，并采取适当的措施来防止潜在的安全风险。安全审计还有助于确保系统的合规性，并及时发现和解决任何潜在的漏洞。第四，员工培训也是确保支付管理系统安全的重要因素。员工应该接受有关数据安全和隐私保护的培训，了解如何处理敏感信息，以及如何识别和报告潜在的安全问题。第五，备份和灾难恢复计划也是不可忽视的。定期备份支付数据，并确保备份数据的安全存储。同时，建立灾难恢复计划，以应对突发事件或数据丢失的情况，并确保业务可以在最短时间内恢复正常运行[20]。

10.3 支付管理的控制与监督

10.3.1 支付授权与审批程序

10.3.1.1 支付授权流程的设计与建立

支付管理的控制与监督是确保支付流程合规性和透明性的关键一环，其中支付授权与审批程序起着至关重要的作用。

首先，支付授权流程的设计与建立需要考虑各种因素，以确保合同约定和法规的遵守。在这一流程中，必须明确定义各个参与方的职责和权限，包括哪些人有权批准支付、审查相关文件、核实付款金额以及签署付款凭证。其次，支付授权流程会建立在严格的层级结构之上，以确保高额付款必须经过高级管理层的批准。此外，流程中还应包括审批文件的详细要求，如发票、合同、收据等，以便审批人员能够充分了解支付的合法性和合规性。再次，支付授权流程还需要考虑到紧急情况和例外情况的处理，以便在必要时能够加快支付的审批流程，同时确保在风险控制的前提下完成支付。流程中还应包括记录和文档保留的要求，以便审计和监督机构对支付流程的合规性进行审查。最后，支付授权流程应该定期进行审查和更新，以确保其与组织内部政策和外部法规的一致性，并适应不断变化的业务需求。通过建立健全的支付授权与审批程序，可以提高支付管理的透明度和合规性，降低风险，并确保资金的合理使用。

10.3.1.2 支付审批程序的明确定义

支付审批程序包括一系列步骤和规定，旨在确保每笔支付都经过合适的授权和审批。

首先，确定谁有权进行支付的授权。这通常与组织的层级结构有关，不同级别的管理层将拥有不同金额的支付授权权。例如，高级管理层可能需要批准较大金额的支付，而较低级别的管理层则可以批准较小金额的支付。这些授权可以根据组织的政策和流程进行设定。其次，支付审批程序需要明确规定支付审批的流程和程序，包括提交支付请求的方式，审批流程的步骤，以及需要提供的支持文件和信息。通常，支付审批程序将包括申请支付、审批支付、核对信息和生成付款凭证等步骤，以确保支付的合法性和准确性。再次，支付审批程序还需要规定审批人员的角色和责任。每个参与支付审批的人员都应清楚了解他们的任务和职责，以便在需要时做出明确的决策，有助于避免混淆和责任推诿，并确保支付审批过程的高效性和透明性。最后，支付审批程序需要建立相应的记录和文档，以便日后审计和监督，包括保存支付申请、审批记录、核对信息和付款凭证等相关文件，以确保整个支付过程的可追溯性和合规性。

10.3.1.3 审批人员的角色与责任

在支付管理中，审批人员的角色与责任至关重要，因为他们扮演着确保支付合规性和准确性的关键角色。审批人员负责评估和批准支付请求，以确保支付的合法性、合规性和准确性。

首先，审批人员的角色包括审查和评估支付请求的相关信息，需要仔细检查申请中提供的支持文件、合同条款、价格协议等，并核对这些信息是否与支付要求一致。审批人员必须确保所有必要的文件和信息都齐全，并符合组织的政策和法律法规。其次，审批人员需要根据组织的内部规定和政策，以及他们所担任的职责，决定是否批准支付请求，需要权衡支付的紧急性、金额、合同条款的一致性以及可用预算等因素，以做出明智的决策。在某些情况下，审批人员可能还需要征得其他相关人员的意见或参考专业意见。再次，审批人员还需确保支付审批程序的透明性和合规性，必须遵循严格的程序，确保每个支付都经过适当的授权和审批流程。这包括签署必要的文件、记录审批决策，并与其他相关人员进行沟通以及及时处理异常情况。最后，审批人员需要保持高度的慎重和责任感，因为他们的决策可能会对组织的财务状况产生重大影响，应遵循道德和职业规范，维护组织的利益，确保支付过程的透明和合法性，以有效地管理和监督资金的流动。

10.3.2 付款的核实与凭证管理

10.3.2.1 付款核实的程序与标准

在支付管理中，付款核实的程序与标准是确保付款的准确性、合规性和透明性的关键组成部分，旨在确保资金的正确流向，减少错误支付和欺诈行为的风险。

首先，付款核实的程序通常包括对付款请求的审查和验证。审查过程涉及检查付款请求的相关文件和信息，包括发票、合同、收据等，以确保它们与付款要求一致。审查还可能涉及核对供应商或承包商的身份和资格，以防止非法或不合规的付款。其次，付款核实的标准通常基于组织的内部政策和法律法规。这些标准确保付款符合合同条款、预算限制和相关法律规定。标准还可以涵盖付款金额的上限、审批程序、报告要求和相关记录的保留期限等方面。再次，付款核实的程序还可能包括付款审批流程，确保付款请求经过适当的授权和审批，包括不同层级的管理层审批，以确保付款的合法性和准确性。审批流程通常会在付款前进行，以确保付款请求已经得到适当的批准。最后，付款核实的程序还可能涉及记录和报告要求，以便日后审计和追踪，包括付款审批文件、审查记录、付款日志等。报告要求可能包括定期报告或即时通知，以通知相关部门或利益相关方有关支付的详细信息。

10.3.2.2 付款凭证的生成与保存

在支付管理中，付款凭证的生成与保存是关键的环节，以确保所有付款记录得以准确、透明地记录和存档，对于财务追踪、审计和合规性方面都具有重要意义。

首先，付款凭证的生成通常包括创建一份详细的付款记录，其中包括了付款的日期、金额、收款方信息、付款方式以及任何其他相关的细节。这些信息可以通过支付管理系统或财务软件来生成，确保了数据的准确性和完整性。通常，生成付款凭证的过程会要求相关工作人员输入相关信息，以确保所有必要的数据都被包含在凭证中。其次，付款凭证的保存是非常重要的，因为它们构成了支付记录的主要依据。通常，组织会按照法律法规的要求，将付款凭证存档并妥善管理，以备将来的审计和核查。这些凭证通常以电子形式存储在安全的服务器上，也可以在纸质档案中备份。在保存期限内，这些凭证应该是容易访问的，以便财务团队、审计人员和管理层能够随时查看和核对。最后，付款凭证的保存也有助于追踪和管理支出，以确保合同和预算的合规性。付款凭证可以用来核对实际支付与合同条款之间的符合情况，同时也能够帮助预测和计划未来的支出。

10.3.2.3 付款凭证的保密与安全

付款凭证的保密与安全在支付管理中具有至关重要的作用，这是为了确保敏感财务信息不会被未经授权的人员访问或泄露，从而保护组织的财务利益和数据安全。

首先，付款凭证中通常包含了涉及供应商、承包商、员工和其他业务伙伴的敏感信息，例如银行账号、社会安全号码和付款金额。因此，必须采取适当的措施来确保这些信息不会被未经授权的人员获取。这可以通过限制凭证的访问权限来实现，只有经过授权的人员才能查看或修改付款凭证。其次，付款凭证的存储和传输也需要高度的保密性。电子化的付款凭证应存储在安全的服务器上，并受到密码保护和加密措施的保护，以防止黑客或未经授权的访问。同时，在传输付款凭证时，必须使用安全的通信渠道，例如加密的电子邮件或安全的文件传输协议，以确保数据在传输过程中不会被窃取或篡改。再次，组织应该建立审计和监控机制，以定期检查和跟踪付款凭证的访问和修改记录。这有助于发现任何潜在的安全漏洞或不当访问，并采取必要的纠正措施。最后，员工培训也是保密与安全的关键因素。员工应该接受关于如何处理和保护付款凭证的培训，包括不分享凭证信息、如何安全地存储和传输数据，以及如何识别和报告潜在的安全威胁。

10.3.3 付款金额的控制与核对

10.3.3.1 付款金额的计算与验证

付款金额的计算与验证是支付管理中至关重要的一环，旨在确保付款的准确性、合法性和合规性。在进行付款前，必须执行一系列程序和标准，以验证付款金额的正确性。

首先，计算付款金额涉及确认应付款项的准确性，包括审查与供应商或承包商之间的合同、协议或发票，以确定应支付的具体金额。这也可能涉及对额外费用、折扣、退款或其他相关因素的考虑。关键是要确保计算的金额与协议或合同的条款一致，以防止错误或争议的产生。其次，验证付款金额需要核实支付的合规性，包括检查是否已满足了所有相关的法规和法律要求，以确保付款的合法性。例如，检查是否已经扣除了适用的税款，或者是否已经获得了必要的授权和批准。再次，付款金额的验证还包括确保付款信息的准确性。这意味着检查银行账户信息、收款方的身份验证以及付款方式的正确性，有助于防止错误的付款或欺诈活动。最后，为了增强付款金额的控制与核对，通常需要建立内部控制程序和流程，确保每一步都经过适当的审批和验证，包括审批层级、付款授权程序和审计轨迹的记录，以便在需要时进行审查和追溯。

10.3.3.2 付款金额的核对与审计

付款金额的核对与审计是支付管理过程中关键的环节，旨在确保付款的准确性、合法性以及合规性，同时也有助于防止欺诈和错误的发生。

首先，核对付款金额包括对付款文件和相关文档的仔细审查，以确认付款金额与合同、协议、发票或其他相关文件的一致性。这包括检查付款金额是否按照协议或合同的规定进行了计算，并且是否考虑了任何额外费用、折扣或退款。审计人员通常会与财务部门和项目管理团队合作，确保所有金额的计算都是准确的。其次，审计过程还包括对付款信息的核实，例如供应商或承包商的银行账户信息、收款方的身份验证以及付款方式的准确性。这有助于防止恶意行为，如虚假收款方或未经授权的支付。再次，审计也可以涉及对内部控制程序和流程的审查，以确保适当的审批和验证已经进行。这可能包括审查付款的授权流程、审批层级以及记录付款操作的审计轨迹。这有助于防止未经授权的支付和滥用权力。最后，审计的结果通常会生成报告，其中包括审计发现和建议的改进措施。这些报告可用于内部管理决策，以改进支付管理流程并提高财务控制的效率。

10.3.3.3 避免付款错误与欺诈

为了确保支付过程的准确性和合规性，需要采取一系列措施来减少付款错误和防止欺诈行为的发生。

首先，建立清晰的内部控制程序是至关重要的，包括明确的审批和授权程序、分离职责、合同合规性检查、供应商和承包商的背景调查等。这些控制程序可以帮助识别潜在的问题并减少错误发生的机会。其次，采用先进的支付管理软件和系统也可以有效地减少错误和欺诈。这些系统可以自动化付款流程，提供实时的付款审批和核对，确保所有付款都符合合同和法规的要求。同时，还可以生成详细的付款报告，帮助管理层监控支付活动并识别异常情况。再次，定期的内部审计和审查是防止欺诈和错误的重要手段。通过独立的审计程序，可以检查支付记录、审批流程、合同合规性以及供应商和承包商的背景，以确保支付的准确性和合法性。如果发现异常情况，可以及时采取纠正措施，并追究相关责任。最后，员工培训和教育也是防止付款错误和欺诈的关键因素。员工需要了解支付政策、程序和内部控制要求，以确保他们的操作是合规的，不容易受到欺诈行为的诱导。定期的培训可以提高员工的警觉性，帮助他们识别潜在的问题和风险。

10.3.4 延迟付款的应对与风险管理

10.3.4.1 延迟付款的原因与风险

首先，资金不足或预算不足是导致延迟付款的常见原因之一。在项目进行过程中，可能会出现未预料到的费用增加或者财务预算不足的情况。这种情况可能会导致支付管理困难，无法按时支付供应商或承包商，从而拖延工程进展。同时，资金不足还可能导致借款成本增加，对项目的整体经济效益产生负面影响。其次，合同纠纷和争议也是常见的延迟付款原因。工程项目通常涉及复杂的合同和法律文件，当各方在合同履行中发生争议或者合同条款不明确时，支付可能会受到暂停，直到争议得到解决。这可能需要时间，并可能导致法律费用的增加。再次，政府审批和法规要求也可能导致延迟付款。在某些情况下，项目需要获得政府批准或者遵守特定的法规要求，这可能需要额外的时间来完成。项目团队必须了解并遵守相关的法律法规，以确保项目合法进行。最后，供应链中的问题也可能导致付款的延迟。例如，供应商可能会遇到交付延误、材料供应问题或者运输困难，这些问题都可能影响到项目的进度。如果供应链中的某个环节出现问题，付款可能会被推迟，因为某些条件可能无法满足。

延迟付款可能带来一系列风险和问题，包括供应商和承包商的不满，可能导致合同违约和索赔。同时，项目进度可能会受到影响，可能需要调整时间表和资源分配。这可能还会导致项目成本上升，因为需要支付滞后的款项或应对潜在的法律诉讼。

10.3.4.2 延迟付款的协商与解决

延迟付款的协商与解决是在建筑工程项目中管理和应对延迟付款问题的重要措施。当项目面临付款延误时，项目团队需要采取一系列措施来解决问题并维护合同关系。

（1）协商。项目团队应与涉及的各方，包括供应商、承包商、业主以及其他相关方进行积极的沟通和协商，包括重新评估付款时间表、制定分期付款计划、调整合同条款等。在协商过程中，需要确保各方的权益得到平等对待，寻求共赢的解决方案，以最大限度地减少项目双方的损失。（2）建立合同纠纷解决机制也是关键步骤。合同通常会包含有关纠纷解决的条款，例如仲裁或诉讼程序。在协商未能解决问题的情况下，各方可以依据合同条款启动仲裁程序或法律诉讼，以寻求法律裁决。这需要律师的参与，因此在合同中明确法律途径和程序是非常重要的。（3）对于协商和纠纷解决过程，详细的记录和沟通也至关重要。项目团队应保留所有与延迟付款相关的文件、通信和证据，以便在需要时提供支持或证明自己的立场。这包括合同、付款申请、支付通知、电子邮件、会议记录等。（4）风险管理也是应对延迟付款的关键一环。在项目计划和预算中应充分考虑延迟付款的风险，并采取相应的措施来减轻潜在的负面影响，包括建立紧急资金储备、与多个供应商建立备用合同关系、审查合同条款以提前预防延迟等。

10.3.4.3 风险评估与延迟付款策略

延迟付款风险的评估与制定延迟付款策略是建筑工程项目管理中的关键环节。在面临潜在的延迟付款问题时，项目团队应该采取一系列措施来识别、评估和应对这些风险。

首先是风险评估。项目团队需要仔细分析导致延迟付款的可能原因，如供应商或承包商的财务问题、材料供应链中断、技术或工程问题等，进而能够帮助确定潜在的延迟付款风险，以及这些风险对项目进度和预算的影响程度。评估还需要考虑延迟付款可能导致的其他风险，如项目质量问题、法律纠纷或声誉损害。其次是一旦风险被识别，项目团队需要制定相应的延迟付款策略。这包括确定如何应对不同类型的延迟付款风险，以及采取什么措施来减轻其影响。策略可以包括建立备用供应商或承包商关系、增加项目预算中的紧急资金储备、重新评估合同条款以增加灵活性等。关键是确保策略是明确的、可执行的，并能够在出现问题时快速实施。最后是定期监测和审查风险评估和延迟付款策略。项目团队应该定期审查项目进展情况，以确保风险评估仍然准确，并根据需要调整策略。这种持续的监测和反馈机制有助于项目团队在面对延迟付款风险时能够及时作出反应，降低潜在的负面影响。

10.3.5 支付管理的报告与记录

10.3.5.1 支付报告的编制与传递

在编制和传递支付报告时，需要一定的程序和标准，以确保信息的准确性、可靠性和及时性。

首先，编制支付报告涉及收集和整理与支付相关的数据和信息，包括已经完成的工程工作、供应商或承包商的申请付款、合同约定的付款条件等内容。这些数据应当按照一定的格式和结构整理，以便于后续的审批和核对。其次，支付报告需要经过内部审批程序。这通常涉及相关部门或责任人员的审批和签字。审批程序的严谨性和透明度对于防止错误或滥用资金至关重要。审批程序应当明确定义，审批人员的角色和责任也应当清晰，以确保报告的合规性和合法性。再次，完成内部审批后，支付报告需要按照约定的程序传递给相关的付款部门或机构。在传递过程中，需要保证信息的安全和保密性，以防止敏感信息泄露或被篡改。最后，支付报告的编制和传递也应当符合法律法规和合同约定的要求，包括税务和财务方面的合规性要求，以及与供应商或承包商之间的合同条款。不合规的支付管理可能会导致法律纠纷或不必要的经济损失。

10.3.5.2　支付记录的保存与归档

首先，支付记录的保存需要建立严格的文件管理制度，确保所有相关的支付文件得到妥善处理，包括供应商发票、付款凭证、合同或订单、相关通信和审批文件等。这些记录应该按照一致的命名规则进行存储，以便日后的检索和查阅。其次，支付记录需要进行适当的归档。这意味着将支付记录按照一定的时间框架进行分类，并存储在安全的地方，以便长期保存。不同国家和行业可能有不同的法规和法定保存期限，因此必须确保支付记录的归档符合法律要求，有助于保护组织的合规性，并在需要时提供法律依据。再次，电子化与自动化的技术工具在支付记录的保存与归档中发挥了关键作用。通过数字化文档管理系统，可以更轻松地存储、检索和管理支付记录，减少了手动操作和纸质文件的使用。同时，电子记录还能够提供更高的数据安全性，包括加密和权限控制，以保护敏感信息不被未经授权的人访问。最后，支付记录的保存与归档对于审计、报告和财务决策提供了可靠的依据。这些记录可以用于核实支付的合法性和准确性，同时也有助于分析和预测支出模式，为组织的财务管理提供更多的见解和支持。

10.3.5.3　支付数据的分析与决策支持

支付数据的分析与决策支持在支付管理中扮演着关键的角色。通过对支付数据的深入分析，项目团队和管理层可以更好地了解项目的财务状况，及时发现问题并制定决策，以确保项目的顺利进行。

首先，支付数据的分析有助于实时监控项目的财务健康状况。通过比对实际支付情况与预算计划，可以及时识别预算偏差或超支情况，从而采取必要的纠正措施，以保持财务控制。其次，支付数据的分析可以帮助识别潜在的风险和问题。通过监测供应商的付款历史和绩效，可以提前发现供应商的潜在问题，从而降低项目风险。同时，通过分析支付的时间和频率，还可以识别出可能的滞后或延迟付款情况，及时解决，避免对项目造成不利影响。再次，支付数据的分析也为战略决策提供了支持。通过对历史支付数据的趋势分析，可以帮助管理层制定长期财务计划并制定战略，确保项目的可持续性和成功。最后，支付数据的分析还可以用于报告和沟通，向相关利益相关者传达项目的财务状况和绩效。这些报告可以基于不同的需求定制，为项目的不同利益相关者提供适当的信息，从而提高透明度和沟通效率。

11　变更管理

11.1　变更管理概述

11.1.1　变更管理的定义与重要性

变更管理包括对项目中的任何潜在变更或已识别变更进行审查、分析、批准、执行和监督的过程，涵盖项目的范围、进度、成本、资源分配以及其他方面的调整，旨在确保项目在整个生命周期内能够达到其预期目标。

在项目执行过程中，变更是不可避免的，可能是由于客户需求的变化、技术问题的出现、市场竞争的压力或其他因素引起的。如果不进行有效的变更管理，项目可能会受到范围膨胀、成本增加、进度延误等问题的影响，甚至导致项目失败。因此，变更管理的重要性在于帮助项目团队识别、评估和控制这些变更，以最大限度地减少其对项目的负面影响。成功的项目管理不仅仅是按计划和预算交付可行的结果，还要确保项目的目标与利益相关者的期望保持一致。通过有效的变更管理，项目团队可以灵活应对变化，满足客户需求，并确保项目在整个生命周期内始终与项目目标保持一致。

11.1.2　变更管理在建筑工程中的角色

11.1.2.1　变更管理团队的组成与职责

在建筑工程中，变更管理团队的组成与职责至关重要，因为其直接影响到项目的成功和可控性，团队组成与职责如下所示。

（1）项目经理。项目经理是变更管理团队的核心成员之一，负责监督和协调整个变更管理过程。他们需要确保变更管理与项目的整体目标和计划保持一致。项目经理还需要评估变更的影响，包括时间、成本和资源方面的变化，并制定相应的计划来管理这些变化。

（2）设计团队。建筑工程中的设计团队通常由建筑师、工程师和其他专业人员组成。他们的职责是评估变更对设计的影响，并提供技术支持，以确保变更能够在设计上得以实施。设计团队需要协助项目经理识别潜在的设计变更，并提供相关的设计文件和图纸。

（3）合同管理人员。合同管理人员负责与承包商或供应商沟通，并确保合同规定的变更管理程序得以执行，还需要审查合同条款，协助项目经理进行变更审批和谈判，以确保合同的合规性和完整性。

（4）财务团队。财务团队负责评估变更对项目成本的影响，并确保财务方面的变更管理得以实施，需要跟踪变更的成本、费用和预算，并提供相关的财务报告，以支持项目经理和决策者的决策。

（5）风险管理团队。风险管理团队需要评估变更对项目风险的影响，并提供风险分析和建议。他们的职责是帮助项目经理识别潜在的风险，并制定应对策略，以降低风险对项目的不利影响。

（6）法律顾问。在某些情况下，项目可能需要法律顾问来处理合同纠纷或法律问题。法律顾问的职责是确保变更管理过程合法合规，并提供法律意见和法律支持。

11.1.2.2 变更管理的决策与执行

在建筑工程中，变更管理的决策与执行起着关键作用，其次是确保项目变更得以有效管理和控制的重要环节。

首先，变更管理需要明确的决策流程，包括识别变更、评估变更的影响、确定是否批准变更、进行变更的设计和实施、监督和审计变更的执行等步骤。决策流程应该明确规定谁有权批准变更，以及批准变更所需的程序和文件。其次，变更管理的决策需要基于充分的信息和数据，包括变更的性质、规模、影响范围、成本、时间等方面的详细信息。项目团队必须对变更进行全面的评估，以便做出明智的决策。这通常需要协调不同专业领域的团队成员，包括设计师、工程师、合同管理人员等，以确保决策的全面性和准确性。再次，变更管理的决策还需要考虑项目的整体目标和约束条件，包括项目的预算、进度、质量要求、合同条款等方面的因素。决策必须在这些约束条件下进行，以确保变更不会对项目的整体成功产生负面影响。最后，变更管理的执行是将批准的变更付诸实施的关键步骤，包括变更的设计、工程实施、监督和验收等过程。执行变更时必须确保质量、安全、时间和成本方面的控制，以确保变更按照批准的计划得以实施。

11.1.2.3 变更管理的沟通与协调

首先，变更管理需要确保及时和有效地沟通，包括将变更信息传达给所有相关方，无论是项目团队的不同成员，业主、设计师、承包商，还是供应商等。沟通的内容应该包括变更的性质，对项目的影响，变更的决策过程以及执行进展等。通过及时的沟通，所有相关方都能够了解变更的状态和潜在影响，从而有机会参与到变更决策的过程中，减少误解和不必要的延误。其次，变更管理需要协调不同团队和利益相关方之间的合作。在一个建筑工程项目中，不同专业领域的团队成员（如结构工程师、建筑师、电气工程师等）以及各种利益相关方（如政府监管机构、业主代表等）可能需要共同协作来识别、评估和执行变更。协调确保了各方的利益能够得到平衡，项目目标能够得以实现。协调还包括确保变更的设计、施工和验收等活动是有序进行的，以避免混乱和冲突，从而确保项目的质量和进度不受影响。最后，变更管理还需要建立有效的沟通渠道和工具，以便各方之间能够随时获取所需的信息。这可能包括定期的会议、报告、电子邮件通信，以及在线协作工具等，进而能够确保信息能够迅速传递和分享，有助于更好地理解变更的性质和影响，以及采取适当的行动。

11.1.3 变更管理与项目风险

11.1.3.1 变更对项目风险的影响

变更管理与项目风险之间存在密切的关系，因为变更可以对项目的风险产生重大影响。

首先，变更通常引入了不确定性，因为它可能导致项目范围、成本、时间表或质量方面的调整，这些变化可能会增加项目的风险。例如，如果项目中引入了新的设计变更，可能需要额外的资源、时间和成本，这可能会导致项目超出原始计划，从而增加了时间压力和成本风险。其次，变更还可能导致项目范围的不稳定性。随着变更的引入，项目的范围可能会不断变化，这可能会使项目的目标变得模糊不清，难以控制。这种不稳定性可能会导致项目进展受到干扰，增加了项目的风险，因为项目团队可能需要不断适应新的要求和变化。再次，变更还可能对项目的质量产生影响，因为变更可能会引入新的工程要求、规范或技术，这可能需要项目团队重新评估和调整原有的质量计划和控制措施。如果变更管理不当，可能会导致质量问题和安全风险的出现。最后，变更管理也与风险评估和风险管理过程紧密相关。在项目中，必须对变更的潜在风险进行评估，确定其对项目的影响，然后采取适当的措施来管理这些风险。这可能包括重新评估项目的风险计划、调整预算和时间表，以及制定变更管理策略，以确保变更的有效执行。

11.1.3.2 风险识别与变更管理

风险识别与变更管理之间存在紧密的关系，因为在变更管理的过程中，必须认真考虑和识别与变更相关的潜在风险。风险识别有助于项目团队了解可能出现的问题，采取适当的措施来降低风险的影响。

首先，风险识别涉及对项目的当前状态和变更的性质进行全面的分析。项目团队需要了解变更的范围、目标、时间表和资源需求，以确定潜在的风险因素。这可能包括与变更相关的技术复杂性、供应链问题、人力资源限制等方面的风险。其次，项目团队需要识别可能对变更产生影响的外部因素，包括市场变化、法规变化、竞争环境等因素，这些因素可能会增加变更的风险。例如，如果市场需求发生变化，可能需要调整产品设计或生产流程，这可能会对变更的实施产生负面影响。再次，风险识别还需要考虑变更的潜在影响，包括成本增加、时间延误、质量问题等方面的风险。项目团队需要评估这些潜在风险的严重性和可能性，并确定应对措施，以最大限度地减少风险的影响。最后，风险识别也需要持续监测和更新。随着项目的推进和变更的实施，新的风险因素可能会出现，旧的风险因素可能会发生变化。因此，项目团队需要定期审查和更新风险识别，以确保变更管理过程能够及时应对潜在的风险。

11.1.3.3 风险评估与变更决策

风险评估与变更决策是变更管理中的关键步骤，其能够帮助项目团队在决定是否接受或拒绝变更时进行明智的选择。在进行风险评估时，项目团队需要系统地分析和评估与变更相关的潜在风险，以确定变更是否合适，以及如何最好地管理与变更相关的风险。

首先，风险评估涉及确定与变更相关的各种可能性和潜在的影响。项目团队需要识别潜在的风险因素，包括技术、财务、法律、供应链和其他方面的风险。然后，需要评估这些风险的概率和严重性，以确定潜在风险的等级和优先级。其次，风险评估需要考虑不同决策选项对风险的影响。项目团队需要比较不同的决策选项，例如接受变更、拒绝变更或请求修改变更的条件，以确定哪种选项对项目的风险和回报产生最有利的影响。再次，项目团队需要开展风险决策分析，将不同的风险和决策选项结合起来，以制定最佳的变更决策策略，包括采取风险缓解措施，例如制定风险应对计划，或者选择不同的变更路径，以最大限度地降低风险。最后，风险评估和变更决策需要定期审查和更新，因为项目的情况和风险状况可能会发生变化。项目团队需要随时准备应对新的风险因素，并调整变更决策策略，以确保项目能够在变更管理过程中取得成功。

11.2 变更管理的程序

11.2.1 变更识别与记录

11.2.1.1 变更识别的来源与途径

变更识别与记录是变更管理程序的关键组成部分，其涉及识别和捕获所有可能的变更，以确保它们得到妥善处理。变更可以来自多种来源与途径，因此需要一个系统化的方法来识别它们。

首先，项目团队应该积极地与项目相关各方进行沟通，包括业主、设计师、承包商、供应商和其他相关利益相关者，有助于收集来自各方的反馈和建议，以识别潜在的变更点。同时，定期召开项目会议，例如设计审查会议和进度检查会议，也可以成为发现变更的机会。其次，项目团队应该密切监控项目的进展和执行，以及与设计、施工和采购相关的文件和图纸。通过审查这些文件，可以及时发现潜在的设计错误、技术问题或变更需求。同时，还应该对项目的进度计划进行定期审查，以确保项目目标得以实现，也能够识别需要进行进一步研究和调整的变更。最后，项目团队还可以借助信息系统和工具来辅助变更识别。这些系统可以追踪项目的各个方面，包括成本、进度、质量和范围，以识别潜在的变更点。此外，项目团队还可以建立一个变更请求的流程，以便任何项目相关方都可以提交变更请求，并将其记录在变更管理系统中。

11.2.1.2 变更识别流程与方法

变更识别是建筑工程项目中不可或缺的一环，其重要性不可低估。为了确保项目的成功实施和合同的合规性，项目团队需要建立详细的变更识别流程和方法，以应对潜在的变更。

首先，变更可以来自多个渠道。合同文件是一个常见的来源，其中可能包括变更措施、设计变更、工程变更等。同时，项目计划的变更、技术规范的修改、供应商或承包商的建议以及法规法律的变更也都可能导致项目的变更。因此，项目团队需要密切关注这些潜在的变更来源，并建立相应的渠道来收集和记录变更信息。其次，变更识别流程需要具体而清晰。一种常见的方法是建立一个变更请求提交流程。在这个流程中，项目参与方可以提交变更请求，其中需要包括变更的性质、原因、影响、预估成本等详细信息。这些信息的明确规定有助于确保变更请求的完整性和准确性，有助于项目团队更好地理解变更的性质和影响。再次，定期的项目会议也是一个重要的变更识别途径。项目会议可以为项目团队成员提供一个互相交流的平台，让他们能够分享他们的观察和建议，从而帮助识别潜在的变更。项目经理和变更管理团队可以引导会议，确保变更请求得到妥善处理。最后，项目团队还可以使用信息系统和软件工具来支持变更识别流程，这些工具可以帮助自动化变更识别过程，提供实时的项目信息，使项目团队更容易地发现潜在的变更点。

11. 2. 1. 3　变更记录的建立与维护

变更记录的建立与维护在项目管理中是一项至关重要的任务，因为其涉及项目中可能出现的各种变更，包括范围、进度、成本、质量等各个方面。

第一，变更记录的建立需要从变更的源头开始，即识别变更的提出者和提出渠道。这些变更可能来自项目团队内部的成员、外部的利益相关者、监管机构或其他渠道，了解变更的来源有助于更好地理解变更的动机和背景。第二，变更记录应该包含详细的变更描述，包括变更的具体内容、所涉及的工作范围、变更的原因和动机。这些信息有助于项目团队全面了解变更的性质和必要性，以便在后续的决策中能够提供合理的依据。第三，在变更记录中，还需要对变更进行评估和影响分析，包括评估变更可能带来的成本变化、工程进度的影响、质量标准的变更等。这些分析有助于项目团队更好地了解变更的后果，从而做出明智的决策。第四，变更记录还应该包括一个审批流程，明确了变更需要经过哪些审批层级和审批程序。这些程序通常包括变更的提出、评估、批准和实施。明确的审批流程有助于确保变更的决策是合规的，并且能够及时获得必要的批准。第五，变更记录的维护也非常重要。一旦变更得到批准或拒绝，记录应该及时更新以反映最新状态。同时，变更记录需要进行存档，以备将来的审计和核查，进而可以确保项目的变更历史得以妥善保留，项目团队可以随时查看和审计变更的细节。

11. 2. 2　变更评估与审批流程

11. 2. 2. 1　变更评估的标准与准则

变更评估与审批流程在变更管理中扮演着至关重要的角色，确保了项目变更的决策是基于一定的标准和准则，以维护项目的目标和成功。在进行变更评估时，需要明确一些标准和准则，以确保每个变更都经过了充分的审查和分析。

首先，变更评估的标准应包括项目的范围、成本、进度和质量等方面，有助于确定变更是否与项目的整体目标和计划相符，以及它们可能对项目的不同方面产生何种影响。其次，变更评估的标准还应考虑到项目的相关法规、合同要求和安全规定。这些法规和要求可能会对项目的变更产生重要影响，因此需要在评估过程中充分考虑，以确保合规性和法律性。再次，变更评估的标准还应包括项目风险的考虑。评估变更时，需要分析其可能带来的风险，包括潜在的延迟、成本增加、质量问题等，以便在决策时能够充分考虑这些风险，并采取适当的措施进行管理和缓解。最后，变更评估的标准还需要明确变更的优先级和紧急性。有些变更可能对项目的成功和目标具有更高的重要性，因此需要优先处理，而其他变更则可以在适当的时间进行。

11.2.2.2 变更评估的方法与工具

在变更评估与审批流程中，需要使用一系列方法和工具来确保对变更进行全面的分析和评估。

第一，变更影响分析，其涉及识别变更对项目范围、成本、进度和质量等方面的潜在影响。通过定量和定性的分析，可以帮助项目团队确定变更的重要性和紧急性，以及其是否需要批准或拒绝。第二，成本效益分析，涉及评估变更所带来的额外成本与其所提供的价值或好处之间的平衡。如果变更的成本超过了其所带来的好处，那么可能需要重新考虑或拒绝这个变更。第三，模拟和仿真工具也可以用来评估变更的影响。通过模拟不同变更情况下的项目表现，可以更好地理解其潜在效果，有助于在实际实施变更之前预测其影响，以便更好地准备和规划。第四，决策树分析和多标准决策方法可以帮助项目团队在多个变更选项之间做出决策。这些方法将变更的不同方面，如成本、风险、优先级等，进行定量和定性的比较，以确定最佳的变更选择。第五，与利益相关方的沟通和讨论也是变更评估的重要工具。通过与相关方的协商和沟通，可以更好地理解他们的需求和担忧，以便在变更决策中考虑他们的意见和建议。

11.2.2.3 变更审批流程的建立与执行

变更评估与审批流程的建立与执行是确保变更管理在项目中顺利进行的关键，其目标是确保所有的变更都经过适当的审批和决策，以防止未经审批的变更对项目产生负面影响。

首先，建立变更审批流程需要明确定义变更的识别、记录和评估过程，以及涉及的相关人员和他们的职责。整个流程包括变更的提交程序、变更请求的格式和内容要求以及变更识别和记录的标准化方法。其次，审批流程应该明确规定了变更的评估和决策程序，包括确定谁有权批准或拒绝变更，以及在何种情况下需要进行更高级别的审批。审批程序应该考虑到变更的复杂性、风险和影响，以便做出适当的决策。再次，在建立流程后，执行变更审批流程至关重要，包括确保变更请求按照规定的程序提交，并及时进行评估和审批。审批流程还需要考虑到变更的紧急性，以便在需要时能够快速处理。最后，变更审批流程需要与项目团队和利益相关方进行充分的沟通和协调，以确保他们了解变更的状态和决策。这可以通过定期的更新和报告来实现，以便及时通知所有相关方。

11.2.3 变更通知与沟通

11.2.3.1 变更通知的内容与形式

变更通知在项目管理中具有重要的作用，其用于传达变更的详细信息以及影响到项目的各个方面。变更通知的内容和形式需要精心设计，以确保变更信息的准确传递，并帮助项目团队和相关方理解变更的本质和影响。

首先，变更通知的内容应包括以下关键要素：变更的描述，明确说明变更是什么，包括变更的性质、规模和范围。变更的原因，阐明为什么需要进行这个变更，可能是由于外部因素、技术问题、客户需求等。变更的影响分析，详细说明变更对项目的影响，包括进度、成本、资源、质量等各个方面。变更的实施计划，说明如何执行变更，包括实施的时间表、步骤和责任人。变更通知还应包括与变更相关的文件和附件，以便接收者能够查阅相关信息。

其次，变更通知的形式可以根据项目的需要和组织的标准而有所不同。通常，变更通知可以采用书面形式，如电子邮件、正式函件、变更通知书等。书面通知有助于记录和跟踪变更信息，提供正式的记录。对于复杂或紧急的变更，口头通知也可能是有效的方式，通过会议、电话或视频会议直接与相关人员进行沟通，以解释变更的内容并回答问题。同时，图形和图表可以用来更清晰地呈现信息，特别是对于技术性的变更，图形可以帮助接收者更好地理解变更的性质和影响。

11.2.3.2 变更通知的发送与接收

变更通知的发送与接收是变更管理过程中至关重要的一环，其确保了变更信息的准确传达和相关方的及时响应。在发送变更通知时，首先需要确定谁是通知的接收方，包括项目团队的成员、相关部门的代表、客户、供应商和其他利益相关方，具体的接收方取决于变更的性质和影响范围。在确定接收方之后，需要选择合适的通知方式和工具。通知方式可以包括电子邮件、正式函件、变更通知书、口头通知、电话、会议等，具体的选择应根据通知的紧急程度、复杂性和相关方的偏好而定。此外，还可以利用项目管理软件和协作工具来发送和跟踪变更通知，以确保信息的记录和追踪。其次，发送变更通知时，通知的内容应该清晰、具体，并包含所有必要的信息，如变更的描述、原因、影响分析、实施计划和相关文件。确保通知内容简明扼要，避免使用模糊或歧义的词汇，以防止误解或混淆。同时，要确保通知的语气友好和专业，避免引起不必要的紧张或冲突。最后，在接收变更通知时，相关方应及时阅读通知，并仔细理解其内容和影响。如果有任何疑问或需要进一步澄清的地方，应该立即与发送通知的人员联系，以便及时解决问题。接收方还应根据通知的内容和要求采取适当的行动，可能包括更新项目计划、调整资源分配、审查合同条款等。

11.2.3.3 变更沟通的重要性与效果

变更沟通在变更管理中具有至关重要的作用，其重要性和效果不容忽视。

首先，变更沟通有助于确保各方了解变更的性质、范围和影响，从而消除不确定性和混淆。通过清晰和明确的沟通，项目团队和利益相关者可以共享相同的信息和理解，这有助于避免误解和偏差，减少了变更引发的风险。其次，变更沟通有助于提高变更的接受度和支持度。通过向相关方解释变更的原因、优势和影响，可以增加他们对变更的理解和接受。这种共识和支持有助于变更的顺利实施，减少了潜在的抵制和冲突。再次，变更沟通还有助于确保及时采取必要的行动和调整。一旦变更被批准，相关方需要明确了解他们的角色和责任，以及何时以及如何实施变更。透明的沟通确保了所有人都能按照计划执行，避免了项目延误和不必要的成本增加。最后，变更沟通还有助于建立良好的合作关系和信任。通过积极的沟通，项目团队可以与承包商、供应商和其他利益相关者建立更紧密的合作关系，增强信任和合作精神，这对于项目的整体成功和变更的有效管理至关重要。

11.2.4 变更实施与监督

11.2.4.1 变更实施的计划与协调

变更实施在变更管理中扮演着至关重要的角色，其涉及变更的具体执行和落实。

首先，变更实施需要制定详细的计划，明确变更的范围、时间表、资源需求以及相关方的职责和任务。这个计划必须与项目的整体计划相协调，以确保变更不会对项目的进度和成本产生不利影响。其次，协调也是变更实施的关键要素之一。变更通常会影响到不同的项目部分和团队，因此需要确保各方之间的协同工作和沟通畅通。协调包括确保资源、材料和信息的及时供应，以及监督工程进展和变更的执行情况。再次，变更实施还需要充分的监督和控制。这包括对变更的执行情况进行实时跟踪和记录，以确保其按照计划进行。监督还包括对质量和安全方面的控制，以确保变更不会对工程质量和工人安全产生负面影响。最后，变更实施还需要灵活性和适应性。有时变更可能需要在执行过程中进行调整或修正，因此团队需要具备快速反应和解决问题的能力，以确保变更的成功实施。

11.2.4.2 变更实施的质量控制与验收

在变更管理中，变更实施的质量控制与验收是确保变更在项目中有效执行并符合预期质量标准的关键环节。

首先，变更实施的质量控制涉及确保变更工作按照事先规定的标准和要求进行。这可能包括对施工过程的监督和控制，确保工程师和工人按照变更计划进行工作，使用正确的材料和工艺，以及符合相关法规和标准。同时，还需要确保质量控制程序得到有效执行，包括检查、测试、验收等环节，以验证变更工作的质量和完整性。其次，一旦变更工作完成，就需要进行验收，以确认变更达到了预期的结果和质量标准。验收过程应由项目团队的相关成员和利益相关方参与，他们应仔细检查变更工作的各个方面，包括工程质量、安全性、功能性等。验收的标准和要求应事先明确定义，并与变更通知一并提供给验收人员，以便他们能够进行全面的评估。最后，在变更实施和验收过程中，应特别关注与原始项目计划的一致性以及与其他项目活动的协调。变更可能会对项目的进度、成本和资源分配产生影响，因此需要及时调整计划并与项目团队和相关方进行有效的沟通和协调。如果在验收过程中发现任何问题或不符合质量标准的地方，应及时采取纠正措施，并确保问题得以解决。

11.2.4.3 变更监督的方法与工具

在变更管理中，变更监督的方法与工具起着关键作用，以确保变更的有效实施和合同履行的顺利进行。

首先，变更监督的方法包括了监控和控制整个变更过程的步骤，包括对变更的识别、评估和审批的跟踪，以及对实施过程中的进展和问题的监督。变更监督方法的关键在于建立一个有效的监控体系，包括制定变更监控计划、设立监控指标和阶段性检查点，以确保变更按照计划进行，同时及时识别和应对潜在的问题或风险。其次，变更监督的工具是用来支持监控和管理变更的具体手段。这些工具可以包括项目管理软件、变更管理系统、电子文档管理系统等。这些工具能够帮助管理团队跟踪变更的状态、审批流程、文档和沟通记录，从而提高变更管理的效率和透明度。此外，这些工具还可以生成报告和分析数据，帮助管理层做出明智的决策。再次，变更监督的方法还包括了与相关各方的沟通和协调，这涵盖了与合同各方、项目利益相关者和变更管理团队之间的有效沟通，以确保变更的各个方面得到充分理解和共识。同时，协调各方的合作和行动，以确保变更实施的协调性和一致性。最后，变更监督方法和工具的选择应该根据项目的性质和规模来确定。对于大型复杂的项目，可能需要更复杂的方法和工具来支持变更监督，而小型项目则可以采用简化的方法。

11.2.5 变更管理文档与记录

11.2.5.1 变更管理文档的建立与管理

变更管理文档的建立与管理在变更管理过程中具有重要的作用，其中记录了变更的详细信息、审批流程、执行计划以及相关沟通和决策，对于确保变更的透明性、可追溯性和合规性至关重要。

首先，建立变更管理文档需要明确的标准和规程，以确保文档的一致性和完整性，包括文档的格式、命名规范、存储位置和访问权限等方面的要求。同时，建立文档时需要明确责任人和时间表，确保文档能够按时创建和更新。其次，变更管理文档的建立包括了变更的识别、评估和审批阶段的记录。这包括了变更提出的日期、提出人员、变更描述、影响分析、审批流程和结果等信息。这些记录有助于确保变更的合规性和可行性，同时提供了后续跟踪和审核的依据。再次，变更管理文档还包括了变更的执行计划和监督记录。这包括了变更的实施计划、资源分配、执行进度、质量控制和验收情况等信息。这些记录有助于确保变更按照计划进行，同时提供了实时的监控和反馈。最后，变更管理文档需要进行定期的审查和更新，包括对文档的内容、状态和版本进行定期的审核，以确保文档的准确性和可靠性。同时，需要建立文档的归档和保留策略，以确保文档的安全性和可访问性，以备后续审计和报告之需。

11.2.5.2 变更记录的保存与归档

变更记录的保存与归档是变更管理过程中至关重要的一环，其确保了变更的历史数据和相关文档能够被有效地存储、检索和使用，不仅有助于项目的合规性和可追溯性，也为今后的决策、审计和报告提供了依据。

首先，保存变更记录需要建立适当的存储体系和存档策略，包括确定存储位置、存储媒介、访问权限和备份措施等。变更记录可以以电子或纸质形式存储，但无论哪种形式，都需要确保记录的完整性、保密性和安全性。同时，需要明确谁负责记录的保存和管理，以及如何进行定期的备份和恢复。其次，归档变更记录需要按照一定的分类和整理原则，以便于后续的检索和使用。可以根据项目阶段、变更类型、审批状态等因素对记录进行分类和编号。同时，需要建立记录的索引和目录，以便于快速定位所需信息。这有助于提高变更记录的可用性和效率。再次，保存和归档变更记录需要考虑法律和合规性要求。根据不同国家和行业的法律法规，有可能需要保存特定期限的记录，并遵循特定的保密和隐私规定。因此，在建立存档策略时，必须充分考虑这些法律要求，以免引发潜在的法律风险。最后，变更记录的保存和归档还需要定期地维护和更新，包括对存档的定期审核和清理，以删除不再需要的记录，以及对变更记录的版本控制，以确保记录的完整性和准确性。同时，需要建立记录的保密性和访问权限管理机制，以防止未经授权的访问和泄露风险。

11.2.5.3　变更管理数据的分析与决策支持

变更管理文档与记录在建筑工程中扮演着重要的角色，而其中的变更管理数据的分析与决策支持则是确保项目变更得以有效管理和决策的关键步骤。

首先，变更管理数据包括了所有与项目变更相关的信息，如变更提案、审批记录、变更通知、成本估算、工程进度变化等。这些数据在整个变更管理流程中被不断积累和记录，为后续的分析和决策提供了基础。通过对这些数据进行分析，可以更好地了解项目变更的趋势、原因和影响，有助于识别潜在的风险和机会。其次，变更管理数据的分析为项目团队提供了决策支持的依据。通过对数据的定期分析，项目管理人员可以识别出可能导致项目变更的根本原因，并采取相应的措施来减少变更发生的可能性。同时，分析还可以帮助确定变更的紧急程度、成本效益分析以及对项目进度的影响等方面的信息，从而更好地决策是否接受或拒绝变更，或者对变更进行进一步的协商和调整。最后，变更管理数据的分析还有助于改进变更管理过程本身。通过不断监测和分析变更管理数据，项目管理团队可以发现潜在的流程问题和改进点，从而提高变更管理的效率和效果。这种持续的改进有助于减少项目风险、降低成本，并提高项目的成功交付率。

11.3　变更管理的成本控制

11.3.1　变更成本的计量与估算

在建筑工程项目中，变更成本的计量与估算是一个关键的环节，它需要考虑多个因素以确保准确性和精确性。

首先，变更成本的计算方法与依据是关键因素之一。通常，这涉及审查合同文档中的变更条款和相关条款，以了解变更的性质和范围。然后，需要对相关成本进行细致的分析，包括劳动力、材料、设备和其他资源的成本。这些成本可能会在不同的阶段发生变化，因此需要根据实际情况进行调整和计算。其次，变更成本的估算工具与技巧也是至关重要的。在估算成本时，可以使用各种工具和技巧，如历史数据分析、类似项目的比较、专业估算软件等。历史数据分析可以根据以往的项目经验来估算成本，类似项目的比较可以将当前变更与以前类似的项目进行比较以估算成本，而专业估算软件则可以提供更精确的计算和模拟。此外，还需要考虑市场因素、通货膨胀率和其他外部因素对成本的影响。最后，变更成本的精确性与准确性至关重要。在变更成本的计量与估算过程中，需要尽量减小误差和不确定性。这可以通过仔细审查和验证数据、参考专业工程师的意见以及进行多次估算和审查来实现。准确的变更成本估算有助于确保项目的预算不被超支，同时也有助于提高客户和相关各方对项目费用的透明度和可预测性。

11.3.2 变更成本的核准与控制

11.3.2.1 变更成本的核准流程与程序

变更成本的核准与控制是变更管理过程中至关重要的一部分，确保变更的费用得到合理审批和控制。在建筑工程项目中，变更成本的核准流程与程序通常包括以下关键步骤。

首先，当项目发生变更时，变更提案需要被提交给变更管理团队或相关的审批机构。这些提案应包括变更的详细描述、原因、影响、成本估算以及所需的资源和时间等信息。变更提案的提交可以由项目管理人员、设计团队或其他相关方负责。其次，一旦变更提案提交，审批流程便开始。这个流程涉及对提案的仔细审查和评估，以确定其合理性和必要性。审批流程可能包括多个层次的审批，从项目经理或变更管理团队的初步批准，到高层管理或客户的最终批准。在审批过程中，变更提案的成本估算和影响评估将被仔细考虑，以确保变更是合理的，并且可以被项目的预算和时间计划所容纳。再次，一旦变更提案获得批准，核准的成本将被纳入项目的预算中。这意味着项目的成本基准将被相应地调整，以反映变更的费用。同时，项目团队需要确保变更的成本与批准的成本一致，并将这些成本与项目的其他方面进行协调和整合。最后，变更成本的控制是确保变更管理的有效执行的一部分。项目管理人员需要跟踪和监控变更的实际成本，与批准的成本进行比较，并采取必要的措施来控制和管理这些成本，以确保项目保持在预算范围内。这可能涉及制定变更的变更控制程序、费用核准流程的跟踪、定期成本报告的生成等活动。

11.3.2.2 变更成本的控制方法与手段

变更成本的控制方法与手段是确保项目中变更的成本得到有效管理和控制的关键。

首先，建立严格的成本控制流程是关键之一，包括确保所有变更都必须经过审批，并在审批过程中进行详细的成本估算。审批后，必须建立变更的成本基准，以确保与实际成本的比较。项目团队应确保变更成本与批准的成本一致，并将这些成本与项目的总预算进行协调和整合。其次，变更的实际成本需要进行跟踪和监控。这可以通过建立成本控制表、变更成本报告和定期的审计来实现。项目管理人员需要密切关注实际支出，确保它们与批准的成本一致，并采取必要的措施来纠正任何潜在的偏差。再次，变更成本的管理也需要利用计算机软件和工具，以提高效率和准确性。成本管理软件可以用于跟踪成本、生成成本报告、制定预算和进行成本估算。这些工具可以帮助项目管理人员更好地管理和控制变更的成本。最后，有效的变更管理需要良好的沟通和协调。项目团队和相关利益相关方需要及时共享变更成本信息，以便做出明智的决策，包括与审批机构、供应商和其他项目团队成员的沟通，以确保每个人都了解变更的成本和影响。

11.3.2.3 变更成本的风险管理与预防

变更成本的风险管理与预防在变更管理中具有重要的作用，可以帮助项目团队预测和防范潜在的成本风险，以确保项目的财务健康和成功交付。

首先，对潜在的成本风险进行识别和评估是关键的一步。项目团队需要仔细分析每项变更的性质、规模和可能带来的影响，以确定潜在的成本风险因素。这可能包括材料价格波动、工程进度延误、人工成本增加等因素。通过识别和评估这些风险，项目团队可以更好地了解潜在的挑战和机会。其次，风险预防措施需要得到制定和实施。一旦潜在的成本风险因素被确定，项目团队可以采取措施来减轻或预防这些风险的发生。例如，可以与供应商签订价格固定的合同，以减少材料价格波动的影响。同时，可以建立详细的变更管理程序，以确保变更的审批和实施符合预算和时间要求，从而降低进度延误的风险。再次，风险管理还包括建立应急计划，以应对突发情况和不可预测的事件。项目团队应该制定好如何处理成本风险的计划，以确保在出现问题时能够迅速采取行动，减轻潜在的损失。最后，风险管理也需要定期的监控和审计。项目团队应该定期审查成本风险的情况，并根据需要调整预防措施和应急计划。这可以通过建立风险监控机制和定期的风险审计来实现。

11.3.3 变更成本与合同权益保护

11.3.3.1 变更成本对合同权益的影响

变更成本对合同权益产生直接而重要的影响，因为它涉及合同的经济方面和各方的权益保护。

首先，变更通常会导致项目成本的增加或减少，这可能会对合同各方的财务状况产生重大影响。如果变更导致额外成本，承包商可能要求额外支付或调整合同价格以维护其权益。相反，如果变更导致成本减少，业主可能要求合同价格的相应减少，以保护其财务权益。其次，变更也可能会影响合同的交付时间和工程进度。如果变更引起工程进度的延误，业主可能会受到损失，因为项目可能无法按计划完成。因此，需要确保变更管理过程中充分考虑工程进度，以保护合同各方的时间权益。最后，变更成本还可能涉及合同的法律方面。合同中通常规定了变更管理的程序和义务，包括变更审批和成本计算的具体条款。如果这些程序未按合同要求执行，可能会引发法律纠纷，因此需要确保变更过程的合法合规性，以保护各方的法律权益。

11.3.3.2 合同权益保护的原则与措施

第一，公平原则是合同权益保护的核心。在处理变更时，必须确保所有相关方都受到公平对待。这就要求变更审批和成本计算必须建立在客观、公正和合理的基础上，不应偏袒任何一方。这可以通过建立透明的变更管理流程和采用公正的成本计算方法来实现。第二，合同合规性是合同权益保护的另一个关键方面。合同中通常包含了关于变更管理的详细规定，包括审批程序、成本计算方法、时间表等。各方必须严格遵守这些规定，以确保合同的合法性和合规性。任何违反合同规定的行为都可能导致法律纠纷和合同违约，因此合同的合规性至关重要。第三，风险管理也是合同权益保护的一部分。合同各方需要共同识别、评估和管理与变更相关的风险。这包括在变更审批和成本计算中考虑潜在的风险因素，并采取适当的措施来降低风险。风险管理有助于减少未来的不确定性和争议。第四，有效的沟通和协调也是合同权益保护的关键。各方之间应建立良好的沟通渠道，以便及时交流信息、解决问题和取得共识。定期的会议、书面通知和电子邮件等方式都可以用于确保各方都了解变更管理的进展和决策，从而减少误解和冲突。第五，记录和文档管理是不可或缺的。所有与变更相关的信息、文件和决策都应详细记录和归档，以备将来的审计和审查。这包括变更申请、批准文件、成本计算表、会议记录和电子邮件通信等。建立完善的文档管理系统可以确保所有相关方都能方便地访问和查阅必要的信息。

11.3.3.3 变更成本的索赔与合同履行

在建筑工程中，变更成本的索赔与合同履行是一个重要的方面，涉及如何处理与变更相关的费用争议以及确保各方按照合同的要求履行责任。

首先，变更成本的索赔通常涉及合同方之间就变更引起的费用争议进行谈判和协商。一方可能认为变更导致了额外的成本，而另一方可能认为这些成本不应该由其承担。在这种情况下，合同中通常规定了争议解决的程序，包括调解、仲裁或法院诉讼等。各方可以根据合同的规定选择适当的解决方式，以解决争议。其次，变更成本的索赔需要有充分的证据支持。这包括变更申请、批准文件、成本计算表、通信记录和相关的合同条款等文件。合同各方需要准备好这些文件，以便在争议解决过程中进行证明。同时，专业的建筑工程顾问或律师可能会提供专业意见和支持，帮助各方理清费用争议。最后，在合同履行方面，变更管理需要确保合同各方按照合同的要求履行责任，包括按时交付变更工作、支付费用、提供必要的资源等。合同管理团队需要密切监督和协调各方的行动，以确保合同的有效履行，同时也需要及时处理任何潜在的问题或纠纷。

11.3.4 成本控制与项目利润的关系

11.3.4.1 成本控制对项目利润的影响

成本控制在建筑工程项目中与项目利润密切相关，对项目的盈利能力产生直接影响。具体而言，成本控制对项目利润的影响体现在以下几个方面：

首先，成本控制有助于降低项目的总成本。通过有效的成本控制措施，项目管理团队可以监督和管理各项支出，确保资源的合理利用，避免浪费，并减少额外的费用，如变更或补救措施的费用。这些措施有助于减少项目的总成本，提高项目的盈利潜力。其次，成本控制有助于提高项目的利润率。通过有效地控制项目的成本，可以在项目收入不变的情况下提高项目的利润率。这意味着在完成项目后，项目业主或承包商可以获得更高的净利润，这对于项目的整体经济效益至关重要。再次，成本控制还可以减少项目的风险和不确定性。通过监督和管理项目的各个方面，包括材料、劳动力、设备和时间表等，可以降低项目出现不良情况的可能性。这有助于减少额外的成本和延期，从而维护项目的利润稳定性。最后，成本控制还可以提高项目的竞争力。在竞争激烈的建筑市场中，有效的成本控制可以使项目在报价阶段更具竞争力，从而获得更多的业务机会，这可以通过降低报价或提供更有吸引力的交付条件来实现。

11.3.4.2 利润最大化与成本控制的平衡

在项目管理中，实现项目利润最大化是一个关键的目标，但同时也需要平衡成本控制以确保项目的可持续性和财务健康。

首先，要实现项目利润最大化，需要在项目的各个阶段精细管理成本，包括精确的成本估算、有效的成本控制和成本监督，以确保项目不会因为超出预算而损害利润。成本控制涵盖了各个方面，包括材料采购、劳动力成本、设备租赁等，都需要被仔细审查和管理。通过确保成本的透明度和有效的成本控制措施，可以降低浪费，提高项目的盈利能力。其次，单纯追求成本控制也可能带来负面影响，例如降低项目的质量，减少员工士气，或者错失一些增值机会。因此，在实现成本控制的同时，需要权衡这些因素，确保项目仍然能够提供高质量的成果，并为未来的增长和发展创造价值。最后，在实践中，平衡成本控制和利润最大化通常需要仔细地规划和监督。项目管理团队需要不断评估项目的成本和收益，根据项目的阶段和市场情况调整策略。同时，有效的沟通和协作也是实现这一平衡的关键，因为不同的利益相关方可能会有不同的优先级和目标，需要协调一致的决策。

11.3.4.3 成本控制的绩效评估与改进

为了维持成本控制的有效性并最大程度地实现项目利润，需要进行成本控制的绩效评估与改进。

首先，绩效评估需要建立合适的指标和度量标准，以评估成本控制的效果。这些指标可以包括项目的实际成本与预算成本的比较、成本变化的趋势分析、资源利用效率等。通过监测这些指标，项目管理团队可以及时识别潜在的成本问题并采取纠正措施。其次，绩效评估还涉及与利润目标的对比。项目管理团队需要确定项目的利润目标，并将实际的项目盈利与这些目标进行对比。这有助于识别潜在的利润机会和问题领域，并制定相应的策略来提高项目的盈利潜力。最后，改进成本控制的绩效需要建立一个持续改进的文化。这包括定期的团队反馈和经验教训的分享，以及对成本控制流程和方法的不断改进。通过不断学习和改进，项目管理团队可以提高成本控制的效果，确保项目的盈利和可持续性。

参考文献

[1] 刘春霞．建筑工程施工阶段工程造价管理影响因素及要点分析［J］．环渤海经济瞭望，2024（1）：34-37.
[2] 苏琴春．探讨建筑工程施工过程中的造价管理与控制［J］．中国住宅设施，2023（12）：139-141.
[3] 王雷．建筑给排水及暖通工程施工质量和造价管理探讨［J］．居舍，2023（35）：142-145.
[4] 黄金．建筑工程施工造价的动态管理控制方法分析［J］．中国住宅设施，2023（11）：106-108.
[5] 张志伟．浅析建筑工程施工阶段的造价管理与控制［J］．建筑与预算，2023（10）：28-30.
[6] 占丹云．试论建筑工程施工阶段全过程的造价管理［J］．居业，2023（7）：200-202.
[7] 包瀚驰．新时期建筑工程施工造价的控制对策及管理技术研究［J］．中国集体经济，2023（17）：28-31.
[8] 周奋．建筑工程施工阶段造价管理要点分析［J］．建筑科技，2023，7（2）：88-90.
[9] 陈庆聪．建筑工程施工成本管理与控制的实践研究：以霞浦某房地产项目施工合同造价纠纷为例［J］．居业，2023（3）：142-144.
[10] 韩悦．建筑工程施工阶段的工程造价管理控制要点［J］．大众标准化，2023（4）：107-109.
[11] 田润泽．建筑工程施工阶段的造价控制与管理［J］．中国住宅设施，2023（1）：88-90.
[12] 于蓉．建筑工程施工阶段的工程造价管理要点分析［J］．城市建设理论研究（电子版），2023（3）：55-57.
[13] 李宝明．房屋建筑工程施工阶段工程造价控制与管理研究［J］．中国建筑装饰装修，2023（1）：130-132.
[14] 陈东．建筑工程施工阶段造价控制与管理分析［J］．中国建筑装饰装修，2022（22）：115-117.
[15] 王剑云．建筑工程施工阶段工程造价控制及管理［J］．中国招标，2022（7）：114-116.
[16] 姜谊欣．建筑工程施工阶段工程造价控制管理［J］．中国集体经济，2022（18）：57-59.
[17] 周艳丽．建筑工程施工阶段的工程造价管理要点分析［J］．居业，2022（5）：191-194.
[18] 雷辉莲．建筑工程施工管理成效对工程造价控制的影响［J］．中国建筑金属结构，2021（12）：43-44.
[19] 周毅，雷俊龙．房屋建筑工程施工阶段工程造价的控制与管理［J］．中国建筑金属结构，2021（12）：45-46.
[20] 曹克．新时期建筑工程施工造价的控制对策及管理技术探究［J］．居舍，2021（34）：124-126，129.